Die Erlebnisseiten

Auf den zwei Erlebnisseiten vertiefst du das Wissen, das du auf den Basisseiten gesammelt hast. Du findest hier weitere Aufgaben, Experimente oder Untersuchungen. Du erkennst die Erlebnisseiten an dem grünen Rahmen.

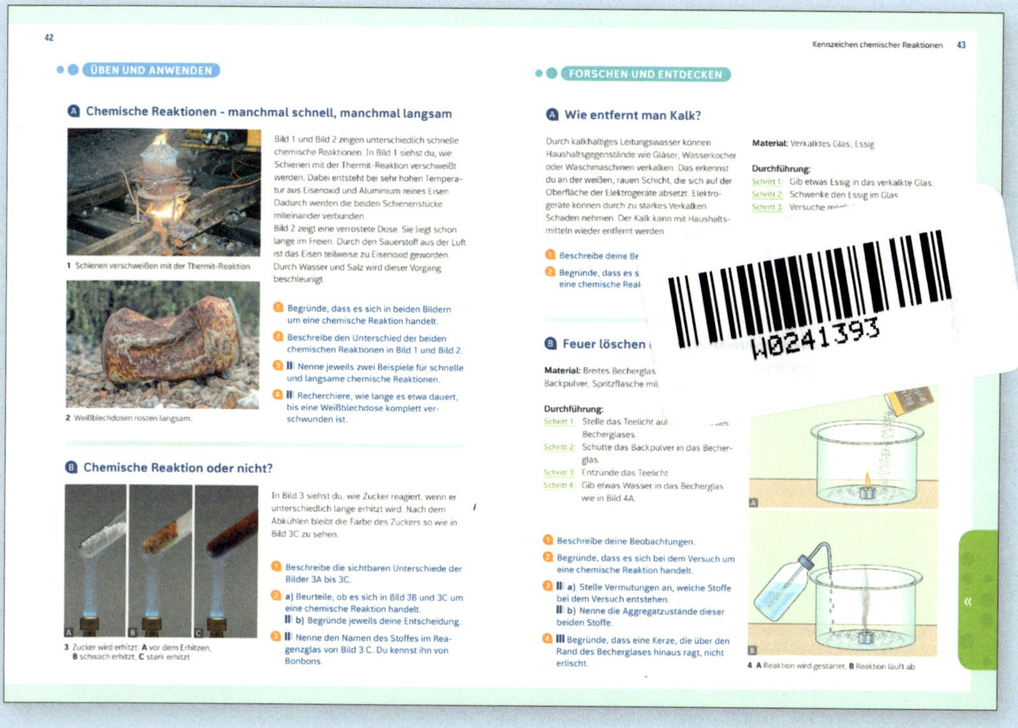
42

ÜBEN UND ANWENDEN

A Chemische Reaktionen – manchmal schnell, manchmal langsam

Bild 1 und Bild 2 zeigen unterschiedlich schnelle chemische Reaktionen. In Bild 1 siehst du, wie Schienen mit der Thermit-Reaktion verschweißt werden. Dabei entsteht bei sehr hohen Temperatur aus Eisenoxid und Aluminium reines Eisen. Dadurch werden die beiden Schienenstücke miteinander verbunden.
Bild 2 zeigt eine verrostete Dose. Sie liegt schon lange im Freien. Durch den Sauerstoff aus der Luft ist das Eisen teilweise zu Eisenoxid geworden. Durch Wasser und Salz wird dieser Vorgang beschleunigt.

1 Schienen verschweißen mit der Thermit-Reaktion

2 Weißblechdosen rosten langsam.

1 Begründe, dass es sich in beiden Bildern um eine chemische Reaktion handelt.
2 Beschreibe den Unterschied der beiden chemischen Reaktionen in Bild 1 und Bild 2.
3 II Nenne jeweils zwei Beispiele für schnelle und langsame chemische Reaktionen.
4 II Recherchiere, wie lange es etwa dauert, bis eine Weißblechdose komplett verschwunden ist.

B Chemische Reaktion oder nicht?

In Bild 3 siehst du, wie Zucker reagiert, wenn er unterschiedlich lange erhitzt wird. Nach dem Abkühlen bleibt die Farbe des Zuckers so wie in Bild 3C zu sehen.

3 Zucker wird erhitzt: A vor dem Erhitzen, B schwach erhitzt, C stark erhitzt

1 Beschreibe die sichtbaren Unterschiede der Bilder 3A bis 3C.
2 a) Beurteile, ob es sich in Bild 3B und 3C um eine chemische Reaktion handelt.
II b) Begründe jeweils deine Entscheidung.
3 II Nenne den Namen des Stoffes im Reagenzglas von Bild 3 C. Du kennst ihn von Bonbons.

Kennzeichen chemischer Reaktionen 43

FORSCHEN UND ENTDECKEN

A Wie entfernt man Kalk?

Durch kalkhaltiges Leitungswasser können Haushaltsgegenstände wie Gläser, Wasserkocher oder Waschmaschinen verkalken. Das erkennst du an der weißen, rauen Schicht, die sich auf der Oberfläche der Elektrogeräte absetzt. Elektrogeräte können durch zu starkes Verkalken Schaden nehmen. Der Kalk kann mit Haushaltsmitteln wieder entfernt werden.

Material: Verkalktes Glas, Essig

Durchführung:
Schritt 1: Gib etwas Essig in das verkalkte Glas.
Schritt 2: Schwenke den Essig im Glas.
Schritt 3: Versuche m…

1 Beschreibe deine Be…
2 Begründe, dass es s… eine chemische Reak…

B Feuer löschen …

Material: Breites Becherglas … Backpulver, Spritzflasche mi…

Durchführung:
Schritt 1: Stelle das Teelicht au… Becherglases.
Schritt 2: Schütte das Backpulver in das Becherglas.
Schritt 3: Entzünde das Teelicht.
Schritt 4: Gib etwas Wasser in das Becherglas wie in Bild 4A.

1 Beschreibe deine Beobachtungen.
2 Begründe, dass es sich bei dem Versuch um eine chemische Reaktion handelt.
3 II a) Stelle Vermutungen an, welche Stoffe bei dem Versuch entstehen.
II b) Nenne die Aggregatzustände dieser beiden Stoffe.
4 III Begründe, dass eine Kerze, die über den Rand des Becherglases hinaus ragt, nicht erlischt.

4 A Reaktion wird gestartet, B Reaktion läuft ab

Ein Kapitel abschließen:

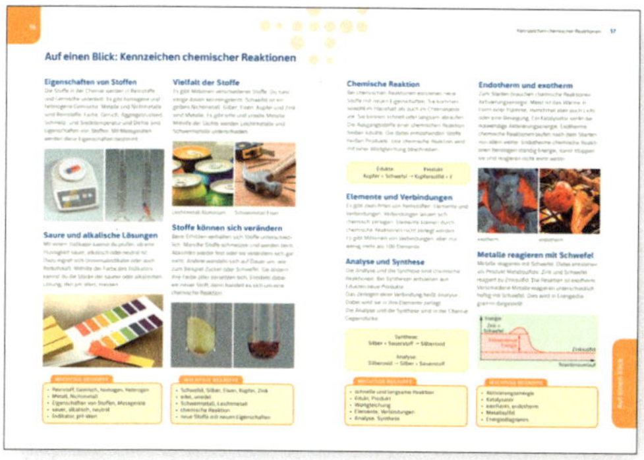

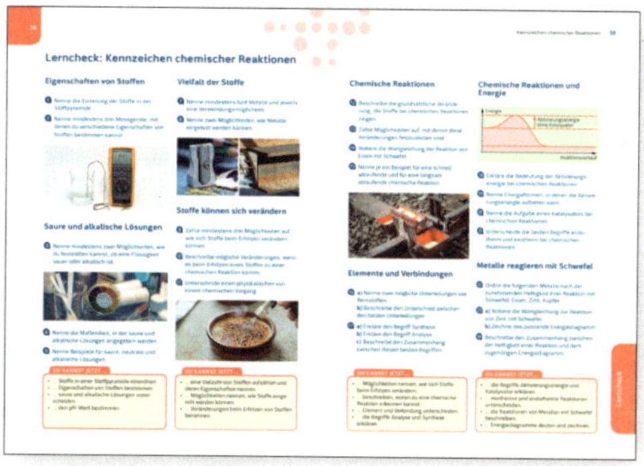

Auf einen Blick

»Auf einen Blick« fasst das Wichtigste noch einmal übersichtlich zusammen.

Lerncheck

Mit dem »Lerncheck« am Ende des Kapitels kannst du dein Wissen testen.

westermann

Herausgegeben von
Dr. Thomas Heinlein

ERLEBNIS
Chemie

2

ERLEBNIS
Chemie

Herausgegeben von:
Dr. Thomas Heinlein

Autorinnen und Autoren:
H. Michael Carl, Hannah Dietrich, Markus Fischl,
Dr. Thomas Heinlein, Johanna von der Heyd, Reiner Wagner

Zusatzmaterialien zu Erlebnis Chemie 2
Für Lehrerinnen und Lehrer:

Materialien für Lehrerinnen und Lehrer 2	978-3-14-117104-4
BiBox - Einzellizenz für Lehrer/-innen (Dauerlizenz)	WEB-14-117108
BiBox - Kollegiumslizenz für Lehrer/-innen (Dauerlizenz)	WEB-14-117109
BiBox - Kollegiumslizenz für Lehrer/-innen (1 Schuljahr)	WEB-14-106084
BiBox - Klassenlizenz (1 Schuljahr)	WEB-14-108642

Für Schülerinnen und Schüler:

Förderheft	978-3-14-117105-1
BiBox - Einzellizenz für Schüler/-innen (1 Schuljahr)	WEB-14-117111

westermann GRUPPE

Druck A^2 / Jahr 2021
Alle Drucke der Serie A sind im Unterricht parallel verwendbar.

Redaktion: Sebastian Müller
Illustrationen: BC GmbH Verlags- und Medien-, Forschungs- und Beratungsgesellschaft, Wolfgang Herzig, Heike Keis, Hendrik Kranenberg, Birgit und Olaf Schlierf, Ingrid Schobel, Werner Wildermuth
Grundlayout: Janssen Kahlert, Design & Kommunikation GmbH
Umschlaggestaltung: LIO Design GmbH
Druck und Bindung: Westermann Druck GmbH, Georg-Westermann-Allee 66, 38104 Braunschweig

ISBN 978-3-14-**117102**-0

Inhalt

Arbeiten in der Chemie

Kennzeichen chemischer Reaktionen

Sauerstoff

Ordnung in der Chemie

Reaktionen mit Teilchen erklärt

Chemie in Alltag und Technik

Anhang

Arbeiten in der Chemie

Womit beschäftigt sich die Chemie?

Wie experimentierst du richtig?

Wie entzündest du einen Gasbrenner?

1 Eine Chemieanlage

Womit beschäftigt sich die Chemie?

Die Naturwissenschaften

Wer mit offenen Augen durch die Welt geht, macht interessante Entdeckungen.
Viele Beobachtungen unterliegen den Naturgesetzen und die Naturwissenschaftler erforschen sie. Zu den Naturwissenschaften zählen nicht nur die großen Bereiche Chemie, Biologie und Physik, sondern auch zahlreiche weitere Wissenschaften, wie die Geologie, die Astronomie, die Meereskunde oder die Quantenphysik. Sie alle haben jedoch eines gemeinsam: Sie versuchen Zusammenhänge und Phänome der Natur zu verstehen.

Die Chemie

Die Chemie beschäftigt sich mit den Eigenschaften der Stoffe und deren Umwandlung in neue Stoffe. Sie hilft uns die Umwelt und die Stoffe, die in ihr vorkommen, besser zu verstehen. Viele Gegenstände in unserem Alltag sind Produkte der chemischen Industrie. Sie werden in riesigen Anlagen hergestellt (→ Bild 1).
Die Chemie bildet die Grundlage für die Herstellung von Stoffen, die in Solarzellen, Akkus, Kunststoffen aber auch in Lebensmitteln und Medikamenten (→ Bild 3) enthalten sind.

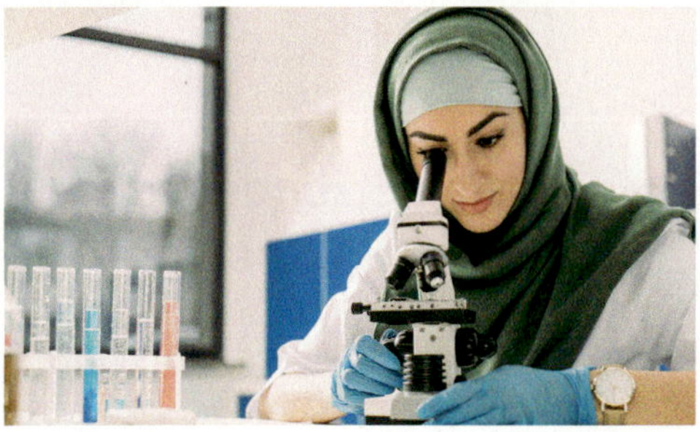

2 Eine Wissenschaftlerin bei der Arbeit

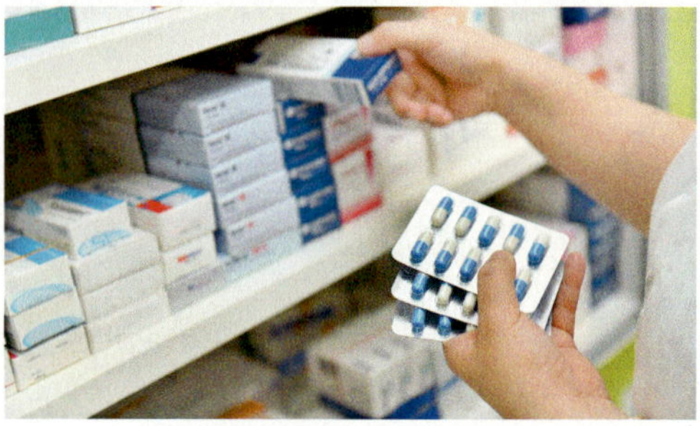

3 Keine Medikamente ohne moderne Chemie

Die organische Chemie

Die organische Chemie beschäftigt sich mit den Stoffen, die das Element Kohlenstoff enthalten. Ein solcher Stoff ist zum Beispiel Erdöl (→ Bild 4A). Es ist der Ausgangsstoff, aus dem viele Produkte hergestellt werden, die wir im Alltag benutzen. Aus Erdöl wird nicht nur Kraftstoff für Fahrzeuge und Flugzeuge hergestellt, sondern auch Kosmetikprodukte und Kunststoffe (→ Bild 4B). Da die weltweiten Erdölvorkommen begrenzt sind und Kunststoffe aus Erdöl die Umwelt belasten, suchen Wissenschaftler nach alternativen Stoffen. Heute können Kunststoffe auch ohne Erdöl hergestellt werden. Manche davon sind auch biologisch abbaubar.

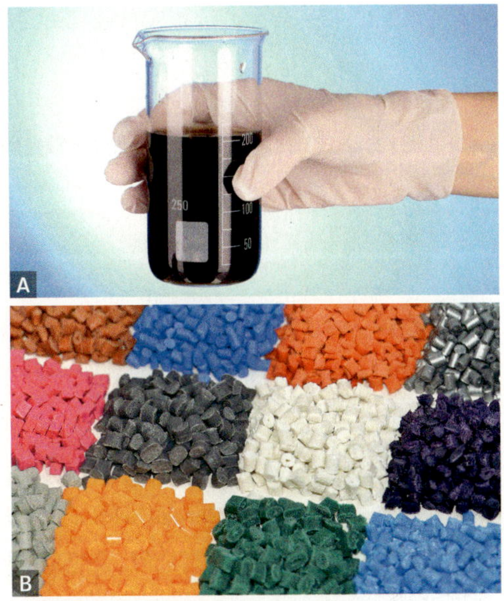

4 Organische Stoffe: **A** Erdöl, **B** Kunststoffe in Pellet-Form

Die anorganische Chemie

Die anorganische Chemie beschäftigt sich mit Stoffen, die nicht das Element Kohlenstoff enthalten. Dazu zählen Metalle, Salze, Mineralien und Säuren. Von den bekannten Elementen sind mehr als 75 % Metalle. Sie werden als Baumaterial benötigt, in Batterien und Akkus zur Stromspeicherung verwendet oder zu Legierungen im Fahrzeug- und Flugzeugbau weiterverarbeitet. Legierungen aus verschiedenen Metallen haben andere Eigenschaften als die reinen Metalle. Eine Legierung aus Aluminium (→ Bild 5A), Kupfer und Magnesium hat eine viel höhere Festigkeit und Härte als reines Aluminium. Es wird häufig für die Konstruktion von Flugzeugen verwendet. Für das Leben auf der Erde ist Wasser (→ Bild 5B) der wichtigste anorganische Stoff. Es löst Salze (→ Bild 5C), die lebensnotwendig für alle Lebewesen sind.

5 Anorganische Stoffe: **A** Aluminiumbarren, **B** Wasser, **C** Salz

1. Nenne mindestens drei Bereiche der Naturwissenschaften.
2. Beschreibe womit sich die Chemie beschäftigt.
3. Erläutere womit sich die organische und die anorganische Chemie.beschäftigen.
4. Manche Wissenschaften sind dicht miteinander verbunden. Recherchiere weitere Wissenschaften im Internet.

METHODE

Ein Versuchsprotokoll erstellen

Versuchsprotokoll

Versuch: Kupfersulfat + Wasser
Vermutung: Wie verändert sich weißes/farbloses Kupfersulfat, wenn es mit Wasser in Berührung kommt?
Material: Uhrglas, Pipette, Thermometer, Wasser, wasserfreies Kupfersulfat
Versuchsaufbau: Auf ein Uhrglas wird etwas weißes Kupfersulfat gegeben. Das Thermometer wird in die Mitte des Pulvers gehalten.
Durchführung: Mit einer Pipette wird etwas Wasser in die Mitte des Kupfersulfats gegeben. Dabei wird die Temperatur gemessen.
Beobachtung: An den Stellen, wo Wasser auf das Kupfersulfat tropft, färbt sich das weiße Pulver blau. Dabei steigt die Temperatur an und sinkt nach einiger Zeit wieder ab.
Auswertung: Weißes Kupfersulfat färbt sich blau, wenn es mit Wasser in Berührung kommt. Es ist ein neuer Stoff entstanden. Wärme wird freigesetzt. Es ist eine exotherme Reaktion.

1 Ein vollständiges Versuchsprotokoll

Versuche helfen weiter

Wenn du wissen möchtest, ob sich ein Stoff verändert, wenn er erhitzt wird, kannst du das mit einem wissenschaftlichen Versuch herausfinden. In der Chemie werden Versuche durchgeführt, um wissenschaftliche Erkenntnisse über die Eigenschaften und Veränderungen von Stoffen zu gewinnen.

Wozu ein Versuchsprotokoll erstellen?

Wenn du im Chemieunterricht Versuche durchführst, musst du sie genau protokollieren. So kannst du später nachvollziehen, was du gemacht hast. Dazu fertigst du ein Versuchsprotokoll an. Ein Versuchsprotokoll wird immer auf die gleiche Weise erstellt.

Anleitung für ein Versuchsprotokoll

Zum Erstellen eines Versuchsprotokolls hilft dir diese Anleitung.

Schritt 1: **Versuch:**
Beschreibe den Versuch in wenigen Sätzen. Notiere das Datum und deinen Namen.

Schritt 2: **Vermutung:**
Vor dem Versuch stellst du eine Vermutung auf oder notierst die Frage, die du mit dem Versuch beantworten willst.

Schritt 3: **Material:**
Hier notierst du die benötigten Geräte und Chemikalien für deinen Versuch.

Schritt 4: **Versuchsaufbau:**
Jetzt beschreibst du, wie der Versuch aufgebaut ist. Du kannst auch eine Skizze des Versuchs anfertigen.

Schritt 5: **Durchführung**:
Hier notierst du die einzelnen Schritte, die du nacheinander durchführst.

Schritt 6: **Beobachtung:**
In diesem Schritt schreibst du nur auf, was du sehen kannst. Dazu zählen zum Beispiel Veränderungen an Stoffen und Messwerte wie die Temperatur.

Schritt 7: **Auswertung:**
Ist der Versuch beendet, wertest du deine Beobachtungen aus. In diesem Schritt formulierst du einen Antwortsatz auf deine Frage oder Vermutung aus Schritt 2.

1 Erkläre, dass es wichtig ist Versuche immer zu protokollieren.

2 II Erläutere den Unterschied zwischen Beobachtung und Auswertung.

METHODE

Versuche skizzieren und Messwerte darstellen

Eine Skizze erstellen

Eine Skizze zeichnest du immer mit Bleistift. Fertigst du eine Skizze an, musst du darauf achten, dass alle wichtigen Details enthalten sind. Du solltest nicht malen wie im Kunstunterricht. Schatten kannst du weglassen. Fertige deine Skizze immer mit Lineal und Bleistift an. Beschrifte die einzelnen Laborgeräte.

Ein Koordinatensystem erstellen

Um Messwerte darzustellen, nutzt du ein Koordinatensystem wie in Bild 3. Es besitzt eine Achse auf der die Zeit eingetragen ist und eine Achse auf der die Temperatur eingezeichnet ist. Beide Achsen enden mit einem Pfeil und sind beschriftet. Die Achsen werden immer mit Lineal und Bleistift gezeichnet. Nutze kariertes Papier.
Im Koordinatensystem in Bild 3 ist der Temperatur-Verlauf beim Erhitzen von Wasser eingezeichnet. Zu Beginn der Messung beträgt die Temperatur 15 °C. Diesen Punkt markierst du im Koordinatensystem mit einem Kreuz. Für jeden Messwert aus der Wertetabelle in Bild 4 zeichnest du ein Kreuz in das Koordinatensystem. Nun verbindest du die Kreuze. Dabei entsteht eine Linie oder eine Kurve.

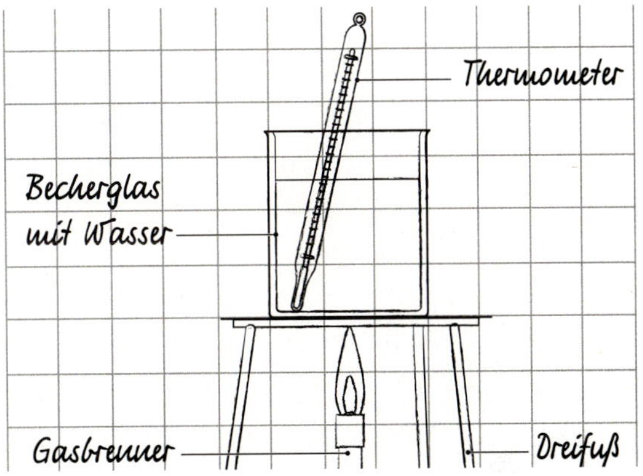

2 Einfache Versuchsskizze

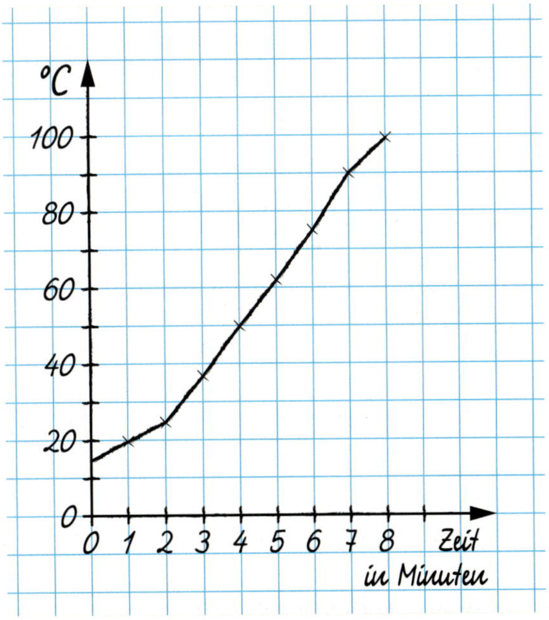

3 Messwerte beim Erhitzen von Wasser

Zeit in Minuten	0	1	2	3	4	5	6	7	8
Temperatur in °C	15	20	25	37	50	62	75	90	100

4 Tabelle mit Messwerten beim Erhitzen von Wasser

1 Erstelle zu der Versuchsskizze aus Bild 2 ein Versuchsprotokoll.

2 Führe den Versuch durch und notiere die Temperatur beim Erhitzen des Wassers in einer Wertetabelle wie in Bild 4.

3 **III** Erstelle ein Koordinatensystem wie in Bild 3 und verwende dazu deine Messwerte.

1 Sicheres Experimentieren im Labor?

Sicheres Experimentieren

Die Sicherheitseinrichtungen

In den Fachräumen für Naturwissenschaften gibt es besondere Sicherheitseinrichtungen. Sie stellen sicher, dass du ungefährdet arbeiten kannst:

- den Notaus-Schalter
- den Feuerlöscher
- den Erste-Hilfe-Kasten
- den Notausgang
- den Fluchtweg
- die Lage des Sammelplatzes

Verhalten in Fachräumen

- Folge den Anweisungen der Lehrkraft.
- Trinke und esse nicht in den naturwissenschaftlichen Fachräumen.
- Melde zerbrochenes Glas und defekte Geräte der Lehrkraft.
- Hänge deine Jacke oder deinen Mantel an der Garderobe auf.
- Stelle deine Schultasche so ab, dass niemand darüber stolpert.
- Bewahre bei Unfällen oder Feuer Ruhe.
- Verlasse den Fachraum auf dem Fluchtweg und gehe zum Sammelplatz.

Experimentiertipps

- Lies die Arbeitsaufträge vor dem Versuchsbeginn sorgfältig durch.
- Beachte die Sicherheitsvorschriften.
- Stelle alle Geräte und Chemikalien vor dem Versuchsbeginn bereit.
- Baue den Versuch übersichtlich und standsicher auf.
- Führe die Versuche mit möglichst kleinen Mengen von Chemikalien durch.
- Trage beim Experimentieren mit Chemikalien oder mit offener Flamme immer eine Schutzbrille.
- Binde lange Haare zusammen.
- Führe Geruchsproben durch, indem du dir mit der Hand zufächelst. Rieche nie direkt an Chemikalien.
- Verlasse während des Versuchs nicht den Arbeitsplatz, damit andere nicht bei ihrer Arbeit gestört werden.
- Hinterlasse deinen Arbeitsplatz nach dem Experimentieren sauber und aufgeräumt.

Gefahren-Piktogramme

Auskunft über die Gefährlichkeit einer Chemikalie geben die Gefahren-Piktogramme (→ Bild 2). Gefahren-Piktogramme sind in der Chemie wichtig, weil du sofort erkennen kannst, ob eine Chemikalie gefährlich ist.

Piktogramm	Stoffe mit diesem Piktogramm
	...sind explosionsgefährlich durch Feuer, Schlag, Reibung, Erwärmung.
	...sind entzündbar. Sie erzeugen mit Wasser entzündbare Gase oder sind selbstentzündbar.
	...verstärken Brände und wirken entzündend.
	...sind Gase. Gasflaschen unter Druck können beim Erhitzen explodieren.
	...zerstören Metalle. Sie verätzen Haut, Augen, Schleimhäute.
	...führen in kleineren Mengen zu schweren gesundheitlichen Schäden oder zum Tode.
	...reizen die Augen, die Haut und die Atemwegsorgane. Sie sind gesundheitsschädlich.
	...wirken allergieauslösend, krebserzeugend oder erbgutverändernd.
	...sind für Wasserorganismen schädlich, giftig oder sehr giftig.

2 Gefahren-Piktogramme und ihre Bedeutung

Abfallentsorgung

Chemikalien müssen besonders aufbewahrt werden. Das gilt auch für Chemikalien, die nach einem Versuch übrig geblieben sind. Da entnommene Chemikalien durch das Experimentieren verunreinigt sein können, darfst du sie nicht in die Vorratsflaschen zurückgeben. Chemikalienreste dürfen nicht einfach über den Müll entsorgt werden. Sie dürfen auch nicht in Lebensmittelbehältern aufbewahrt werden, da sie so leicht verwechselt werden können. Sie sind teilweise giftig oder schädlich für die Umwelt. Für die Entsorgung gibt es im Chemieraum spezielle Abfallbehälter. Achte darauf, die Reste in den richtigen Behältern zu entsorgen (→ Bild 3).

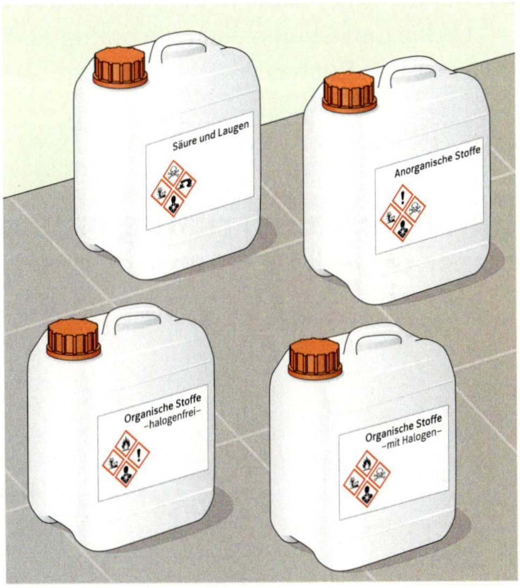

3 Entsorgungsbehälter für Chemikalienreste

1 Nenne die Sicherheitseinrichtungen in deinem naturwissenschaftlichen Fachraum.

2 Betrachte Bild 1 und beschreibe, was die Schülerinnen und Schüler richtig machen und was sie falsch machen.

Starthilfe zu 2:

Richtig	Falsch
...	...

3 I Begründe, dass du keine Geschmacksproben von Chemikalien nehmen darfst.

4 II Begründe, dass du Chemikalienreste nicht in die Vorratsflaschen zurückgeben darfst.

5 II Nenne Gründe, warum du Chemikalien nie in Lebensmittelbehältern, wie zum Beispiel Getränkeflaschen, aufbewahren darfst.

»

ÜBEN UND ANWENDEN

A Gefahren-Piktogramme zuordnen

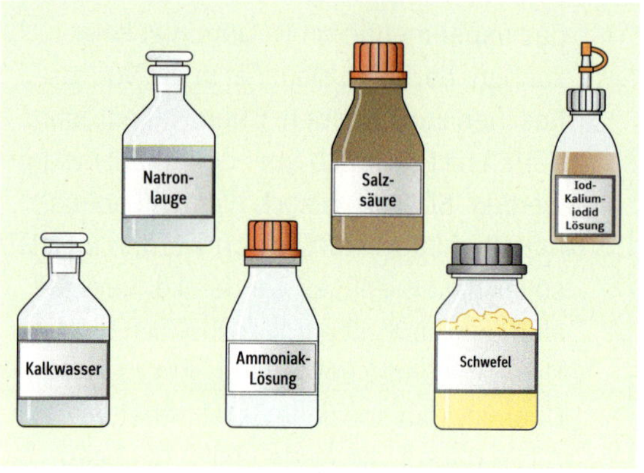

1 Oft verwendete Chemikalien im Chemieunterricht

2 Gefahren-Piktogramme

1 Auf den Chemikaliengefäßen in Bild 1 fehlen die Gefahren-Piktogramme. Ordne den Chemikalien die richtigen Piktogramme zu. Nutze dazu die Gefahrstoff-Liste am Ende des Buches.

B Chemikalien richtig entsorgen

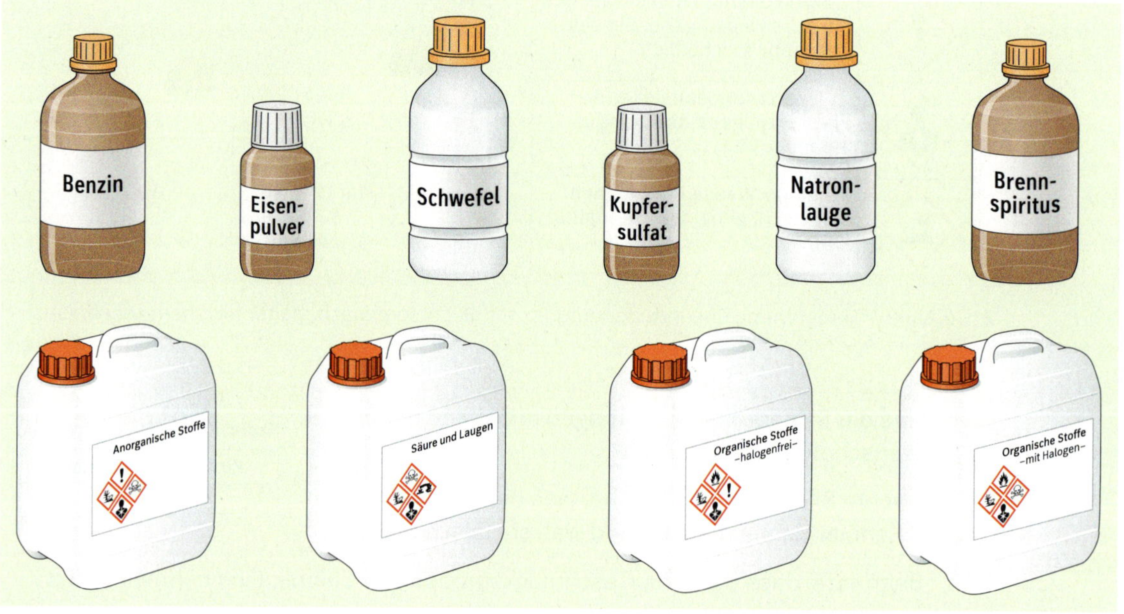

3 Chemikalien und Abfallbehälter

1 Ordne die Chemikalien den richtigen Entsorgungsbehältern zu. Nutze dazu die Gefahrstoff-Liste am Ende des Buches.

ÜBEN UND ANWENDEN

C Verschiedene Laborgeräte

Im Chemiefachraum findest du die unterschiedlichsten Laborgeräte. Fast alle davon verwendest du zum Abwiegen, Messen oder zum Erhitzen. Andere dienen deiner Sicherheit.

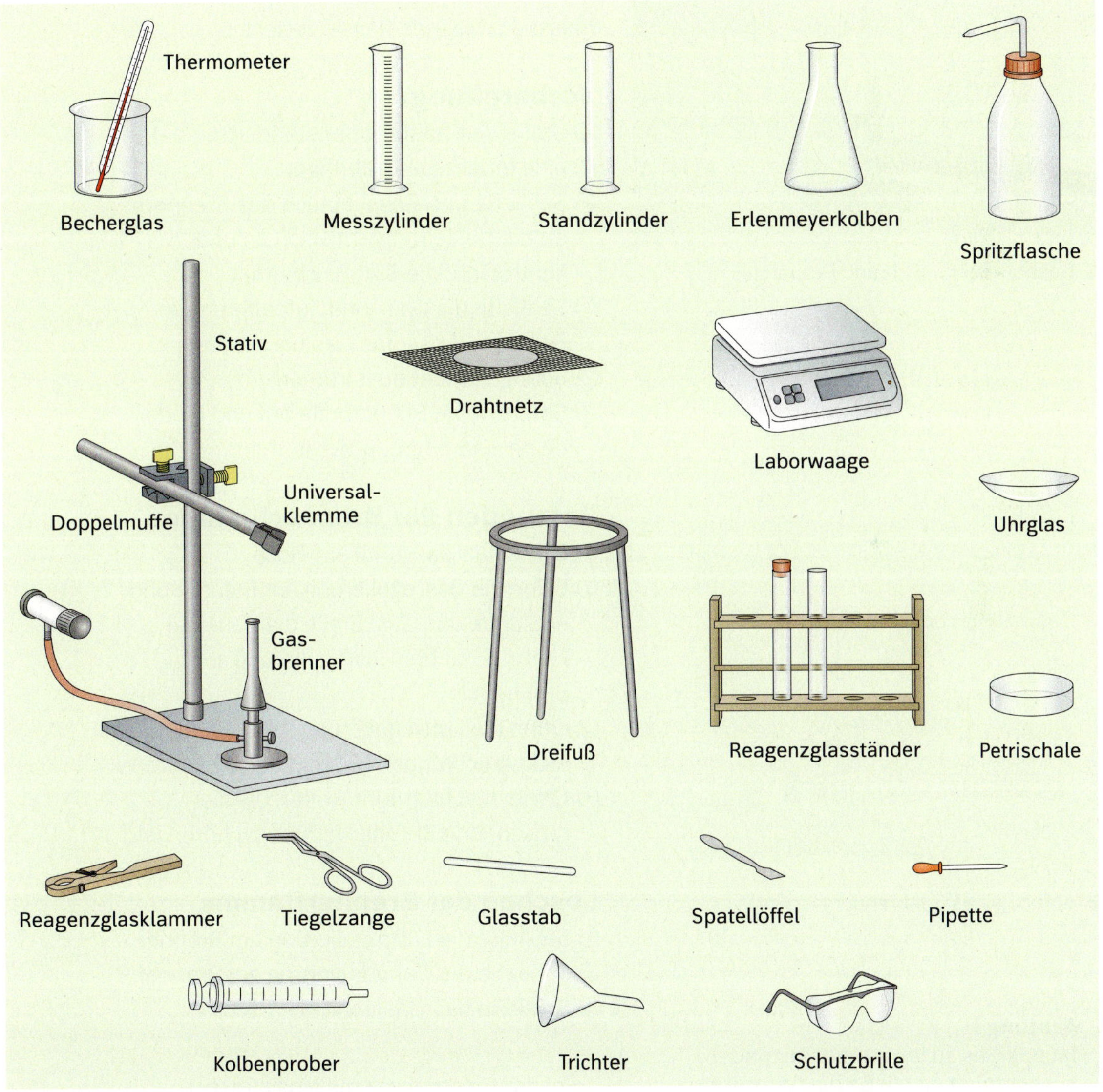

1 Beschreibe die Verwendungszwecke von mindestens fünf Laborgeräten aus Bild 4.

2 a) Nenne Laborgeräte, mit denen du etwas messen kannst.
b) Nenne Laborgeräte, die sich zum Erhitzen von Stoffen eignen.

3 II Finde weitere Laborgeräte in deinem Chemieraum. Nenne sie und notiere ihren Verwendungszweck.

Der Gasbrenner

1 Gasbrenner für Erd- und Propangas

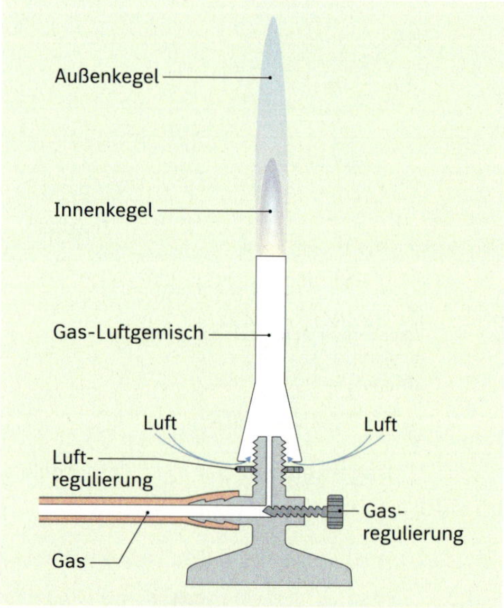

2 Aufbau eines Gasbrenners

Achtung !
Ist das Gas zu lange unangezündet ausgeströmt, schließe die Gaszufuhr. Warte 30 Sekunden und beginne von vorn.

Der Gasbrenner

Im naturwissenschaftlichen Unterricht führst du häufig Versuche durch, bei denen Stoffe erhitzt werden. Für diese Versuche wird häufig ein Gasbrenner verwendet (→ Bild 1). Damit du mit ihm sicher umgehen kannst, musst du folgende Regeln beachten.

Vorbereitung

① Stelle den Gasbrenner standsicher auf eine feuerfeste Unterlage.
② Schließe den Gasschlauch des Brenners an die Gasleitung am Tisch an und kontrolliere die Standsicherheit.
③ Schließe die Gas- und Luftzufuhr des Brenners. Lass das Gas nie zu lange unangezündet ausströmen.
④ Setzte deine Schutzbrille auf und binde deine Haare hinten zusammen.

Entzünden der Brennerflamme

① Öffne das Gasventil am Tisch.
② Öffne die Gasregulierung am Brenner und entzünde das Gas. Stelle die Höhe der Flamme mit der Gasregulierung am Brenner ein.
③ Öffne die Luftregulierung, bis die blaue, nicht leuchtende Flamme sichtbar wird.
④ Öffne die Luftzufuhr weiter, bis die rauschende Brennerflamme zu hören ist.

Löschen der Brennerflamme

① Schließe die Luftregulierung am Brenner.
② Schließe die Gasregulierung am Brenner.
③ Schließe das Gasventil am Tisch.

Bei der Inbetriebnahme eines Gasbrenners sind bestimmte Regeln zu beachten.

Leuchtende Flamme: Luftregulierung geschlossen.
Blaue, nicht-leuchtende Flamme: Luftregulierung geöffnet.
Rauschende Flamme: Luftregulierung ganz geöffnet.

Die Flammenarten

An einem Gasbrenner kannst du verschiedene Flammenarten einstellen (→ Bild 3). Für eine Verbrennung wird immer Sauerstoff benötigt. Je mehr Sauerstoff einer Verbrennung zur Verfügung steht, desto heftiger ist die Verbrennung. Durch das Drehen der Luftregulierung am Gasbrenner kannst du einstellen, wie viel Sauerstoff der Verbrennung zugeführt wird. In Bild 3A ist die Sauerstoffzufuhr ganz geschlossen. In Bild 3B ist sie halb geöffnet und in Bild 3C ist sie ganz geöffnet. Bei Versuchen im Chemieunterricht arbeitest du meist mit der rauschenden Brennerflamme wie in Bild 3C, da diese am heißesten brennt.

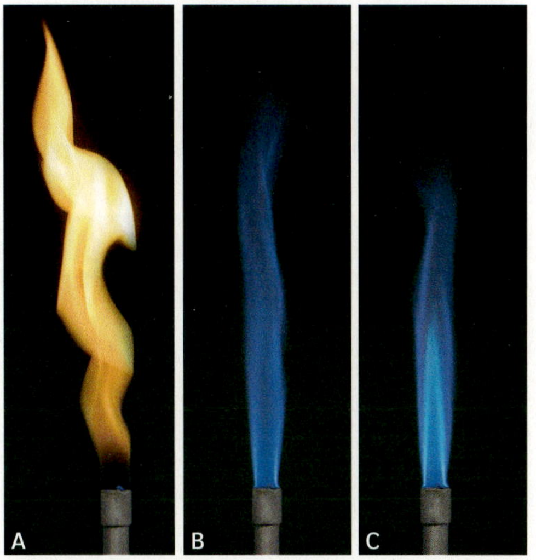

3 **A** leuchtende Flamme, **B** nicht-leuchtende Flamme, **C** rauschende Flamme

Die Flammenzonen

Du erkennst in Bild 4, dass die rauschende Brennerflamme unterschiedlich stark leuchtet. Sie wird in drei verschieden heiße Zonen eingeteilt. Oben an der Spitze leuchtet die Flamme schwach bläulich. Dort beträgt die Temperatur ca. 1300 °C. Das ist der **Außenkegel.** In der Mitte leuchtet sie am hellsten mit ca. 1500 °C. Diese Zone heißt **Innenkegel.** Diese Stelle nutzt du, um etwas möglichst schnell zu erhitzen. Direkt an der Brenneröffnung leuchtet die Flamme wieder schwach bläulich. Dort beträgt die Temperatur nur noch ungefähr 300 °C.

Für Versuche im Chemieunterricht nutzt du die rauschende Flamme.

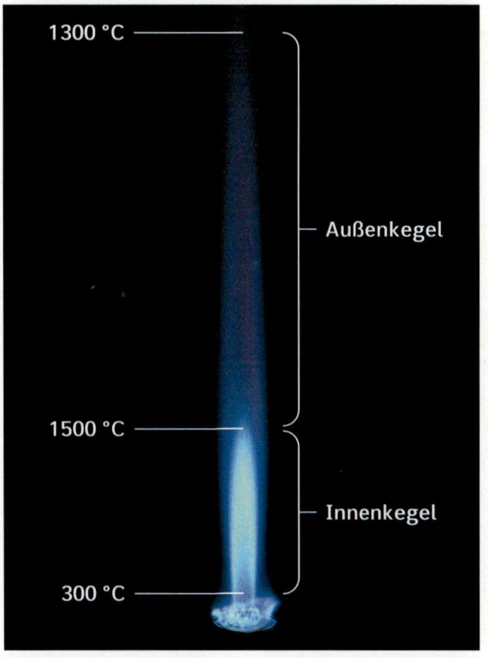

4 Die Flammenzonen der rauschenden Flamme

1. Nenne vier Sicherheitsmaßnahmen, die du vor dem Entzünden des Gasbrenners unbedingt beachten musst.
2. I Beschreibe die Schritte, die du zum Entzünden und zum Löschen der Brennerflamme durchführen musst.
3. II Erläutere den Zusammenhang zwischen der Luftzufuhr und den Flammenarten.
4. III Stelle eine Vermutung an, warum die Temperatur der Flamme direkt an der Brenneröffnung nur ca. 300 °C beträgt.

Starthilfe zu 4:
Eine Verbrennung benötigt immer…

»

ÜBEN UND ANWENDEN

A Die verschiedenen Flammenarten

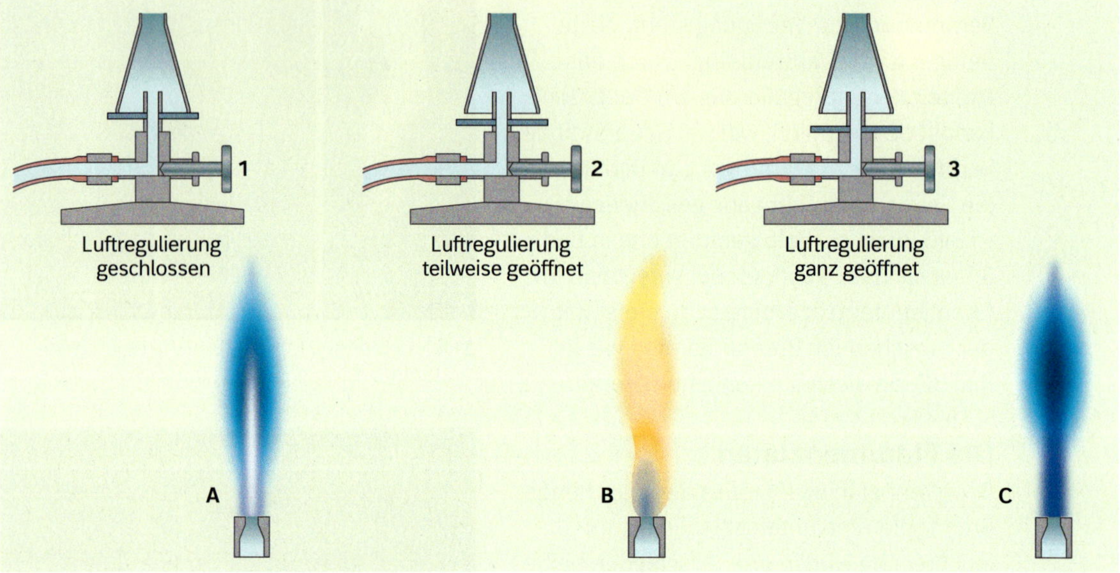

1 Die Flammenarten werden durch die Luftregulierung eingestellt.

1 Benenne die Flammenarten A, B und C mit ihren Fachbegriffen.

2 Ordne die Flammenarten A bis C den Einstellungen der Luftregulierung 1 bis 3 zu.

B Aufbau eines Gasbrenners

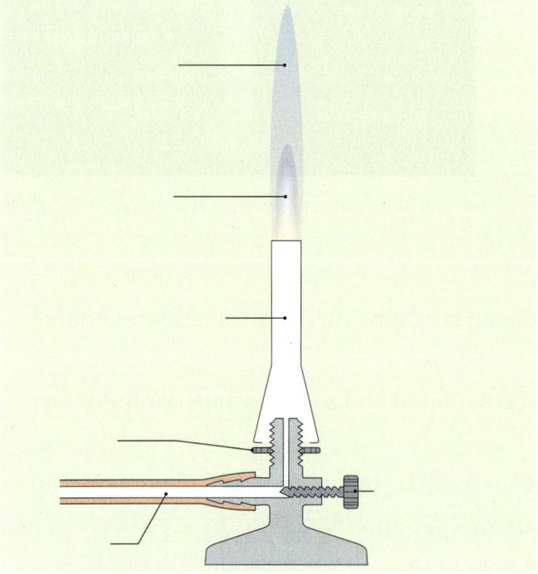

2 Der Aufbau eines Gasbrenners

Der Gasbrenner gehört zu den wichtigsten Geräten im Chemieunterricht. Um sicher mit ihm umzugehen ist es wichtig, dass du verstehst, wie er funktioniert.

1 Zeichne den Gasbrenner links in dein Heft.

2 Beschrifte die Bauteile des Gasbrenners und die beiden Bereiche der rauschenden Brennerflamme.

Starthilfe zu 2:
Bild 2 auf der vorherigen Seite hilft dir dabei.

3 **II a)** Zeichne den Weg des Gases durch den Gasbrenner mit einem roten Stift ein.
II b) Zeichne den Weg der Luft durch den Gasbrenner mit einem blauen Stift ein.

FORSCHEN UND ENTDECKEN

A Wasser richtig erhitzen

Material: Gasbrenner, Reagenzglas mit Wasser, Reagenzglasklammer, Siedesteinchen, Anzünder

Durchführung:

Schritt 1: Fülle ein Reagenzglas mit etwas Wasser. Gib zwei Siedesteinchen dazu.

Schritt 2: Halte das Reagenzglas mit dem Reagenzglashalter am oberen Ende fest.

Schritt 3: Halte das Reagenzglas schräg in die blaue Flamme. Schüttle dabei das Reagenzglas leicht hin und her (→ Bild 1).

Schritt 4: Beende den Versuch, sobald das Wasser kurz gesiedet hat.

1 Nenne Sicherheitsmaßnahmen, die du bei diesem Versuch beachten musst.

2 Miss die Zeit, die das Wasser braucht, bis es siedet.

3 II Erstelle Regeln zum Erhitzen von nicht brennbaren Flüssigkeiten.

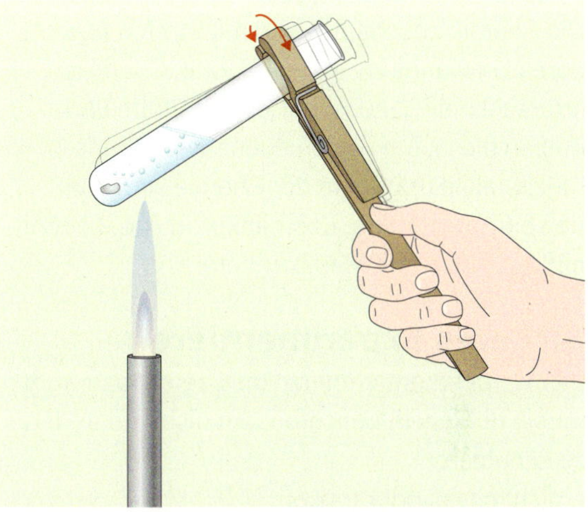

3 So erhitzt du mit Siedesteinchen richtig.

Richte die Reagenzglasöffnung nie auf dich selbst oder andere Personen.
Achtung: Ohne Siedesteinchen kann die Flüssigkeit beim Sieden herausspritzen. Dies wird Siedeverzug genannt.

B Brennspiritus richtig erhitzen

Brennbare Stoffe dürfen nicht mit einer offenen Flamme erhitzt werden. Die offene Flamme kann den brennbaren Stoff leicht entzünden. Dazu reichen oft schon die Dämpfe, die aus dem brennbaren Stoff verdunsten. Stattdessen wird immer ein Wasserbad dafür verwendet.

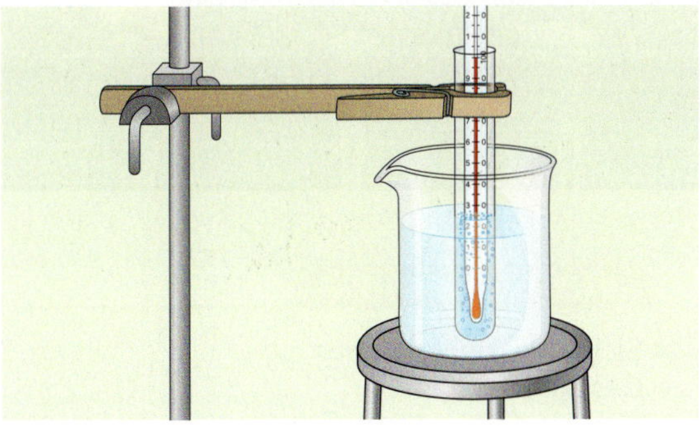

4 Brennspiritus wird in einem Wasserbad erhitzt.

Material: Stativ, Doppelmuffe, Reagenzglasklammer, Dreifuß, Gasbrenner, Reagenzglas, Drahtnetz, Siedesteinchen, Becherglas mit Wasser, Thermometer, Brennspiritus

Durchführung:

Schritt 1: Fülle das Reagenzglas 2 cm hoch mit Brennspiritus und stelle es in das Becherglas mit Wasser.

Schritt 2: Erhitze das Wasser im Becherglas auf 90 °C.

Schritt 3: Beende den Versuch, sobald der Brennspiritus anfängt zu sieden.

1 Beschreibe deine Beobachtungen.

2 Erläutere den Grund ein Wasserbad zu nutzen, um Brennspiritus zu erhitzen.

Auf einen Blick: Arbeiten in der Chemie

Womit beschäftigt sich die Chemie?

Die Chemie beschäftigt sich mit Stoffen und deren Umwandlung in neue Stoffe. Chemiker erforschen die Eigenschaften der Stoffe und nutzen diese, um verschiedene neue Stoffe herzustellen. Produkte der Chemie sind zum Beispiel Kunststoffe, Kosmetikprodukte, Lebensmittelzusätze und Medikamente.

Sicheres Experimentieren

Beim Experimentieren und im Chemiefachraum musst du Regeln beachten, um dich und andere zu schützen:

- nicht essen oder trinken
- Jacken und Schultaschen sicher verstauen
- Haare zusammenbinden
- Schutzbrille tragen
- Schals abnehmen
- Kopftücher sicher festmachen
- Geruchsproben durch Zufächeln
- beschädigte Glasgeräte der Lehrkraft melden
- im Brandfall Ruhe bewahren und den Raum über den Fluchtweg verlassen.

Chemikalienentsorgung

Stoffe, die bei einem Versuch entstehen und Reste von Chemikalien, die dabei übrig bleiben, müssen richtig entsorgt werden. Im Chemiefachraum gibt es dafür spezielle Behälter.

WICHTIGE BEGRIFFE

- Chemie, Stoffe, Umwandlung von Stoffen
- Geruchsprobe, Sicherheitsbrille
- Chemikalienentsorgung

Der Gasbrenner

Der Gasbrenner gehört zu den wichtigsten Geräten im Chemieunterricht. Zum Entzünden der Brennerflamme musst du folgende Schritte durchführen:

Flamme entzünden

① Gasventil am Tisch öffnen.
② Gasregulierung am Brenner öffnen und das Gas entzünden.
③ Luftregulierung so weit öffnen, bis die rauschende Brennerflamme zu hören ist.

Flamme löschen

① Luftregulierung am Brenner schließen.
② Gasregulierung am Brenner schließen.
③ Gasventil am Tisch schließen.

Flammenarten

Die Flammenart kann mithilfe der Luftregulierung am Gasbrenner eingestellt werden. Bei Versuchen nutzt du grundsätzlich die rauschende Brennerflamme.

Flammenzonen

Eine rauschende Brennerflamme hat Bereiche, die unterschiedlich heiß sind. Zum Erhitzen von Stoffen nutzt du die Spitze des inneren Kegels. Dort herrscht eine Temperatur von ca. 1500 °C.

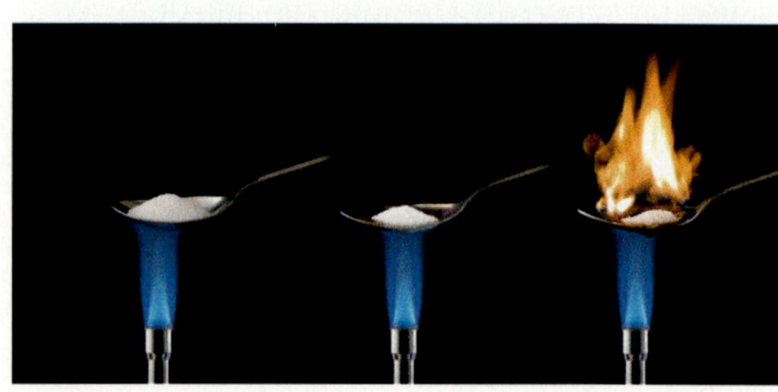

WICHTIGE BEGRIFFE

- Sicherheitsmaßnahmen
- Gasbrenner
- Flammenarten, Flammenzonen

Lerncheck: Arbeiten in der Chemie

Womit beschäftigt sich die Chemie?

1. Beschreibe, womit sich die Chemie beschäftigt.
2. Nenne zwei große Bereiche der Chemie.
3. Sortiere die folgenden Stoff in die Gruppe der organischen Stoffe oder der anorganischen Stoffe ein:
   Erdöl, Eisen, Wasser, Kunststoff, Magnesiumpulver, Gesichtscreme
4. Nenne mindestens fünf Laborgeräte, die im Chemiefachraum vorhanden sind.

Verhalten im Fachraum

5. Nenne mindestens fünf Sicherheitseinrichtungen im Chemiefachraum.
6. Erläutere die Aufgabe von Gefahren-Piktogrammen auf Chemikalienflaschen.

7. Begründe, dass Chemikalienreste nach einem Versuch nicht wieder in die Chemikalienflaschen gegeben werden dürfen.

Der Gasbrenner

8. Nenne die Schutzmaßnahmen, die du einhalten musst, wenn du mit dem Gasbrenner arbeitest.

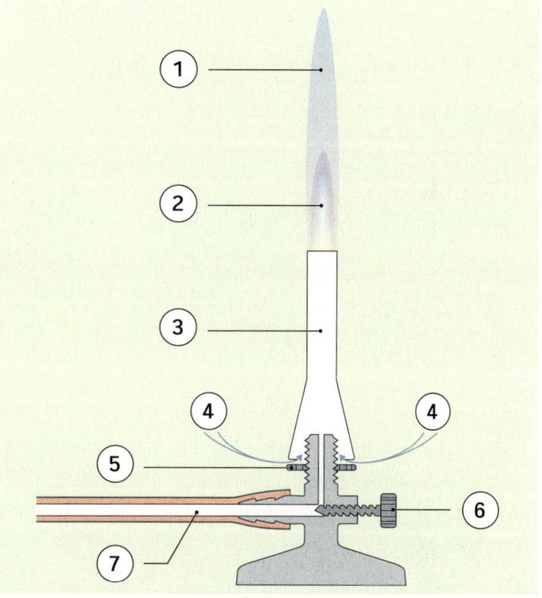

9. Benenne die Teile des Gasbrenners.
10. **a)** Nenne die Flammenarten, die du am Gasbrenner einstellen kannst.
    b) Nenne die Flammenart, mit der du hauptsächlich bei Versuchen arbeitest.
11. Benenne die Bereiche der rauschenden Brennerflamme und gib die jeweilige Temperatur an.

DU KANNST JETZT ...

- ... beschreiben, mit was sich die Chemie beschäftigt.
- ... gängige Laborgeräte benennen.
- ... die Bedeutung von Gefahren-Piktogrammen beschreiben.
- ... Sicherheitseinrichtungen und Sicherheitsmaßnahmen im Chemieunterricht nennen.

DU KANNST JETZT ...

- ... die Schutzmaßnahmen bei dem Umgang mit dem Gasbrenner nennen.
- ... den Aufbau eines Gasbrenners beschreiben.
- ... einen Gasbrenner richtig bedienen.
- ... die verschiedenen Flammenarten benennen und die Temperaturzonen der rauschenden Brennerflamme nennen.

Kennzeichen chemischer Reaktionen

Wann sind Säuren gefährlich?

Was ist typisch für eine chemische Reaktion?

Sind chemische Reaktionen immer so heftig?

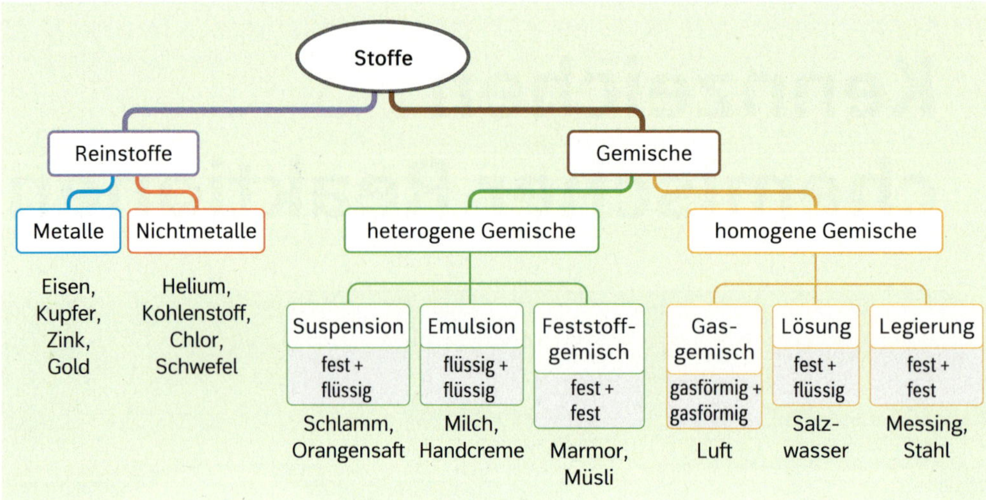

1 Stoffpyramide

Die Vielfalt der Stoffe

Die Stoffpyramide

Die Chemie beschäftigt sich mit Stoffen. Sie werden eingeteilt in Reinstoffe und Gemische. Gemische werden nochmal in heterogene und homogene Gemische unterteilt (→ Bild 1).
Bei den heterogenen Gemischen hast du Suspensionen, Emulsionen und Feststoffgemische kennengelernt. Schmutzwasser ist eine Suspension. Milch ist ein Beispiel für eine Emulsion und Marmor für ein Feststoffgemisch (→ Bild 2A).
Zu den homogenen Gemischen zählen Gasgemische, Lösungen und Legierungen. Luft ist das bekannteste Gasgemisch, Zuckerwasser eine Lösung. Messing ist eine Legierung (→ Bild 2B).

Metalle und Nichtmetalle

Du kennst Eisen, Kupfer, Nickel, Zink oder Aluminium. Das sind alles **Metalle.** Sie haben typische Eigenschaften. Dazu zählen, dass Metalle...

- elektrisch leitend sind,
- Wärme leiten,
- sich verformen lassen,
- bei Raumtemperatur Feststoffe sind. (Ausnahme Quecksilber).

Eine weitere Gruppe von Reinstoffen sind die **Nichtmetalle.** Zu ihnen zählen Stoffe, die keine typischen Eigenschaften der Metalle zeigen. Bekannte Vertreter sind Schwefel, Kohlenstoff, Chlor und Helium. Zwei der bekanntesten Vertreter von Metallen und Nichtmetallen siehst du in Bild 3.

2 **A** Marmor, **B** Messing-Türklopfer

3 Metall und Nichtmetall: **A** Eisen, **B** Schwefel

4 Eigenschaften mit Sinnesorganen erkennen

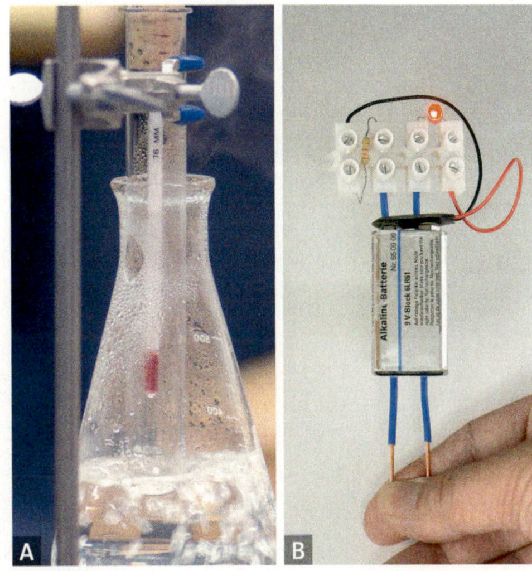

5 Messgeräte zum Bestimmen von Eigenschaften

Sinnesorgane helfen

In der Chemie werden Stoffe anhand ihrer Eigenschaften beschrieben. Am einfachsten zu beschreiben sind die Farbe, der Geruch, der Geschmack und der Aggregatzustand. Diese Eigenschaften kannst du mit den Sinnesorganen feststellen. Zitronensaft ist gelb, riecht säuerlich, schmeckt sauer und ist eine Flüssigkeit (→ Bild 4A). Eine Kirsche ist rot, geruchlos, schmeckt süß und ist ein Feststoff(→ Bild 4B).
Im Chemiefachraum ist das Schmecken von Stoffen jedoch verboten. Sie dürfen nicht mehr gegessen werden, da die Gefahr besteht, dass sie mit gesundheitsschädlichen Stoffen in Berührung gekommen sind.

Messgeräte helfen weiter

Du hast schon Stoffeigenschaften kennengelernt, für deren Bestimmung einfache Versuche notwendig sind. Dazu gehören die Verformbarkeit, die Härte, die Löslichkeit, die Wärmeleitfähigkeit und die Magnetisierbarkeit. Spezielle Messgeräte sind nötig, wenn du die Dichte, die Schmelztemperatur, die Siedetemperatur oder die elektrische Leitfähigkeit testen möchtest. Dazu zählen ein Thermometer (→ Bild 5A) oder ein Leitfähigkeitsmesser (→ Bild 5B).

Stoffe können in Metalle und Nichtmetalle eingeteilt werden. Sie werden durch ihre Eigenschaften beschrieben.

1 Beschreibe den Unterschied zwischen Metallen und Nichtmetallen.

2 **a)** Nenne Stoffeigenschaften, die du mit den Sinnesorganen feststellen kannst.
b) Nenne Stoffeigenschaften, die du mit Messgeräten messen kannst.

3 **I** Ordne folgende Stoffe in einer Tabelle je einem Gemisch zu:
Milch, Marmor, Zuckerwasser, Bronze, Hautcreme, Schlamm, Wasserfarbe, Erde, Messing, Cola, Campinggas.

Starthilfe zu 3:

Suspension	Emulsion	...
...	...	...

4 **II** Teile die folgenden Stoffe in Metalle und Nichtmetalle ein: Magnesium, Chlor, Wasserstoff, Helium, Zinn, Gold, Stickstoff, Silber, Lithium, Schwefel.

5 **III** Erläutere den Unterschied zwischen Messing und Kupfer. Nutze dazu die Fachbegriffe aus Bild 1.

»

FORSCHEN UND ENTDECKEN

A Wie wird die Dichte bestimmt?

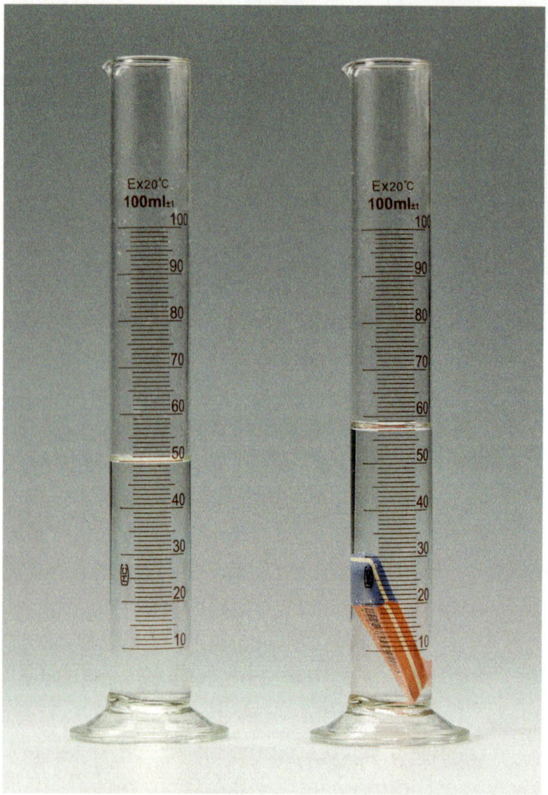

1 Wir bestimmen das Volumen des Radiergummis.

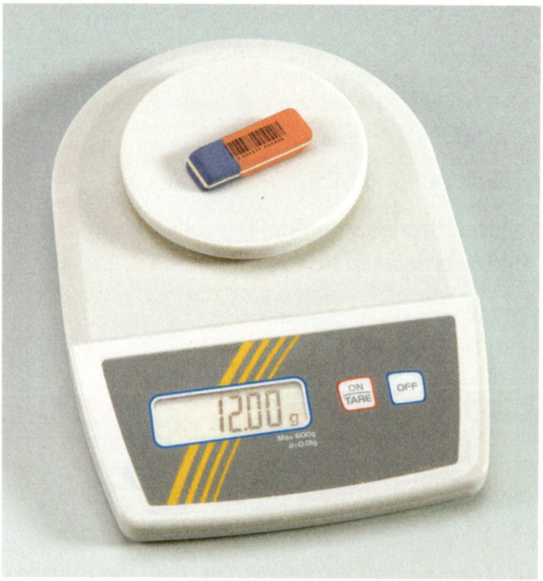

2 Wir bestimmen die Masse des Radiergummis.

Ein Kunststoffwürfel wiegt deutlich weniger als ein gleich großer Eisenwürfel. Die dazugehörige Eigenschaft ist die Dichte. Styropor® hat eine geringere Dichte als Eisen. Zum Bestimmen der Dichte benötigst du das Volumen und die Masse eines Körpers.

Material: Messzylinder 100 ml, Waage, Radiergummi, Wasser

Durchführung:

Schritt 1: Fülle genau 50 ml Wasser in den Messzylinder.

Schritt 2: Gib den Radiergummi in den Messzylinder und lies den neuen Wasserstand ab (→ Bild 1).

Schritt 3: Bestimme mit der Waage die Masse des Radiergummis in Gramm (→ Bild 2).

1 Berechne wie im Beispiel unten die Differenz zwischen altem und neuem Wasserstand beim Messzylinder.
Hinweis: Bei Wasser entspricht 1 ml exakt 1 cm^3.

2 Notiere das Volumen deines Radiergummis mit der richtigen Einheit.

3 Teile die Masse des Radiergummis durch das Volumen. Dein Ergebnis ist die Dichte des Radiergummis.

4 Bestimme die Dichte von zwei verschiedenen Gegenständen.

Beispiel:
Messzylinder zu Beginn: 50 ml
Messzylinder mit Radiergummi: 57 ml
Differenz: 7 ml
Volumen des Radiergummis: 7 cm^3
Masse des Radiergummis: 12 g
Rechnung:
Masse : Volumen = 12 g : 7 cm^3 = 1,71 $\frac{g}{cm^3}$
Die Dichte des Radiergummis beträgt 1,71 $\frac{g}{cm^3}$

ÜBEN UND ANWENDEN

A Die Dichte verschiedener Stoffe vergleichen

Stoff	Dichte
Sauerstoff	$0{,}00133\ \frac{g}{cm^3}$
Styropor®	$0{,}015\ \frac{g}{cm^3}$
Kork	$0{,}12\ \frac{g}{cm^3}$
Eichenholz, getrocknet	$0{,}77\ \frac{g}{cm^3}$
Wasser	$1{,}0\ \frac{g}{cm^3}$
Schwefel	$2{,}0\ \frac{g}{cm^3}$
Aluminium	$2{,}7\ \frac{g}{cm^3}$
Eisen	$7{,}8\ \frac{g}{cm^3}$
Gold	$19{,}3\ \frac{g}{cm^3}$

3 Angaben zur Dichte verschiedener Stoffe

1. In einem Spielfilm wird ein Goldraub gezeigt. Begründe, dass die Diebe an einem Sack mit Goldmünzen schwer zu tragen haben.
2. **II** Ist die Aussage „Eisen ist schwerer als Aluminium" immer richtig? Begründe mit den Begriffen dieser Doppelseite.
3. **III** Ein Körper aus Aluminium wiegt 1 kg. Bestimme die Masse eines gleich großen Körpers aus Eisen.

B Eigenschaften mit elektronischen Messgeräten bestimmen

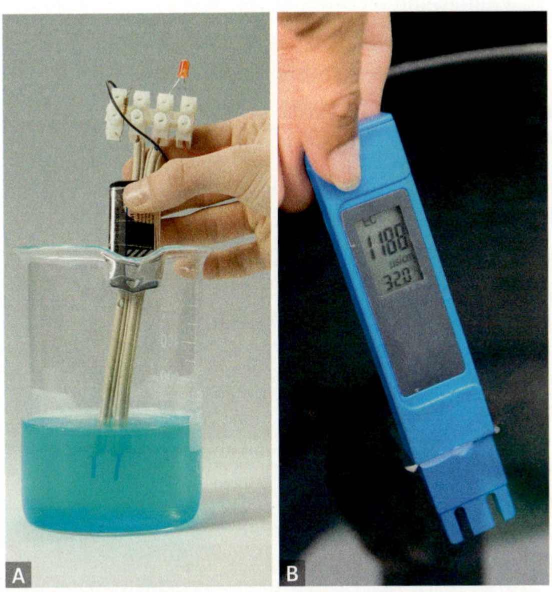

4 Unterschiedliche Leitfähigkeitsmesser

5 **A** Laborwaage, **B** elektronisches Thermometer

1. Nenne die jeweiligen Eigenschaften, die mit den abgebildeten Messgeräten in den Bildern 4 und 5 bestimmt werden können.
2. Nenne mindestens zwei Vor- und zwei Nachteile der Laborwaage in Bild 5 A gegenüber einer Balkenwaage.
3. Beschreibe mindestens zwei Vorteile eines elektronischen Thermometers gegenüber einem nicht-elektronischen Thermometer.
4. **II** Erläutere die Vor- und Nachteile des Gerätes in Bild 4A gegenüber dem Gerät in Bild 4B.

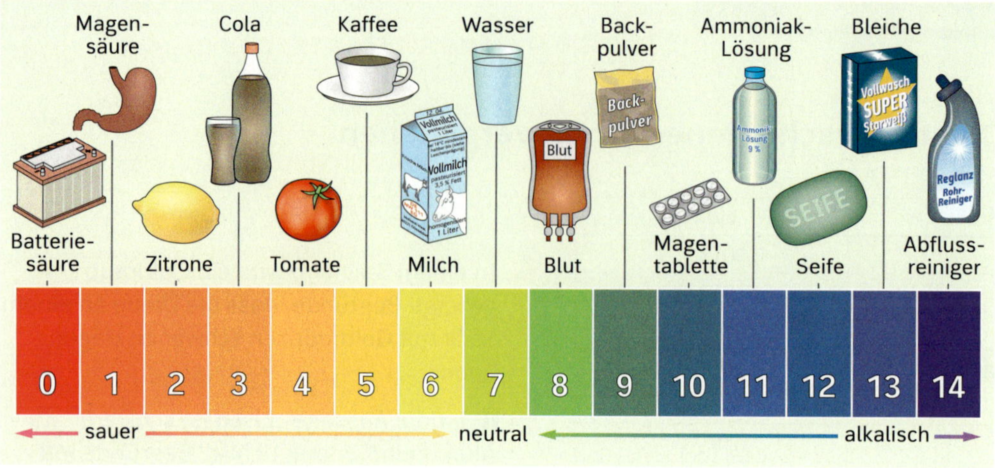

1 Stoffe aus dem Haushalt mit sauren und alkalischen Eigenschaften

Alles ätzend?

Säuren und saure Lösungen

Du hast in deinem Alltag ständig Kontakt mit **Säuren** (→ Bild 1). Sie sind oft Bestandteile von Lebensmitteln. In Joghurt ist Milchsäure enthalten. Ascorbinsäure wird auch Vitamin C genannt. Sie wird benutzt, um Küchengeräte zu entkalken.
Sind Säuren in Wasser gelöst, werden sie **saure Lösungen** genannt. Beispiele sind Essig und Zitronensaft. Auch Mineralwasser und Limonade gehören dazu. Verdünnte **Salzsäure** kommt als Magensäure sogar in deinem Körper vor. Dort hilft sie bei der Zersetzung der Nahrung.

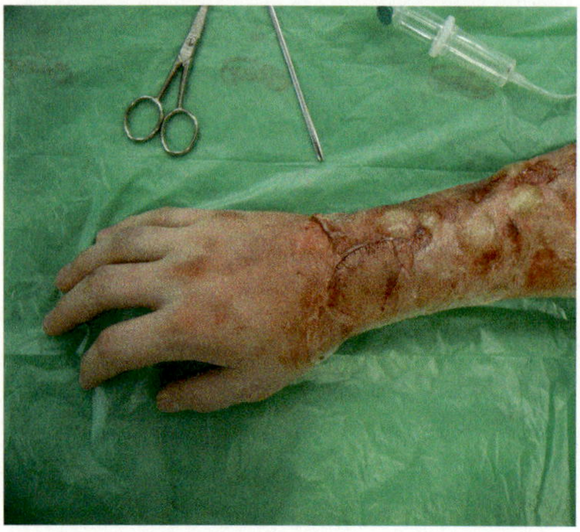

2 Folgen eines Säureunfalls

Basen und alkalische Lösungen

Auch mit **Basen** kommst du häufig in Kontakt. Viele Reinigungsmittel wie Seife oder Waschmittellauge sind Basen. Werden sie in Wasser gelöst, entstehen **alkalische Lösungen**. Diese werden auch **Laugen** genannt. Beispiele sind Seifen- und Waschmittellauge. Beliebt ist auch Laugengebäck. Es wird vor dem Backen kurz in verdünnte **Natronlauge** getaucht.

Eine gefährliche Stoffgruppe

Backofenreiniger enthalten meist folgende Warnung:

> Reizt die Augen und die Haut.
> Darf nicht in die Hände von Kindern gelangen. Berührung mit den Augen und der Haut vermeiden.

Backofenreiniger sind stark alkalische Lösungen. Solche Warnhinweise findest du auch auf Reinigern, die saure Lösungen enthalten. Beim Arbeiten mit sauren oder alkalischen Lösungen musst du sorgfältig und vorsichtig arbeiten. Vermeide Augen- und Hautkontakt. Sie greifen Oberflächen an und sind **ätzend** (→ Bild 2).

Neue Eigenschaften

Die Wirkung von Säuren wird als **sauer**, die von Basen als **alkalisch** bezeichnet. Die entsprechende Eigenschaft von Lösungen, die weder sauer noch alkalisch sind, heißt **neutral**. Saure und alkalische Lösungen sind **ätzend**.

Indikatoren

Saure und alkalische Lösungen können mit **Indikatoren** bestimmt werden.
Im Labor wird oft **Universalindikator** (→ Bild 3A und B) verwendet. Er ist als Flüssigkeit oder Teststreifen erhältlich. Er zeigt saure Lösungen mit roter und alkalische Lösungen mit blauer Farbe an.

Der pH-Wert

Ein Universalindikator kann nicht nur anzeigen, ob eine saure oder eine alkalische Lösung vorliegt. Er zeigt auch die **Stärke** der sauren oder der alkalischen Lösung an. Der entsprechende Messwert heißt **pH-Wert**. Er kann auch mit einem pH-Meter bestimmt werden (→ Bild 3C).

Die pH-Wert-Skala

Die Skala für pH-Werte geht meist von 0 bis 14 (→ Bild 1). Der Wert 0 zeigt eine stark saure Lösung an. Schwefelsäure, die in Autobatterien enthalten ist, ist eine sehr starke saure Lösung. Der pH-Wert neutraler Lösungen, wie zum Beispiel von Wasser ist 7. Die alkalischen Lösungen haben pH-Werte größer als 7. Eine starke alkalische Lösung hat den pH-Wert 14. Abflussreiniger ist eine stark alkalische Lösung.

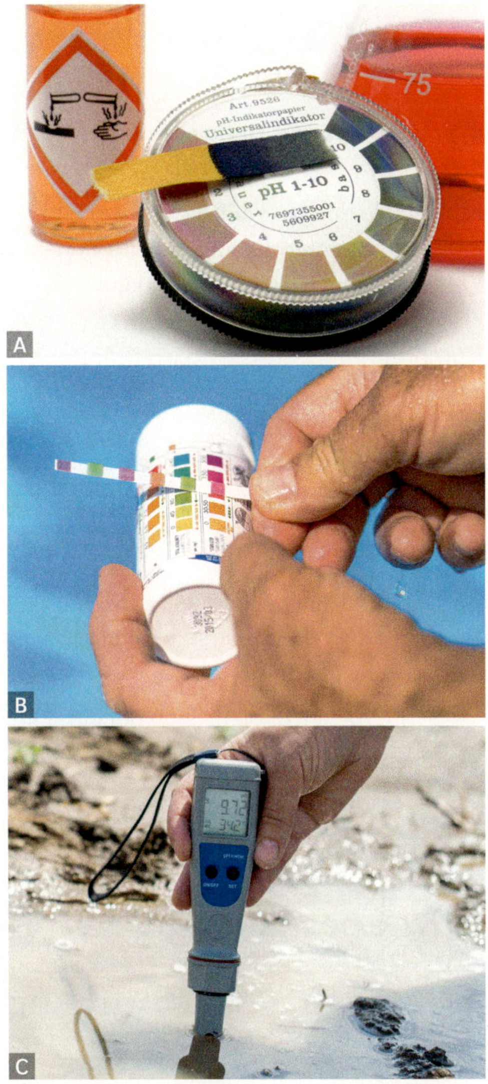

3 A und **B** Universalindikatoren**, C** pH-Meter

Wir unterscheiden saure und alkalische Lösungen. Sie können mit einem Universalindikator nachgewiesen werden. Ihre Stärke wird mit dem pH-Wert angegeben.

1 Nenne jeweils die typische Eigenschaft einer sauren und einer alkalischen Lösung.

2 Nenne den pH-Wert von Wasser und die entsprechende Eigenschaft.

3 a) Nenne den Bereich der pH-Wert-Skala, der die sauren Lösungen anzeigt.
b) Nenne den Bereich der pH-Wert-Skala, der die alkalischen Lösungen anzeigt.

4 Begründe, ob es sich um eine saure oder eine alkalische Lösung handelt:
Mineralwasser, Seifenlauge, Essig, Natronlauge, Zitronensaft, Waschmittellauge, Limonade, Schwefelsäure.

Starthilfe zu 4:
Betrachte Bild 1.

»

FORSCHEN UND ENTDECKEN

A Wie weist du saure und alkalische Lösungen nach?

Material: 5 Reagenzgläser, flüssiger Universalindikator, Essig, Seifenlösung, Zitronensaft, Wasser, flüssiger Haushaltsreiniger

Durchführung:

Schritt 1: Fülle in die Reagenzgläser jeweils eine der zu prüfenden Flüssigkeiten.

Schritt 2: Gib in jedes Reagenzglas einen Spritzer des flüssigen Universalindikators.

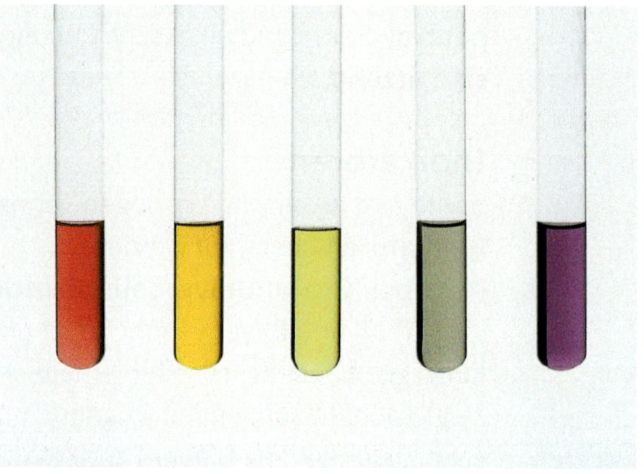

1 Färbungen beim Universalindikator

1 Notiere die jeweiligen Veränderungen bei der Farbe des Universalindikators in einer Tabelle.

2 Schreibe hinzu, ob es sich bei den Flüssigkeiten um saure oder alkalische Lösungen handelt.

3 II Nenne die Farben, an denen du starke und schwache saure oder alkalische Lösungen erkennst.

B Wie bestimmst du den pH-Wert?

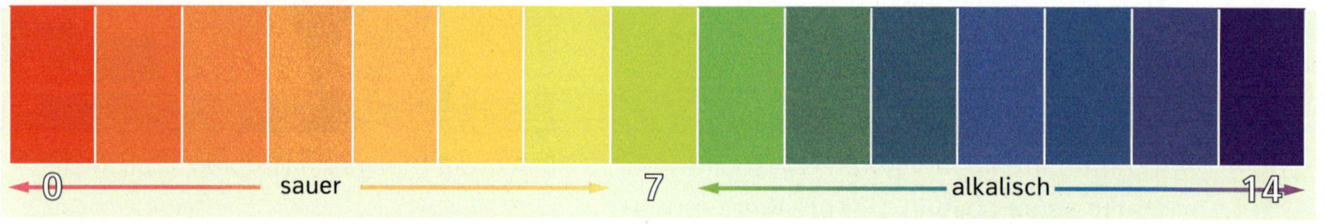

2 Die pH-Wert-Skala von Universalindikator

Material: 5 Reagenzgläser, verdünnte Salzsäure, verdünnte Natronlauge, Mineralwasser, destilliertes Wasser, Seifenlösung, Universalindikator-Papier

Durchführung:

Schritt 1: Fülle in die Reagenzgläser jeweils eine der zu prüfenden Flüssigkeiten.

Schritt 2: Halte in jedes Reagenzglas einen Streifen des Universalindikators.

Schritt 3: Vergleiche die Farben mit der pH-Wert-Skala. Du findest sie auf der Verpackung des Universalindikators.

1 Notiere die jeweils festgestellten pH-Werte und schreibe hinzu, bei welcher Flüssigkeit es sich um eine saure Lösung oder um eine alkalische Lösung handelt.

2 II Zeichne die pH-Wert-Skala in Bild 2 ab. Beschrifte sie mit schwache Säure, neutral, starke Lauge, schwache Lauge, starke Säure.

3 II Trage in deine gezeichnete pH-Wert-Skala die von dir gemessenen pH-Werte ein.

FORSCHEN UND ENTDECKEN

C Wie stellst du einen Indikator selbst her?

Material: Gasbrenner, Anzünder, großes und kleines Becherglas, Flasche zum Abfüllen, Dreifuß, Drahtnetz, Stativ mit Doppelmuffe und Universalklammer, Trichter, Filterpapier, Messer, ein Stück Rotkohl, Wasser

Durchführung:
Schritt 1: Zerteile den Rotkohl.
Schritt 2: Fülle Wasser in das eine Becherglas und gib den Rotkohl hinzu (→ Bild 3).
Schritt 3: Entzünde den Gasbrenner und koche den Rotkohl etwa 5 Minuten lang.

1 Schildere die Veränderungen am Kochwasser.

Schritt 4: Baue Stativ und Trichter wie in Bild 3 auf.
Schritt 5: Gib ein Filterpapier in den Trichter und filtriere den Rotkohlsaft.
Hinweis: Bewahre den Rotkohlsaft für weitere Versuche im Kühlschrank auf. Dort hält er sich mehrere Tage.

3 Herstellen von Rotkohlsaft

D Die pH-Werte mit Rotkohlsaft nachweisen

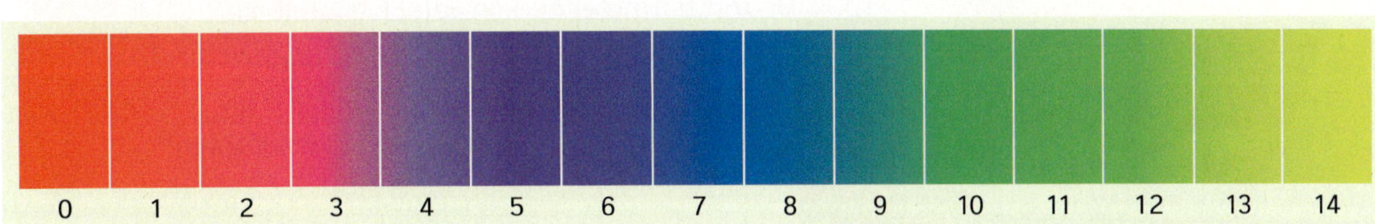

4 Die pH-Wert-Skala von Rotkohlsaft

Material: 5 Reagenzgläser, Rotkohlsaft, Essig, Seifenlösung, Zitronensaft, Wasser, flüssiger Haushaltsreiniger

Durchführung:
Schritt 1: Fülle jedes Reagenzglas zu einem Viertel mit Rotkohlsaft.
Schritt 2: Gib je einen der Stoffe zum Rotkohlsaft.

1 Bestimme die pH-Werte der Stoffe, die du getestet hast. Nutze dazu die pH-Skala in Bild 4.

2 Notiere, bei welchen Flüssigkeiten es sich um saure oder alkalische Lösungen handelt.

3 II Vergleiche die pH-Skala des Rotkohlindikators und des Universalindikators. Erläutere die Vorteile des Universalindikators.

«

1 Täglich werden neue Stoffe entwickelt und hergestellt.

Stoffe stellen sich vor

Es gibt über 100 Millionen Stoffe

Kochsalz, Wasser, Luft, jeder kennt eine große Zahl von Stoffen. In unserer Natur finden wir Millionen von Stoffen. Viele sind zudem noch gar nicht entdeckt. Außerdem werden in der chemischen Industrie ständig neue Stoffe entwickelt, die in der Natur nicht vorkommen. Täglich kommen neue Stoffe dazu (→ Bild 1).

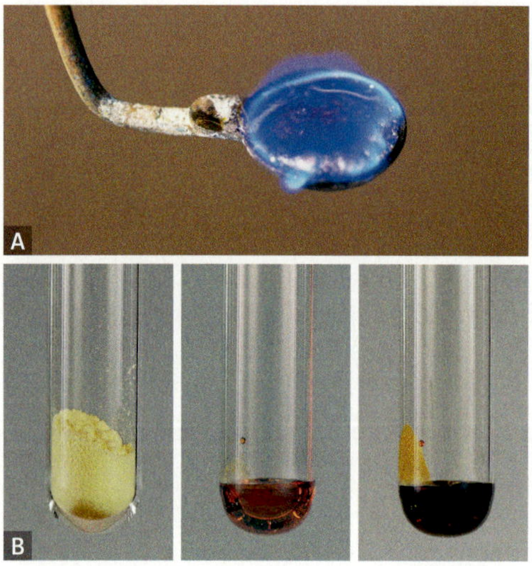

2 **A** Schwefel brennt mit blauer Flamme und **B** erscheint beim Schmelzen in verschiedenen Farben.

Schwefel, ein Nichtmetall

Schwefel ist ein seit vielen Jahrtausenden bekannter Stoff. Er kommt in der Natur vor und wird bergmännisch abgebaut.
Vor allem bei Vulkanausbrüchen tritt er zutage. Auffallend ist seine gelbe Farbe. Schwefel ist brennbar und hat keine metallischen Eigenschaften. Er glänzt nicht, ist kein elektrischer Leiter und ein schlechter Wärmeleiter. Schwefel ist somit ein klassisches Nichtmetall. Er hat ungewöhnliche Eigenschaften (→ Bild 2).
Weitere typische Nichtmetalle sind Kohlenstoff, Phosphor oder Sauerstoff.

Beim Verbrennen reagiert Schwefel zu dem giftigen Gas **Schwefeldioxid**. Dieses wird in geringen Mengen zur Haltbarmachung von Lebensmitteln verwendet. Für die Herstellung von Schwefelsäure wird jedes Jahr eine große Menge Schwefel benötigt.

Schwefel ist ein Nichtmetall. Er wird zu Schwefeldioxid und Schwefelsäure verarbeitet.

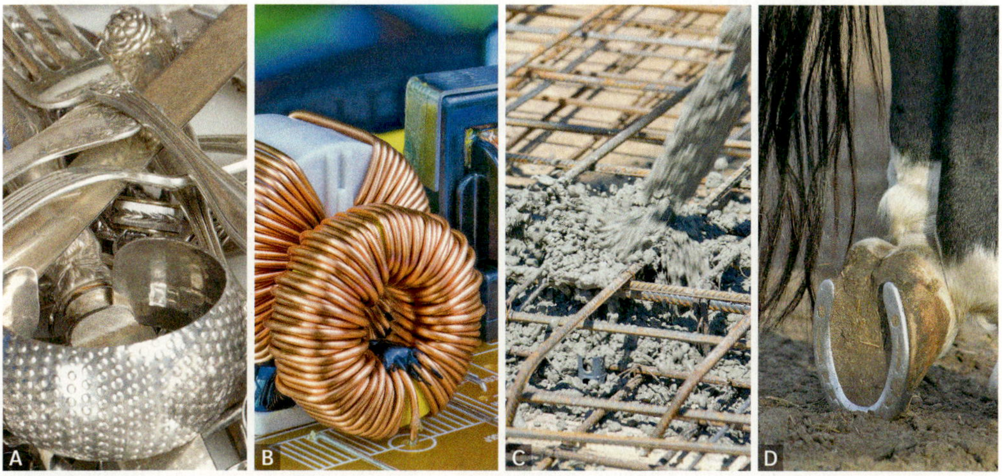

3 Vielfalt der Metalle: **A** Silberschmuck, **B** Kupferspule, **C** Stahlbeton, **D** verzinktes Hufeisen

Metalle kennenlernen: Silber

Silber kommt in metallischer Form in Gesteinen vor. Aufgrund seines beständigen Metallglanzes ist es seit jeher als Schmuck sehr beliebt. Ringe, Armreife, Ketten, Anhänger: alles wird aus Silber hergestellt (→ Bild 3A).
Silber kommt in der Natur selten vor. Es ist deshalb wertvoll und wurde aus diesem Grund schon vor 2500 Jahren als Zahlungsmittel verwendet.

Kupfer

Kupfer wird schon seit etwa 10 000 Jahren von Menschen verarbeitet. Früher wurde es für Werkzeuge, Waffen oder Küchengefäße verwendet. Heute ist Kupfer sehr wichtig im Elektrobereich (→ Bild 3B). Es wird vor allem für Stromkabel und Drähte verwendet. Kupfer ist nach Silber der beste **elektrische Leiter**. Da es preiswerter ist als Silber, hat es sich als elektrischer Leiter in Geräten und Kabeln durchgesetzt.

Eisen

Eisen ist eines der wichtigsten Metalle. Es gibt unzählige Verwendungsmöglichkeiten. Meist wird es durch Zugabe von anderen Stoffen zu **Stahl** weiterverarbeitet.
Stahl kann besonders hart, sehr elastisch, druckfest oder korrosionsfest sein. Dadurch eignet es sich für den Bau von Brücken, Maschinen, Werkzeugen, Autos, Kränen, Eisenbahnschienen oder Stahlbeton (→ Bild 3C).

Zink

Gegenstände werden häufig **verzinkt**. Dabei wird Eisen oder Stahl mit einer dünnen Schicht aus Zink überzogen. Diese Zinkschicht schützt das darunter liegende Metall vor dem Rosten (→ Bild 3D). Zink wird zur Herstellung von **Messing** benötigt. Dazu wird es mit Kupfer vermischt. So entsteht ein homogenes Metallgemisch. Eine solche Mischung aus zwei oder mehreren Metallen wird **Legierung** genannt.

1. Beschreibe die Eigenschaften von Schwefel.
2. Begründe die Verwendung von Silber als Zahlungsmittel.
3. Beschreibe den Unterschied zwischen Eisen und Stahl.
4. I Nenne zwei Gründe für die Verwendung von Kupfer im Elektrobereich.
5. II Nenne Gründe für die Verwendung von Stahl anstelle von reinem Eisen.
6. II Beschreibe die Verwendung von Zink.

Starthilfe zu 6:
Mit Zink werden Oberflächen...

ÜBEN UND ANWENDEN

A Metalle: edel oder nicht?

1 Gold ist ein Edelmetall.

3 Eisen rostet immer weiter.

Verschiedene Metalle zeigen an der Luft unterschiedliches Verhalten. Manche reagieren mit dem Sauerstoff der Luft und verändern sich. Sie **korrodieren**. Dies ist gut erkennbar, da dabei der Glanz des Metalls verloren geht. Das Korrodieren von Eisen wird auch Rosten genannt (→ Bild 3). Es gibt auch Metalle, die keine Reaktion zeigen.

Die gegenüber dem Luftsauerstoff beständigen Metalle heißen Edelmetalle (→ Bild 1 und 2). Je weniger beständig die Metalle sind, umso unedler sind sie. Sie verlieren mit der Zeit ihren Glanz oder verändern ihre Farbe (→ Bild 4).

1 Nenne die Metalle dieser Seite,
a) die zu den edleren Metallen gehören.
b) die zu den unedleren Metallen gehören.

2 Nenne aus deinem Alltag drei weitere unedle Metalle und zwei weitere Edelmetalle.

3 Regenrinnen sind meist aus Metall.
a) Wähle ein dafür geeignetes Metall aus: Magnesium, Eisen, Kupfer, Gold, Blei, Zink.
II b) Begründe deine Wahl des Metalls.
III c) Begründe, dass du manche Metalle nicht wählen würdest.

2 Silbermünze

4 Kupferregenrinne nach einigen Jahren

ÜBEN UND ANWENDEN

B Leichtmetalle und Schwermetalle

5 Sieht leicht aus – ist aber aus einem Schwermetall gebaut.

Leichtmetalle haben eine Dichte unter 5 $\frac{g}{cm^3}$, Schwermetalle über 5 $\frac{g}{cm^3}$. Das bekannteste und am häufigsten eingesetzte Schwermetall ist Eisen. Es wird zu Stahl weiterverarbeitet und dient als Baumaterial für Brücken, Maschinen, Autos, Werkzeuge und Gebäude (→ Bild 5).

Ein bekanntes Leichtmetall ist Aluminium. Seine Verwendung erstreckt sich von Aluminiumfolie für den Haushalt über den Bau von Flugzeugen bis hin zu der Oberflächenbeschichtung von Spiegeln.

1 Teile alle Metalle aus der Tabelle in Bild 6 in Leichtmetalle und Schwermetalle ein.

2 **II** Begründe den Einsatz von Leichtmetallen beim Flugzeugbau.

3 **II** Nenne aus deiner Erfahrung Beispiele, wo Schwermetalle aus gesundheitlichen Gründen nicht mehr verwendet werden.

4 **III** Bestimme, ob du einen 10 Liter Eimer tragen kannst, der voll Platin ist.

Starthilfe zu 4:
10 Liter entsprechen 10 dm^3

Metall	Schmelztemperatur	Dichte	Farbe
Aluminium	660 °C	2,7 $\frac{g}{cm^3}$	silberweiß
Blei	327 °C	11,3 $\frac{g}{cm^3}$	bläulich weiß
Eisen	1538 °C	7,9 $\frac{g}{cm^3}$	silbergrau
Gold	1064 °C	19,3 $\frac{g}{cm^3}$	gelb glänzend
Kupfer	1085 °C	8,9 $\frac{g}{cm^3}$	rotbraun
Magnesium	650 °C	1,7 $\frac{g}{cm^3}$	silberweiß
Nickel	1455 °C	8,9 $\frac{g}{cm^3}$	silbrig glänzend
Platin	1768 °C	21,5 $\frac{g}{cm^3}$	grau-weiß
Quecksilber	−39 °C	13,5 $\frac{g}{cm^3}$	silbrig weiß
Silber	962 °C	10,5 $\frac{g}{cm^3}$	silberweiß
Titan	1668 °C	4,5 $\frac{g}{cm^3}$	silbrig metallisch
Zink	420 °C	7,1 $\frac{g}{cm^3}$	bläulich weiß

6 Eigenschaften verschiedener Metalle

1 Stoffe verändern sich beim Erhitzen: **A** flüssiger Teig, **B** gebackener Pfannkuchen

Stoffe verändern sich

Der Aggregatzustand ändert sich

Pfannkuchenteig ist ein Gemisch aus Mehl, Eiern, Milch, Wasser, Zucker und etwas Salz. Wird er in einer Pfanne erhitzt, ändert er den Aggregatzustand von flüssig zu fest. Beginnen die Fettteilchen in der Milch zu verdampfen, riecht es in der Küche nach Fett. An manchen Stellen wird der Teig so stark erhitzt, dass das Wasser im Eiweiß zu sieden beginnt. Das Wasser ändert seinen Aggregatzustand und wird zu Wasserdampf. Du erkennst das daran, dass der Teig beim Backen Blasen bildet. Wasser wird in der Küche oft bis zum Sieden erhitzt, zum Beispiel zum Nudelkochen.

Die Pfanne bleibt unverändert

Beim Backen der Pfannkuchen wird die Pfanne aus Eisen erwärmt. Sie verändert sich dabei nicht. Sie besteht aus Stoffen, die beim Erhitzen **unverändert** bleiben.

Der Teig verändert sich

Der Teig verändert beim Erwärmen seine **Farbe** und wird dunkel (→ Bild 1B). Gleichzeitig wird er fest. Es sind **neue Stoffe** entstanden.

Stoffe werden fest

Das flüssige Eigelb im Teig wird beim Erwärmen fest. Hier entsteht auch ein **neuer Stoff**.

Stoffe zersetzen sich

An den dunklen Stellen in Bild 1B ist es zu heiß für das Mehl und die Milch. Durch die hohe Temperatur **zersetzen** sich die Stoffe und sie werden schwarz. Auch dabei entstehen neue Stoffe.
Sind die Stoffe zu stark verbrannt, sollten sie nicht mehr gegessen werden, da beim Verbrennen gesundheitsschädliche Stoffe entstehen können.

2 Stockbrote werden geröstet.

3 Glas wird geschmolzen.

Physik oder Chemie?

Mit dem Beispiel vom Pfannkuchenbacken kannst du physikalische von chemischen Vorgängen unterscheiden.
Sind die Stoffänderungen nur vorübergehend, handelt es sich um physikalische Vorgänge. Dazu gehört das Erhitzen der Pfanne und das Sieden von Wasser. Das Wasser wird durch das Erhitzen zu Wasserdampf, beim Abkühlen wird es aber wieder flüssig. Im Wasserdampf sind wie im flüssigen Wasser die Wasser-Teilchen unverändert. Sind die Veränderungen von Dauer, steckt ein chemischer Vorgang dahinter. Dabei entstehen neue Stoffe, die neue Eigenschaften besitzen.

Bei chemischen Vorgängen entstehen neue Stoffe mit neuen Eigenschaften.

An Farbänderungen erkennen

Beim Kochen und Backen kannst du viele Stoffumwandlungen beobachten.
Auch die Zubereitung von Stockbrot gehört dazu. Nach dem Rösten hat sich seine Farbe geändert und der Teig ist fest geworden (→ Bild 2).
Chemische Umwandlungen sind häufig anhand von Farbänderungen zu erkennen. Ändert ein Indikator seine Farbe, hat er sich auch chemisch verändert.
Im Gegensatz dazu wird Glas, das schmilzt, nach dem Abkühlen wieder fest. Es hat zwar seine Form verändert, aber der Stoff sieht genauso aus wie vorher. Es handelt sich dabei um einen physikalischen Vorgang. Auch das Verformen oder das Zerbrechen eines Stoffes ist ein physikalischer Vorgang. Es entsteht dabei kein neuer Stoff.

1 Nenne die für einen chemischen Vorgang typische Veränderung von Stoffen.

2 Nenne Vorgänge, die du beobachten kannst, wenn Bratkartoffeln in der Pfanne zubereitet werden.

3 Nenne weitere Stoffänderungen beim Erhitzen von Lebensmitteln in der Küche.

4 II Beschreibe die Stoffänderungen in Bild 2 und Bild 3. Nutze die Starthilfe.

Starthilfe zu 4:

Stoff	Veränderungen
...	...

5 II Ordne folgende Beispiele in einer Tabelle in chemische und physikalische Vorgänge: Eier kochen, Eiswürfel herstellen, Milch erwärmen, Teewasser erhitzen, Kuchen backen, Pommes frittieren.

»

FORSCHEN UND ENTDECKEN

A Viele Stoffe verändern sich beim Erhitzen

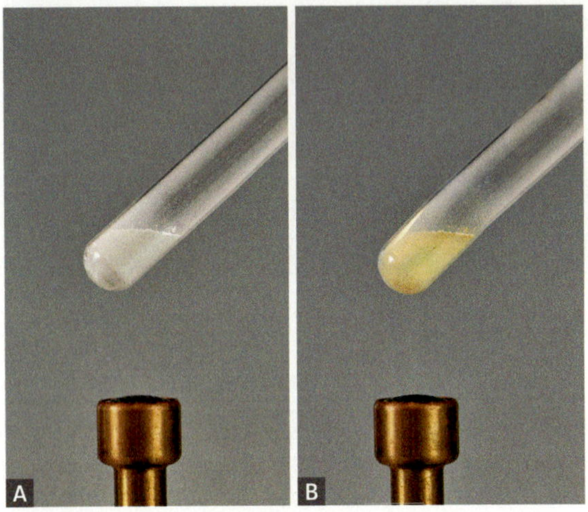

1 **A** kaltes Zinkoxid, **B** erhitztes Zinkoxid

2 Zucker wird erhitzt.

3 Streichhölzer werden erhitzt.

Durch Erhitzen kannst du Stoffe verändern. Manche dieser Stoffänderungen sind dauerhaft. Andere Stoffänderungen halten nur so lange an, wie der Stoff erhitzt wird.

Material: Gasbrenner, Anzünder, 3 Reagenzgläser, Streichhölzer, Magnesiastäbchen, weißes Zinkoxid, Zucker

Durchführung:

Schritt 1: Erhitze das Magnesiastäbchen in der rauschenden Brennerflamme.

1 Beschreibe das Aussehen des Magnesiastäbchens vor, während und nach dem Versuch.

Schritt 2: Fülle etwas Zinkoxid in ein Reagenzglas und erhitze in der rauschenden Brennerflamme (→ Bild 1).

2 Beschreibe die Farbe des Zinkoxids vor, während und nach dem Versuch.

Schritt 3: Gib etwas Zucker in ein Reagenzglas und erhitze in der rauschenden Brennerflamme (→ Bild 2).

3 Beschreibe den Zucker vor, während und nach dem Versuch.

Schritt 4: Gib einige Streichhölzer in ein Reagenzglas und erhitze in der rauschenden Brennerflamme (→ Bild 3).

4 Beschreibe die Streichhölzer vor, während und nach dem Versuch.

5 Beschreibe die Unterschiede zwischen den ersten beiden und den letzten beiden Versuchen.

6 Ordne die Versuche in physikalische Vorgänge und chemische Vorgänge ein.

7 Nenne fünf weitere Stoffe, die sich beim Erhitzen dauerhaft verändern.

FORSCHEN UND ENTDECKEN

B Können Stoffe verschwinden?

Material: Gasbrenner, Spatel, Pinzette, Reagenzglas, Reagenzglasklammer, Glaswolle, Anzünder, Universalindikatorpapier, destilliertes Wasser, Ammoniumchlorid

Durchführung:

Schritt 1: Gib einen Spatel Ammoniumchlorid in ein Reagenzglas.

Schritt 2: Befeuchte den Streifen Universalindikatorpapier mit destilliertem Wasser und lege ihn so in das Reagenzglas, dass er das Ammoniumchlorid nicht berührt.

Schritt 3: Fixiere das Indikatorpapier mit einem Bausch Glaswolle (→ Bild 4).

Schritt 4: Erhitze das Reagenzglas vorsichtig mit der rauschenden Brennerflamme.

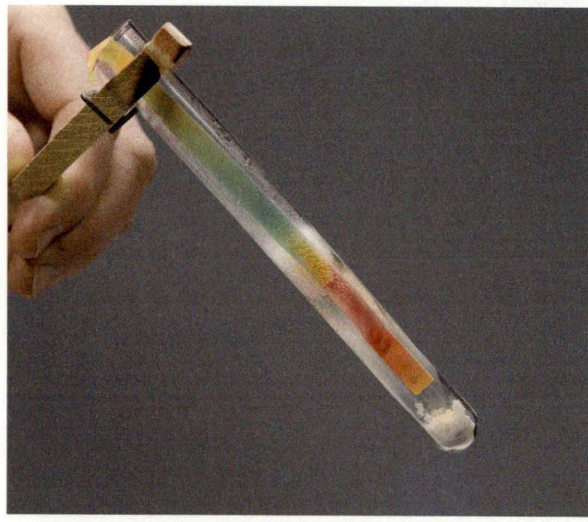

4 Erhitzen von Ammoniumchlorid

1 Beschreibe deine Beobachtungen.

2 Erkläre die Verfärbungen des Universalindikators. Nutze die Begriffe „sauer“ und „alkalisch“.

3 II Erkläre das scheinbare Verschwinden des Ammoniumchlorids.

C Können Stoffe wieder entstehen?

Die beiden Stoffe, die beim Erhitzen von Ammoniumchlorid entstehen sind Ammoniak und Salzsäure. Im folgenden Versuch sollen sie wieder miteinander reagieren.

Material: Glasstab, Reagenzglas, Ammoniaklösung (10 %), Salzsäure (10 %)

Durchführung:

Schritt 1: Befeuchte den Glasstab mit Salzsäure.

Schritt 2: Halte den Glasstab über die Öffnung des Reagenzglases mit Ammoniaklösung.

5 Salzsäuredämpfe reagieren mit den Dämpfen der Ammoniaklösung.

1 Beschreibe deine Beobachtungen.

2 I Stelle eine Vermutung auf, um welchen Stoff es sich bei dem Produkt handelt.

3 II Nenne die Besonderheit, welche die beiden Versuche aus Aufgabe B und C gemeinsam haben.

1 Durch Reibung entsteht Wärme.

Die chemische Reaktion

Alltägliche Reaktionen

Auch im Zeitalter des Feuerzeugs sind Streichhölzer in jedem Haushalt vorhanden. Sie werden durch Reiben des Streichholzkopfes an der rauen Fläche der Schachtel entzündet (→ Bild 1). Nach dem Entzünden brennt das Holz, bis es vollständig verbrannt ist. Es bleibt ein schwarzer Rest zurück, die **Asche**.
Beim Auflösen einer Brausetablette kannst du auch eine Reaktion beobachten.
Eine Brausetablette wird in ein Glas Wasser gegeben und löst sich auf. Es sprudelt, weil dabei ein Gas entsteht (→ Bild 2).

Hier kommt die Chemie ins Spiel

Beim Entzünden eines Streichholzes oder dem Auflösen einer Brausetablette handelt es sich um chemische Vorgänge, weil neue Stoffe entstehen. Beim Verbrennen des Streichholzes ist es die Asche und das unsichtbare Gas Kohlenstoffdioxid.
Beim Auflösen der Brausetablette entsteht ebenfalls Kohlenstoffdioxid. Vorgänge, bei denen neue Stoffe mit neuen Eigenschaften entstehen, heißen **chemische Reaktionen**. Solche chemischen Reaktionen gibt es nicht nur im Haushalt, sondern auch im Chemielabor (→ Bild 3).

2 Eine Brausetablette wird aufgelöst.

3 Lernende führen einen Versuch durch.

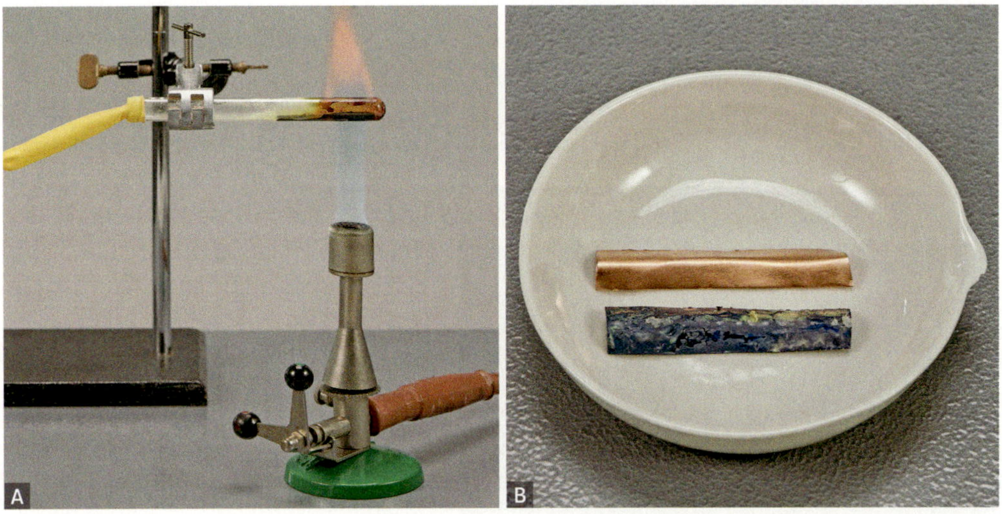

4 Kupfer reagiert mit Schwefel: **A** Versuchsaufbau, **B** Kupfer und Kupfersulfid (blau)

Chemische Reaktionen im Labor

Wird Kupfer mit Schwefel in einem Reagenzglas stark erhitzt (→ Bild 4A), glüht das Kupfer hell auf. Nach der Reaktion hat das Produkt eine blauschwarze Farbe angenommen (→ Bild 4B). Es ist **Kupfersulfid** entstanden. An der veränderten Farbe erkennst du, dass eine chemische Reaktion stattgefunden hat. Typisch für viele chemische Reaktionen ist auch freiwerdende Energie in Form von Licht oder Wärme.

Die Wortgleichung

Eine chemische Reaktion kann mit einer **Wortgleichung** beschrieben werden. Dabei stehen links die Edukte und rechts die Produkte. In der Mitte befindet sich der Reaktionspfeil. Die freiwerdende Energie wird als *E* angegeben:

Kupfer + Schwefel → Kupfersulfid + *E*

Die Synthese

Bei der chemischen Reaktion zwischen Kupfer und Schwefel ist ein neuer Stoff entstanden, das Kupfersulfid. Eine chemische Reaktion, bei der ein neuer Stoff entsteht, heißt **Synthese**.
Eine der wichtigsten Synthesen in der chemischen Industrie ist die Ammoniaksynthese. Dabei reagiert Stickstoff mit Wasserstoff zu Ammoniak. Der Ammoniak wird für die Herstellung von Kunstdünger benötigt.
Durch die Erfindung des Kunstdüngers konnte die Produktion von Getreide stark gesteigert werden. Diese Synthese wird auch HABER-BOSCH-Verfahren genannt. Sie wurde nach den Chemikern FRITZ HABER und CARL BOSCH benannt.

Durch chemische Reaktionen entstehen neue Stoffe mit neuen Eigenschaften.

1 Nenne den Vorgang, bei dem in der Chemie ein neuer Stoff entsteht.

2 Nenne zwei Anzeichen, an denen du eine chemische Reaktion erkennen kannst.

3 Entscheide, ob es sich um chemische Reaktionen handelt:
a) Zersägen von Holz, Verbrennen von Holz, Backen einer Pizza, Schneiden einer Pizza.
b) Verdunsten von Wasser, Backen eines Kuchens, Herstellen von Eiswürfeln, Kochen von Eiern.

Starthilfe zu 3:

chemische Reaktion	ja	nein
Zersägen von Holz	...	...

»

ÜBEN UND ANWENDEN

A Chemische Reaktionen - manchmal schnell, manchmal langsam

1 Schienen verschweißen mit der Thermit-Reaktion

2 Weißblechdosen rosten langsam.

Bild 1 und Bild 2 zeigen unterschiedlich schnelle chemische Reaktionen. In Bild 1 siehst du, wie Schienen mit der Thermit-Reaktion verschweißt werden. Dabei entsteht bei sehr hohen Temperatur aus Eisenoxid und Aluminium reines Eisen. Dadurch werden die beiden Schienenstücke miteinander verbunden.
Bild 2 zeigt eine verrostete Dose. Sie liegt schon lange im Freien. Durch den Sauerstoff aus der Luft ist das Eisen teilweise zu Eisenoxid geworden. Durch Wasser und Salz wird dieser Vorgang beschleunigt.

1. Begründe, dass es sich in beiden Bildern um eine chemische Reaktion handelt.
2. Beschreibe den Unterschied der beiden chemischen Reaktionen in Bild 1 und Bild 2.
3. II Nenne jeweils zwei Beispiele für schnelle und langsame chemische Reaktionen.
4. II Recherchiere, wie lange es etwa dauert, bis eine Weißblechdose komplett verschwunden ist.

B Chemische Reaktion oder nicht?

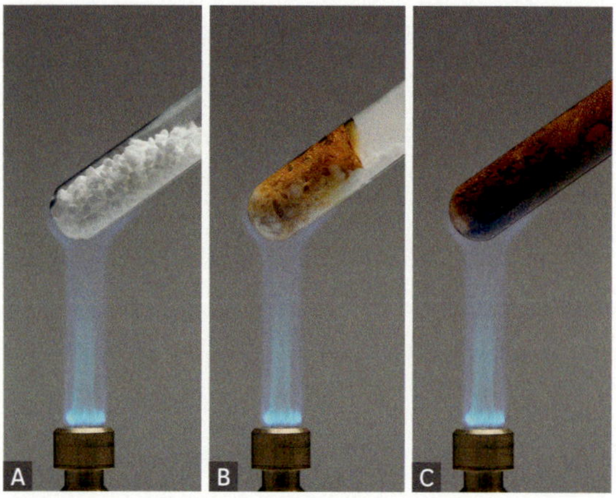

3 Zucker wird erhitzt: **A** vor dem Erhitzen, **B** schwach erhitzt, **C** stark erhitzt

In Bild 3 siehst du, wie Zucker reagiert, wenn er unterschiedlich lange erhitzt wird. Nach dem Abkühlen bleibt die Farbe des Zuckers so wie in Bild 3C zu sehen.

1. Beschreibe die sichtbaren Unterschiede der Bilder 3A bis 3C.
2. **a)** Beurteile, ob es sich in Bild 3B und 3C um eine chemische Reaktion handelt.
   II **b)** Begründe jeweils deine Entscheidung.
3. II Nenne den Namen des Stoffes im Reagenzglas von Bild 3 C. Du kennst ihn von Bonbons.

FORSCHEN UND ENTDECKEN

A Wie entfernt man Kalk?

Durch kalkhaltiges Leitungswasser können Haushaltsgegenstände wie Gläser, Wasserkocher oder Waschmaschinen verkalken. Das erkennst du an der weißen, rauen Schicht, die sich auf der Oberfläche der Elektrogeräte absetzt. Elektrogeräte können durch zu starkes Verkalken Schaden nehmen. Der Kalk kann mit Haushaltsmitteln wieder entfernt werden.

1 Beschreibe deine Beobachtungen.

2 Begründe, dass es sich bei dem Versuch um eine chemische Reaktion handelt.

Material: Verkalktes Glas, Essig

Durchführung:

Schritt 1: Gib etwas Essig in das verkalkte Glas.
Schritt 2: Schwenke den Essig im Glas.
Schritt 3: Versuche möglichst alle verkalkten Stellen zu erreichen.

3 **II** Stelle eine Vermutung auf, wie du den gelösten Kalk vom Essig trennen kannst.

B Feuer löschen durch eine chemische Reaktion

Material: Breites Becherglas, Teelicht, Anzünder, Backpulver, Spritzflasche mit Wasser

Durchführung:

Schritt 1: Stelle das Teelicht auf den Boden des Becherglases.
Schritt 2: Schütte das Backpulver in das Becherglas.
Schritt 3: Entzünde das Teelicht.
Schritt 4: Gib etwas Wasser in das Becherglas wie in Bild 4A.

1 Beschreibe deine Beobachtungen.

2 Begründe, dass es sich bei dem Versuch um eine chemische Reaktion handelt.

3 **II** a) Stelle Vermutungen an, welche Stoffe bei dem Versuch entstehen.
II b) Nenne die Aggregatzustände dieser beiden Stoffe.

4 **III** Begründe, dass eine Kerze, die über den Rand des Becherglases hinaus ragt, nicht erlischt.

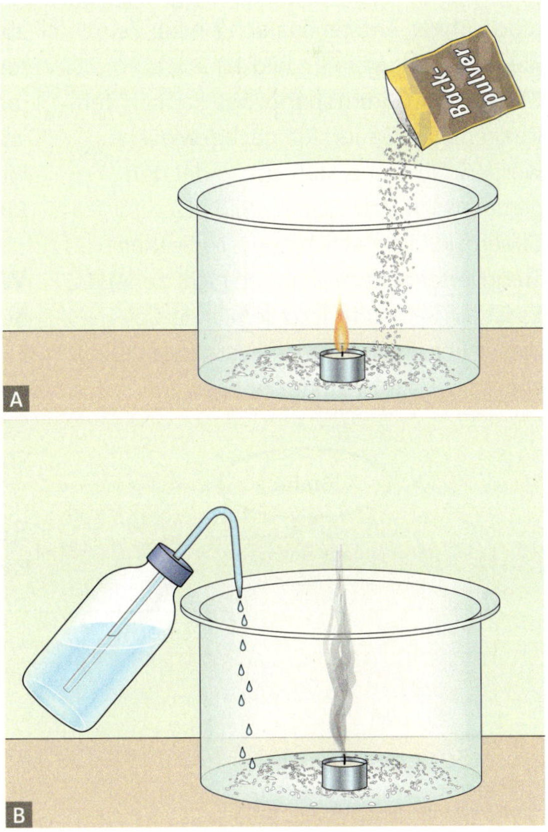

4 A Reaktion wird gestartet, **B** Reaktion läuft ab

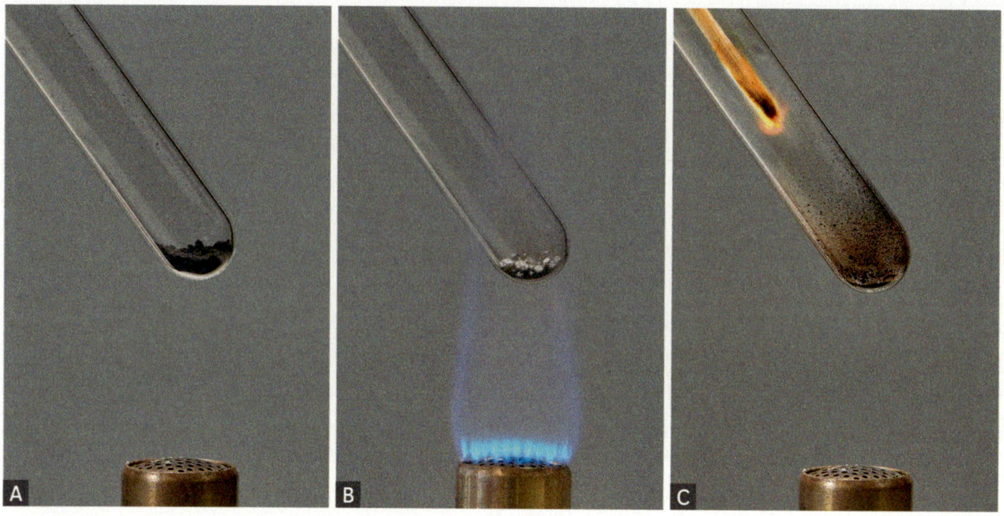

1 A Silberoxid wird erhitzt. **B** Es entsteht ein fester Stoff und **C** ein Gas.

Elemente und Verbindungen

Silberoxid wird erhitzt

Silberoxid ist ein schwarzer Feststoff (→ Bild 1A). Wird er in einem Reagenzglas stark erhitzt, entstehen nach einiger Zeit kleine Silberkugeln (→ Bild 1B).
Mithilfe der **Glimmspanprobe** kann in dem Reagenzglas Sauerstoff nachgewiesen werden. Der Sauerstoff entzündet den glimmenden Holzspan (→ Bild 1C).
Silberoxid lässt sich mit physikalischen Trennverfahren wie Filtrieren nicht zerlegen. Es ist ein Reinstoff. Trotzdem lässt sich dieser Reinstoff durch den Versuch in Bild 1 chemisch in zwei Stoffe zerlegen.

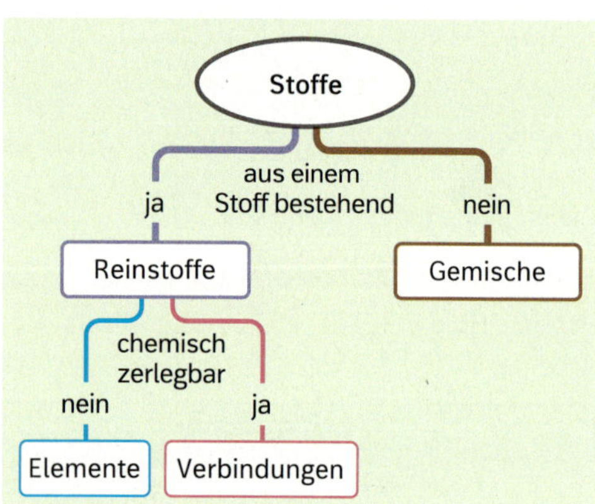

2 Beispiele für Elemente und Verbindungen

Zwei Arten von Reinstoffen

Ein Versuch, das Silber oder den Sauerstoff weiter zu zerlegen, misslingt. Es gibt also zwei unterschiedliche Arten von Reinstoffen. Stoffe, die sich chemisch zerlegen lassen, heißen **Verbindungen**. Silberoxid ist eine Verbindung. Ist eine Zerlegung nicht möglich, handelt es sich um ein **Element** (→ Bild 2).

Wenige Elemente

Bisher wurden etwas mehr als 100 Elemente entdeckt. Dazu zählen Metalle, wie Eisen, Aluminium, Kupfer, Silber oder Gold und Nichtmetalle wie Schwefel, Stickstoff oder Kohlenstoff.

Sehr viele Verbindungen

Fast alle Stoffe, die du in der Natur findest, sind Verbindungen. Beispiele dafür sind Kalk, Rost, Wasser, Ozon, Kohlenstoffdioxid, Methan oder Erdöl. Zu den Verbindungen gehören auch vom Menschen geschaffene Stoffe wie Kunststoffe, Arzneimittel oder Glas. Diese Stoffe sind oft Gemische aus mehreren unterschiedlichen Verbindungen.

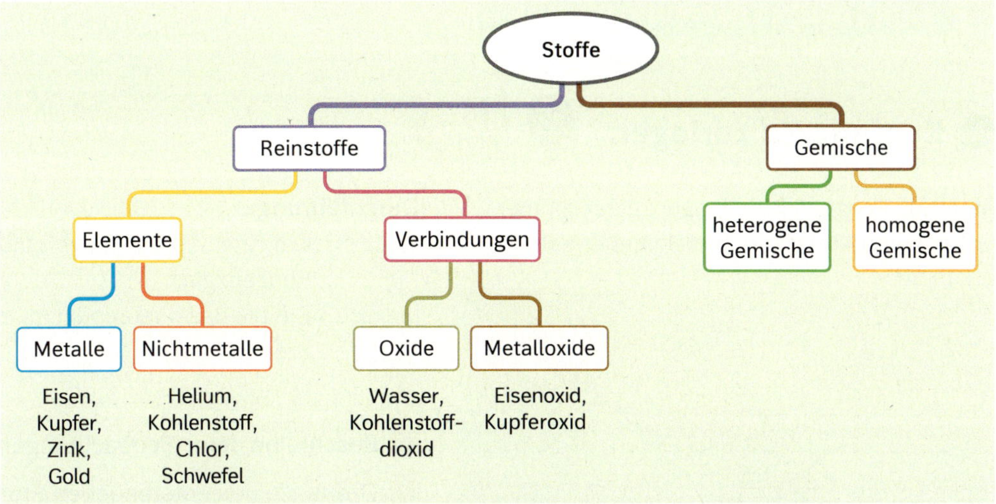

3 Die Stoffpyramide wird erweitert um Elemente und Verbindungen.

Die Stoffpyramide

In Bild 3 siehst du die erweiterte Stoffpyramide. Die Reinstoffe werden in Elemente und Verbindungen unterteilt.

Die Analyse

Die Zerlegung einer chemischen Verbindung heißt **Analyse** (→ Bild 4). In Bild 1 wurde die Verbindung Silberoxid in die Elemente Silber und Sauerstoff zerlegt. Oft gelingt eine Analyse durch starkes Erhitzen.

Analyse und Synthese

Diese beiden Begriffe sind in der Chemie Gegenstücke. Die Zerlegung einer chemischen Verbindung in ihre Elemente heißt Analyse. Der umgekehrte Prozess, also die Herstellung einer Verbindung heißt Synthese. Aus den Elementen Silber und Sauerstoff lässt sich wieder die Verbindung Silberoxid herstellen.

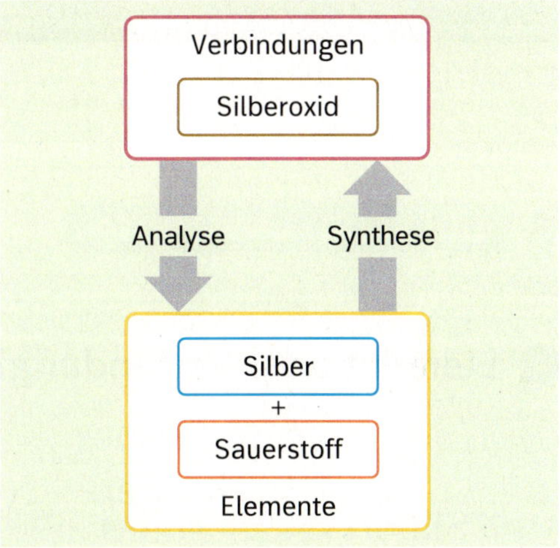

4 Analyse und Synthese

Stoffe, die sich durch chemische Reaktionen zerlegen lassen, heißen Verbindungen.
Stoffe die sich durch chemische Reaktionen nicht zerlegen lassen, heißen Elemente.

1. Nenne den Fachbegriff für das Gegenstück einer Synthese.
2. Erläutere die beiden Fachbegriffe Analyse und Synthese.
3. Ordne in einer Tabelle zu, ob es sich um ein Element oder um eine Verbindung handelt: Schwefel, Granit, Kirschbaumholz, Erdgas, Gold, Wasser, Magnesium, Phosphor, Chlor, Kunststoffe, Kohlenstoffdioxid, Silberoxid, Eisen.

Starthilfe zu 3:

Stoff	Element	Verbindung
Schwefel	...	...

»

FORSCHEN UND ENTDECKEN

A Kupferiodid zerlegen

Material: Reagenzglas, Reagenzglasklammer, Gasbrenner, Anzünder, Spatel, Kupferiodid

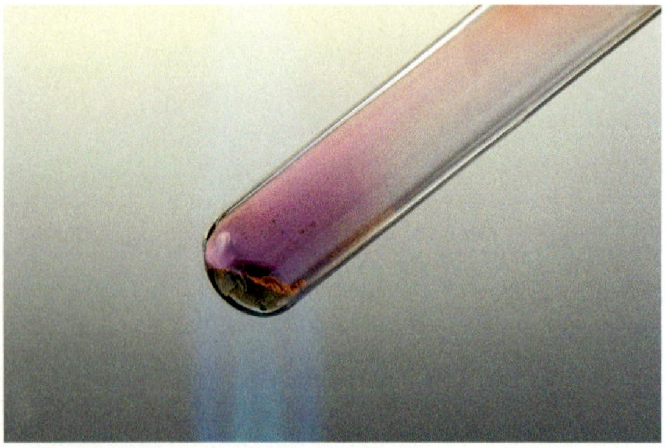

1 Kupferiodid wird zerlegt.

Durchführung:

Schritt 1: Gib einen Spatel Kupferiodid in das Reagenzglas.

Schritt 2: Erhitze das Kupferiodid mit der blauen Brennerflamme.

1. Beschreibe deine Beobachtungen.
2. Ordne die neu entstandenen Stoffe als Element oder Verbindung ein.
3. II a) Entscheide, ob es sich bei diesem Versuch um eine Analyse oder Synthese handelt.
   III b) Begründe deine Entscheidung.

ÜBEN UND ANWENDEN

A Element oder Verbindung?

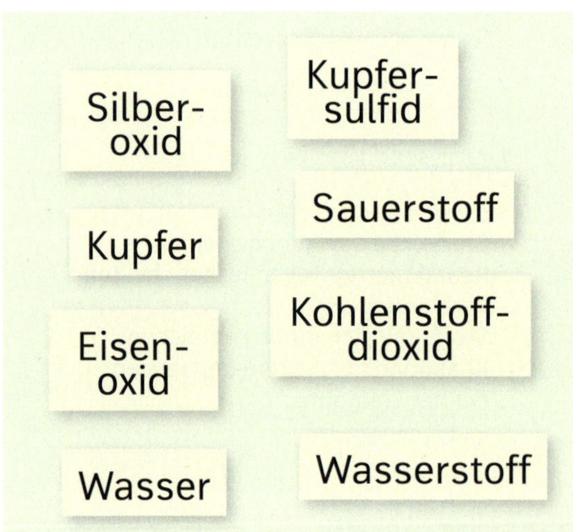

2 Verschiedene Elemente und Verbindungen

3 **A** Schwefelpulver, **B** Kalkablagerung, **C** rostiges Geländer, **D** Goldnugget

1. **a)** Ordne die Stoffe in Bild 2 und Bild 3 in Elemente und Verbindungen. Nutze eine Tabelle.
   b) Erweitere die Tabelle mit der Spalte „zerlegbar“. Gib an, ob die Stoffe zerlegt werden können.
2. Beschreibe einen Versuch, mit dem Silberoxid zerlegt werden kann.

ÜBEN UND ANWENDEN

B Begriffschaos entwirren

Analyse	Reinstoff, der durch eine chemische Reaktion weiter zerlegt werden kann.
Synthese	Zerlegung einer chemischen Verbindung
Chemische Verbindung	Besteht aus mindestens zwei Reinstoffen
Chemisches Element	Reinstoff, der durch eine chemische Reaktion nicht weiter zerlegt werden kann.
Chemische Reaktion	Herstellung einer chemischen Verbindung
Reinstoff	Es entstehen neue Stoffe mit neuen Eigenschaften.
Gemisch	Stoff, der überall die gleichen Eigenschaften hat.

4 Welcher Begriff passt zu welcher Beschreibung?

1 Ordne die Begriffe der linken Spalte den richtigen Beschreibungen aus der rechten Spalte zu. Schreibe sie dafür in dein Heft.

2 Schreibt zu zweit oder in Teams Kärtchen mit den Begriffen und Beschreibungen von oben auf. Mischt die Kärtchen und ordnet sie dann einander zu.

3 II Nenne zu jedem Begriff in der linken Spalte ein Beispiel aus dem Chemieunterricht oder deinem Alltag.

1 Nicht nur an Silvester: Wunderkerzen

Chemische Reaktionen und Energie

Starten chemischer Reaktionen

Brennende Wunderkerzen sind ein Beispiel für eine chemische Reaktion (→ Bild 1). Wenn die Wunderkerzen an Silvester gebraucht werden, holst du sie aus der Packung und zündest sie an. Die ganze Zeit hatten sie im Regal gelegen, ohne Veränderungen zu zeigen. Sie haben sich nicht von selbst entzündet.
Chemische Reaktionen brauchen also einen Antrieb, um zu starten. Auch ein Streichholz muss über die Reibfläche der Schachtel gezogen werden. Ansonsten brennt es nicht an. Das Gleiche gilt für Holzkohle zum Grillen. Sie entwickelt ihre Hitze erst, wenn sie entzündet wurde und brennt dann von allein weiter.
Wenn du eine chemische Reaktion starten willst, musst du oft Energie aufwenden. Meistens wird diese Energie durch ein Feuerzeug oder einen Gasbrenner in Form von **Wärme** hinzugefügt. Erst wenn genügend Energie aufgewandt wurde, fängt zum Beispiel die Wunderkerze an zu brennen.

Die Aktivierungsenergie

Die Energie, die zum Starten chemischer Reaktionen benötigt wird, heißt **Aktivierungsenergie**. Es gibt auch chemische Reaktionen, die durch **Licht** oder **Bewegung** ausgelöst werden. Der Sprengstoff Nitroglycerin entzündet sich schon, wenn er aus geringer Höhe herunter fällt. Ein Beispiel für eine durch Licht ausgelöste chemische Reaktion ist die Fotosynthese in Pflanzen.

Der Katalysator

Einige chemische Reaktionen brauchen viel Aktivierungsenergie. Ein **Katalysator** ist in der Lage, diese Energie zu vermindern. Dadurch benötigt die Reaktion zum Starten weniger Aktivierungsenergie. Ein bekanntes Beispiel ist der Abgaskatalysator beim Auto. Er besteht aus Platin und bewirkt, dass Schadstoffe schon bei niedrigen Abgastemperaturen in ungefährlichere Stoffe umgewandelt werden. Ohne ihn würden diese in die Umwelt gelangen.

2 Exotherme Reaktion – glühende Holzkohle

Exotherme Reaktionen

In vielen Fällen läuft eine chemische Reaktion von allein weiter, wenn sie durch Aktivierungsenergie angestoßen wurde. Das gilt sowohl für die Holzkohle (→ Bild 2), als auch für die Wunderkerze. Einmal entzündet, brennt die Holzkohle über längere Zeit weiter. Die entstehende Wärme kannst du nutzen, um ein Steak zu garen. Die Energie kann aber auch in Form von Licht frei werden, wie du bei den Wunderkerzen sehen kannst. Eine chemische Reaktion, die Energie frei setzt, heißt **exotherme Reaktion** (→ Bild 3).

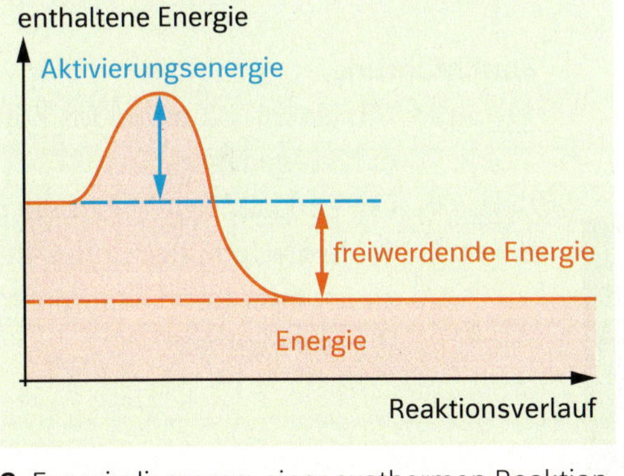

3 Energiediagramm einer exothermen Reaktion

4 Endotherme Reaktion – Grillen von Fleisch und Gemüse

Endotherme Reaktionen

Es gibt aber auch chemische Reaktionen, die nicht weiterlaufen, wenn keine Energie zugeführt wird. Dazu gehören die Zubereitung von Speisen, wie das Grillen von Fleisch und Gemüse (→ Bild 4). Auch das Backen eines Kuchens oder das Kochen eines Eies funktionieren nicht, wenn du den Herd ausschaltest. Die Fotosynthese der Pflanzen läuft nachts nicht weiter, wenn das Licht als Energiequelle ausfällt.
Eine chemische Reaktion, die eine ständige Energiezufuhr benötigt, heißt **endotherme Reaktion** (→ Bild 5).

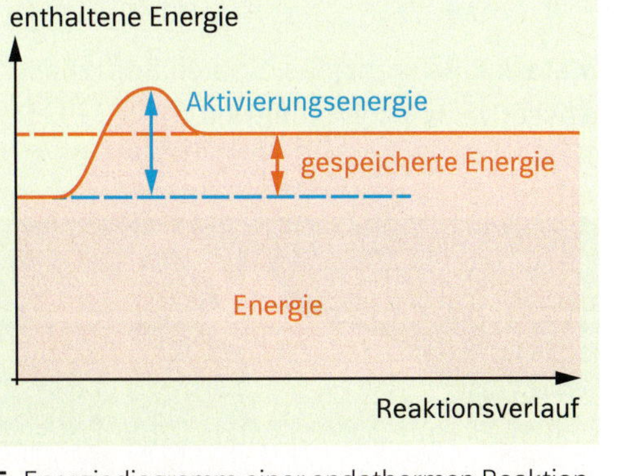

5 Energiediagramm einer endothermen Reaktion

1. Erkläre die Begriffe Aktivierungsenergie und Katalysator.
2. Ordne folgende chemische Reaktionen in endotherm und exotherm ein: Braten eines Schnitzels, Abbrennen eines Lagerfeuers, Verbrennen von Benzin in einem Motor, Kochen von Pudding.
3. **III** Beschreibe die Begriffe endotherme Reaktion und exotherme Reaktion.

Starthilfe zu 3:
Betrachte die Diagramme in Bild 3 und Bild 5.

»

FORSCHEN UND ENTDECKEN

A Kupfersulfat erhitzen

Material: Reagenzglas, Reagenzglasklammer, Gasbrenner, Anzünder, Spatel, blaues Kupfersulfat

1 Erhitzen von Kupfersulfat

Durchführung:

Schritt 1: Gib einen Spatel Kupfersulfat in ein Reagenzglas.

Schritt 2: Entzünde den Brenner und erhitze das Kupfersulfat mit der blauen Brennerflamme.

1. Beschreibe deine Beobachtungen.
2. Begründe, ob es sich bei dem Versuch um eine chemische Reaktion handelt.
3. II Begründe, ob es sich bei dem Versuch um eine exotherme oder eine endotherme Reaktion handelt.
4. II Stelle den Energieverlauf dieser chemischen Reaktion in einem Energiediagramm dar. Beschrifte die Achsen.

B Kupfersulfat und Wasser

Material: Reagenzglas, Spatel, Spritzflasche, wasserfreies Kupfersulfat

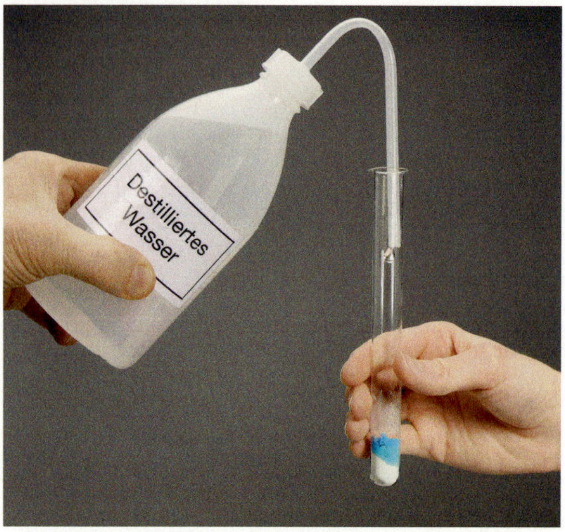

2 Wasser wird auf Kupfersulfat gegeben.

Durchführung:

Schritt 1: Gib einen Spatel weißes Kupfersulfat in ein Reagenzglas.

Schritt 1: Gib ein paar Tropfen Wasser hinein.

Schritt 2: Prüfe die Temperatur des Reagenzglases mit der Hand, während du das Wasser zugibst.

1. Beschreibe deine Beobachtungen.
2. Begründe, ob es sich bei dem Versuch um eine chemische Reaktion handelt.
3. II Begründe, ob es sich bei dem Versuch um eine exotherme oder eine endotherme Reaktion handelt.
4. II Stelle den Energieverlauf dieser chemischen Reaktion in einem Energiediagramm dar. Beschrifte die Achsen.

FORSCHEN UND ENTDECKEN

C Einen Katalysator benutzen

Material: Gasbrenner, Anzünder, Tiegelzange, zwei Zuckerwürfel, pflanzliche Asche

Durchführung:

Schritt 1: Halte einen Zuckerwürfel mit der Tiegelzange in die Brennerflamme.

Schritt 2: Wälze den zweiten Zuckerwürfel in der pflanzlichen Asche und halte ihn mit der Tiegelzange in die Brennerflamme.

3 A Ein Zuckerwürfel, **B** ein Zuckerwürfel mit Asche

1 Beschreibe deine Beobachtungen.

2 Erkläre die unterschiedlichen Reaktionen und nenne den Stoff, der diese bewirkt.

3 Nenne den Fachbegriff für Stoffe, welche die Aktivierungsenergie senken.

4 II Entscheide, ob es sich bei dem Versuch um eine exotherme oder eine endotherme Reaktion handelt.

D Eine Brausetablette auflösen

Material: kleines Becherglas, Thermometer, Brausetablette, Wasser

Durchführung:

Schritt 1: Fülle das Becherglas zur Hälfte mit Wasser.

Schritt 2: Miss die Temperatur des Wassers mit dem Thermometer.

Schritt 3: Löse die Brausetablette in dem Wasser auf und miss dabei erneut die Temperatur.

1 Notiere die Temperatur vor und nach dem Versuch.

2 Begründe, ob es sich um eine exotherme oder eine endotherme Reaktion handelt.

3 II Stelle eine Vermutung an, woher bei diesem Versuch die Aktivierungsenergie kommt.

4 Eine Brausetablette wird in Wasser aufgelöst.

«

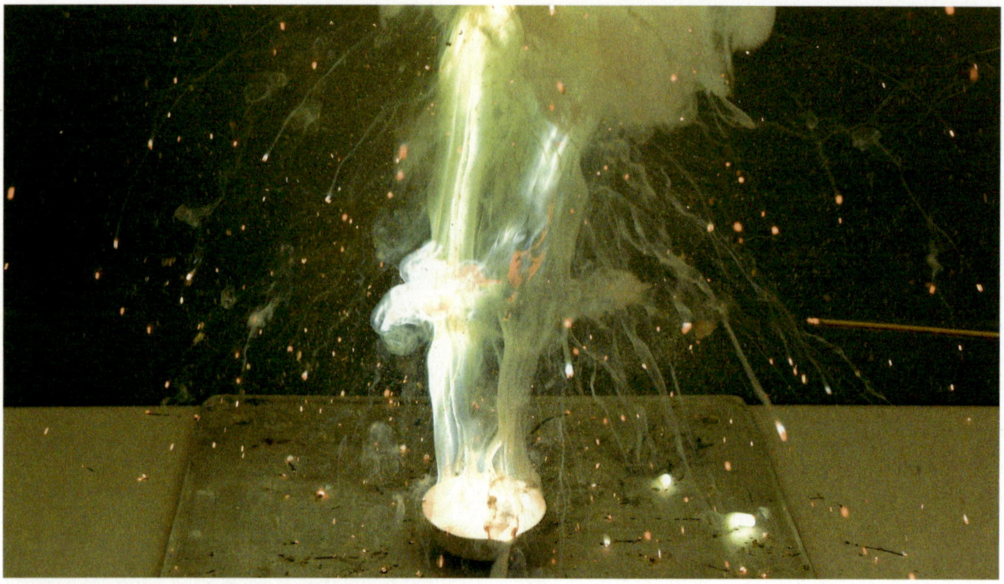

1 Die Reaktion von Zink mit Schwefel

Metalle reagieren mit Schwefel

Aus Schwefel entstehen Sulfide

Metalle reagieren mit Schwefel zu Metallsulfiden. Bei der Reaktion von Zink mit Schwefel entsteht so Zinksulfid (→ Bild 1). Das Reaktionsprodukt Zinksulfid unterscheidet sich in seinen Eigenschaften von den Edukten Zink und Schwefel. Zinksulfid ist ein spröder, schlecht wasserlöslicher, weiß-grauer Stoff. Zink dagegen ist kaum biegsam und metallisch glänzend. Schwefel ist gelb und spröde.

Exotherme Reaktion

Zum Starten der Reaktion wird das Gemisch aus Zink- und Schwefelpulver erhitzt. Es wird also Aktivierungsenergie hinzugefügt. Glüht das Gemisch erst einmal, reagiert es auch ohne weiteres Erhitzen weiter. Dabei wird Energie frei. Es handelt sich also um eine exotherme Reaktion. Die Aktivierungsenergie wird in Form von Wärme hinzugefügt. Dabei wird Energie als Licht und Wärme frei.

	Zink	**Schwefel**	**Zinksulfid**
Farbe	bläulich blassgrau	gelb	weiß
Dichte	$7{,}14\ \frac{g}{cm^3}$	$2{,}07\ \frac{g}{cm^3}$	$4{,}10\ \frac{g}{cm^3}$
Schmelztemperatur	420 °C	115 °C	1185 °C
Aussehen			

2 Eigenschaften von Zink, Schwefel und Zinksulfid

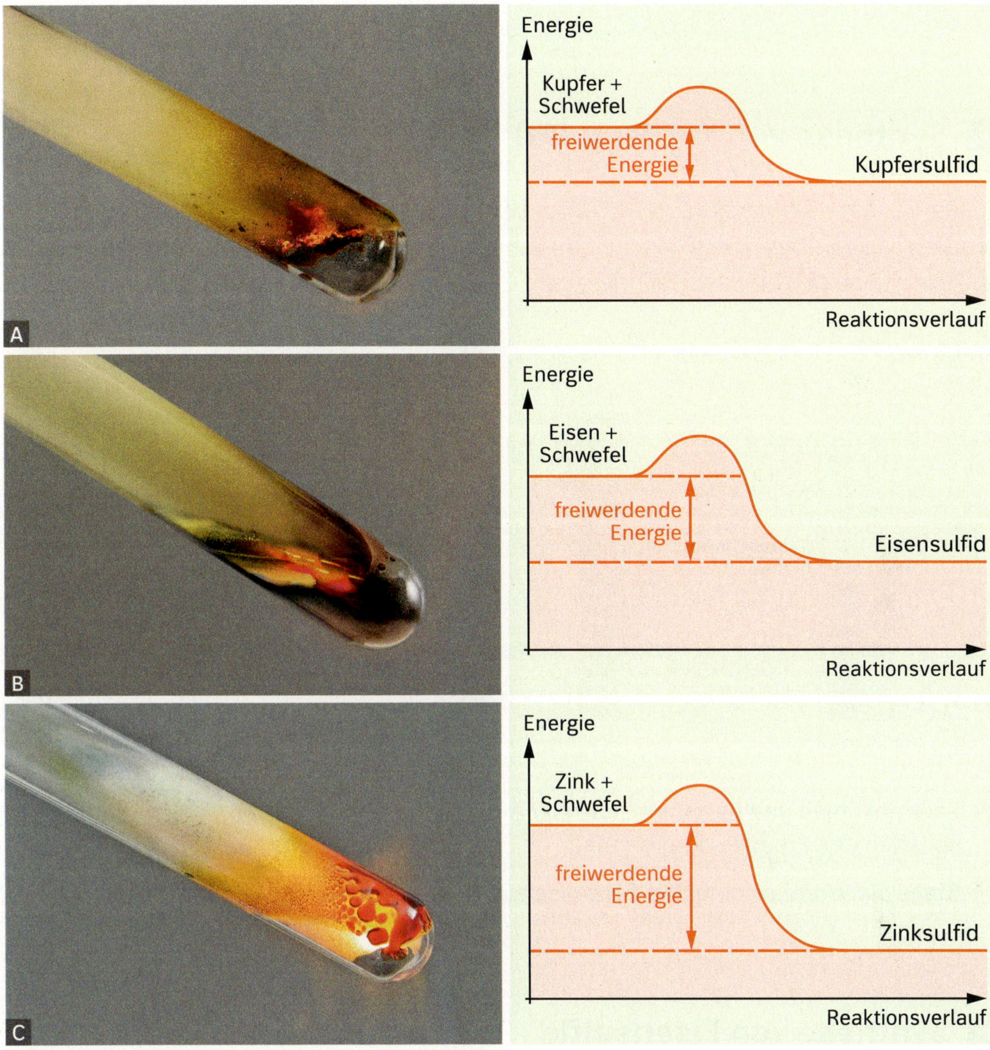

3 Metalle reagieren mit Schwefel: **A** Kupfer, **B** Eisen, **C** Zink

Heftig oder nicht?

Metalle reagieren unterschiedlich heftig mit Schwefel (→ Bild 3). Bei Kupfer glüht die Mischung kaum sichtbar auf. Bei Eisen ist das Glühen deutlich zu sehen. Die Reaktion von Zink mit Schwefel findet explosionsartig statt.

Heftigkeit im Energiediagramm

Je heftiger die Reaktion ist, desto mehr Energie wird freigesetzt. Dies ist in den Energiediagrammen oben gut zu erkennen. Die Länge der roten Pfeile entspricht der freiwerdenden Energie. Sie werden vom Kupfer bis zum Zink immer länger.

1. Ordne die Metalle Eisen, Kupfer und Zink nach zunehmender Heftigkeit bei der Reaktion mit Schwefel.
2. Stelle die Wortgleichung der Eisensulfid-Synthese auf.

Starthilfe zu 2:
Eisen + …

3. Begründe, dass die Gemische in den Bildern 3A bis 3C erhitzt werden müssen, um miteinander zu reagieren.
4. Beschreibe den Zusammenhang zwischen der Heftigkeit der Reaktionen in Bild 3A bis Bild 3C und den jeweiligen Energiediagrammen.

»

FORSCHEN UND ENTDECKEN

A Synthese von Kupfersulfid

Kupfer reagiert nicht nur als Pulver mit Schwefel, sondern auch als Blech. Hier erkennst du die Veränderungen an den Stoffen besonders gut.

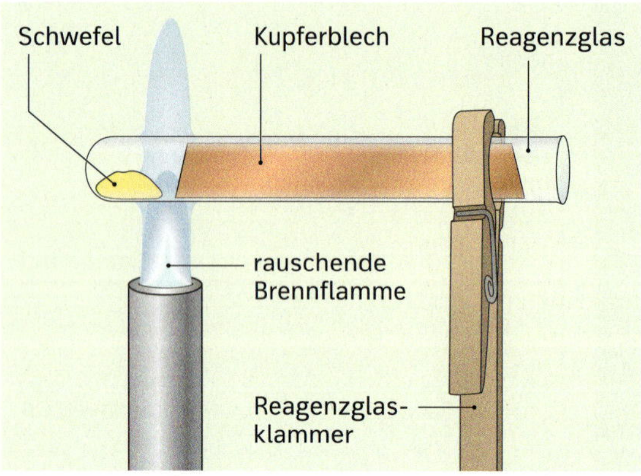

1 Versuchsaufbau

Material: Brenner, längere Pinzette, Spatel, Reagenzglas, Reagenzglasklammer, Anzünder, Streifen Kupferblech (ca. 3 cm x 1 cm lang und 0,1 mm dick), Schwefelpulver

Durchführung:

Schritt 1: Fülle einen Spatel Schwefel in das Reagenzglas.

Schritt 2: Halte das Reagenzglas waagrecht. Schiebe das Kupferblech so weit in das Reagenzglas, dass es den Schwefel gerade nicht berührt (→ Bild 1).

Schritt 3: Erhitze das Gemisch über dem Brenner, bis das Blech zu glühen beginnt. Entferne es von der Brennerflamme, sobald es reagiert.

1 Lass abkühlen und beschreibe die Eigenschaften des Produkts Kupfersulfid.

2 Stelle die Wortgleichung der Synthese auf.

3 II Erstelle ein Energiediagramm dieser Reaktion.

B Synthese von Eisensulfid

Eisenpulver eignet sich gut für die Reaktion mit Schwefel.

2 Eisen- und Schwefelpulver gut vermischt

Material: Brenner, Spatel, Reagenzglas, Mörser, Porzellanschale, Reagenzglasklammer, Anzünder, 1,0 g Eisenpulver, 0,5 g Schwefelpulver

Durchführung:

Schritt 1: Plane einen Versuch zur Durchführung einer Eisensulfidsynthese. Orientiere dich dabei am vorherigen Versuch.

Schritt 2: Besprich die Planung mit deiner Lehrkraft.

Schritt 3: Führe erst dann den Versuch durch.

1 Lass abkühlen!
Kratze etwas von dem Produkt aus dem Reagenzglas und gib es in eine Porzellanschale. Nenne die Eigenschaften des Stoffs.

2 Stelle die Wortgleichung für die Reaktion in diesem Versuch auf.

3 II Begründe, weshalb die beiden Stoffe gut vermischt werden müssen.

ÜBEN UND ANWENDEN

A Edel oder unedel?

Wie heftig ein Metall mit Schwefel reagiert, hängt davon ab, wie edel oder unedel das Metall ist (→ Bild 3).
Kupfer ist edel und reagiert nicht so leicht mit Schwefel wie Zink. Kupfer und Schwefel reagieren zusammen nur unter schwachem Glühen. Zink hingegen ist unedler als Kupfer und reagiert somit leichter mit Schwefel. Die Reaktion ist sehr heftig.
Edelmetalle werden im Alltag oft für Schmuck verwendet. Diese Stoffe bleiben auch nach langer Zeit unverändert. Sie korrodieren nicht.

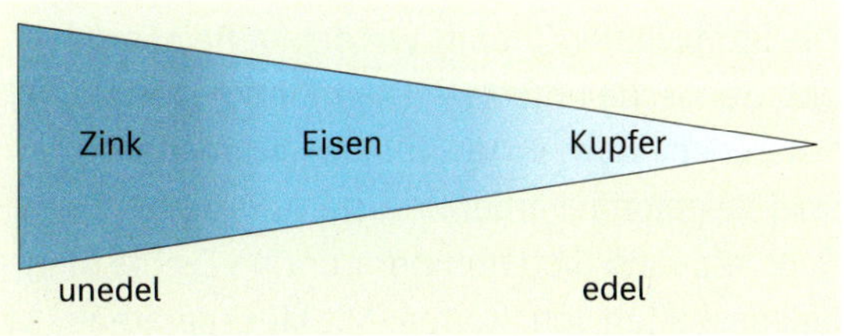

3 Das Edelsein entscheidet.

1 Stelle eine Vermutung über die Heftigkeit der Reaktion von Gold mit Schwefel auf.

2 Begründe, an welcher Position Gold in Bild 3 stehen sollte.

B Eine chemische Reaktion ohne Flamme starten

Zum Starten einer chemischen Reaktion wird häufig erhitzt. Diese Aktivierungsenergie kann auch auf anderen Wegen zugeführt werden. Streichhölzer werden durch Reiben auf einer rauen Oberfläche entzündet. Die Energie, die beim Reiben zugeführt wird, wirkt als Aktivierungsenergie.
Bei einfachen Feuerzeugen wird ein Rad auf einem Zündstein gedreht, um einen Funken zu erzeugen. Andere Feuerzeuge nutzen einen kleinen elektrischen Zünder. Es ist also egal, welche Form der Energie als Aktivierungsenergie genutzt wird. Das Ergebnis ist das gleiche: Das Feuerzeuggas wird entzündet.
Ein Gemisch aus Eisen und Schwefel kann auch durch Schlag mit einem Hammer zur Reaktion gebracht werden (→ Bild 4). Die durch den Schlag zugeführte Aktivierungsenergie reicht dazu aus.

4 Reaktionsstart durch Hammerschlag

1 Zeichne das Energiediagramm der Reaktion von Eisen mit Schwefel in dein Heft. Markiere die Energie im Diagramm, die durch den Hammerschlag zugeführt wird.

2 Nenne ein weiteres Beispiel aus dem Alltag, bei dem eine chemische Reaktion nicht durch Erhitzen gestartet wird.

«

Auf einen Blick: Kennzeichen chemischer Reaktionen

Eigenschaften von Stoffen

Die Stoffe in der Chemie werden in Reinstoffe und Gemische unterteilt. Es gibt homogene und heterogene Gemische. Metalle und Nichtmetalle sind Reinstoffe. Farbe, Geruch, Aggregatzustand, Schmelz- und Siedetemperatur und Dichte sind Eigenschaften von Stoffen. Mit Messgeräten werden diese Eigenschaften bestimmt.

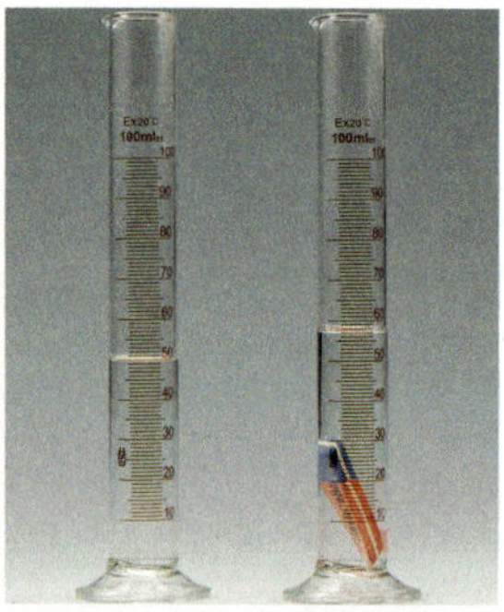

Saure und alkalische Lösungen

Mit einem Indikator kannst du prüfen, ob eine Flüssigkeit sauer, alkalisch oder neutral ist. Dazu eignet sich Universalindikator oder auch Rotkohlsaft. Mithilfe der Farbe des Indikators kannst du die Stärke der sauren oder alkalischen Lösung, den pH-Wert, messen.

WICHTIGE BEGRIFFE

- Reinstoff, Gemisch, homogen, heterogen
- Metall, Nichtmetall
- Eigenschaften von Stoffen, Messgeräte
- sauer, alkalisch, neutral
- Indikator, pH-Wert

Vielfalt der Stoffe

Es gibt Millionen verschiedener Stoffe. Du hast einige davon kennengelernt. Schwefel ist ein gelbes Nichtmetall. Silber, Eisen, Kupfer und Zink sind Metalle. Es gibt edle und unedle Metalle. Mithilfe der Dichte werden Leichtmetalle und Schwermetalle unterschieden.

Leichtmetall Aluminium

Schwermetall Eisen

Stoffe können sich verändern

Beim Erhitzen verhalten sich Stoffe unterschiedlich. Manche Stoffe schmelzen und werden beim Abkühlen wieder fest oder sie verändern sich gar nicht. Andere wandeln sich auf Dauer um, wie zum Beispiel Zucker oder Schwefel. Sie ändern ihre Farbe oder zersetzen sich. Entsteht dabei ein neuer Stoff, handelt es sich um eine chemische Reaktion.

WICHTIGE BEGRIFFE

- Schwefel, Silber, Eisen, Kupfer, Zink
- edel, unedel
- Schwermetall, Leichtmetall
- chemische Reaktion
- neue Stoffe mit neuen Eigenschaften

Chemische Reaktion

Bei chemischen Reaktionen entstehen neue Stoffe mit neuen Eigenschaften. Sie kommen sowohl im Haushalt als auch im Chemielabor vor. Sie können schnell oder langsam ablaufen. Die Ausgangsstoffe einer chemischen Reaktion heißen Edukte. Die dabei entstehenden Stoffe heißen Produkte. Eine chemische Reaktion wird mit einer Wortgleichung beschrieben.

Edukte: Produkt:
Kupfer + Schwefel → Kupfersulfid + *E*

Elemente und Verbindungen

Es gibt zwei Arten von Reinstoffen: Elemente und Verbindungen. Verbindungen lassen sich chemisch zerlegen. Elemente können durch chemische Reaktionen nicht zerlegt werden. Es gibt Millionen von Verbindungen, aber nur wenig mehr als 100 Elemente.

Analyse und Synthese

Die Analyse und die Synthese sind chemische Reaktionen. Bei Synthesen entstehen aus Edukten neue Produkte.
Das Zerlegen einer Verbindung heißt Analyse. Dabei wird sie in ihre Elemente zerlegt.
Die Analyse und die Synthese sind in der Chemie Gegenstücke.

Synthese:
Silber + Sauerstoff → Silberoxid

Analyse:
Silberoxid → Silber + Sauerstoff

WICHTIGE BEGRIFFE

- schnelle und langsame Reaktion
- Edukt, Produkt
- Wortgleichung
- Elemente, Verbindungen
- Analyse, Synthese

Endotherm und exotherm

Zum Starten brauchen chemische Reaktionen Aktivierungsenergie. Meist ist das Wärme in Form einer Flamme, manchmal aber auch Licht oder eine Bewegung. Ein Katalysator senkt die notwendige Aktivierungsenergie. Exotherme chemische Reaktionen laufen nach dem Starten von allein weiter. Endotherme chemische Reaktionen benötigen ständig Energie, sonst stoppen sie und reagieren nicht mehr weiter.

exotherm

endotherm

Metalle reagieren mit Schwefel

Metalle reagieren mit Schwefel. Dabei entstehen als Produkte Metallsulfide. Zink und Schwefel reagiert zu Zinksulfid. Die Reaktion ist exotherm. Verschiedene Metalle reagieren unterschiedlich heftig mit Schwefel. Dies wird in Energiediagramm dargestellt.

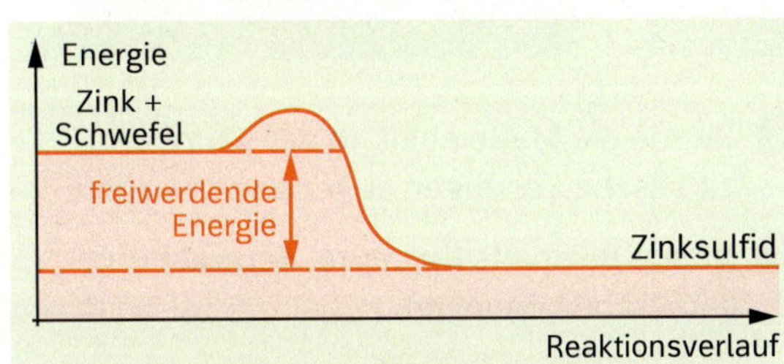

WICHTIGE BEGRIFFE

- Aktivierungsenergie
- Katalysator
- exotherm, endotherm
- Metallsulfid
- Energiediagramm

Lerncheck: Kennzeichen chemischer Reaktionen

Eigenschaften von Stoffen

1. Nenne die Einteilung der Stoffe in der Stoffpyramide.
2. Nenne mindestens drei Messgeräte, mit denen du Eigenschaften von Stoffen bestimmen kannst.

Saure und alkalische Lösungen

3. Nenne mindestens zwei Möglichkeiten, wie du feststellen kannst, ob eine Flüssigkeit sauer oder alkalisch ist.

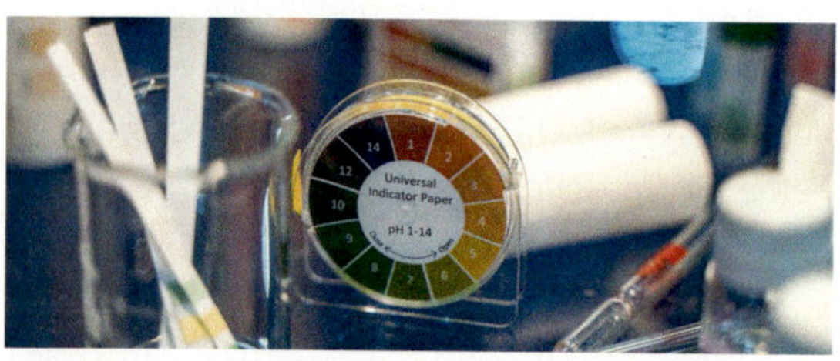

4. Nenne die Maßeinheit, in der saure und alkalische Lösungen angegeben werden.
5. Nenne Beispiele für saure, neutrale und alkalische Lösungen.

DU KANNST JETZT ...

- ... Stoffe in einer Stoffpyramide einordnen.
- ... Eigenschaften von Stoffen bestimmen.
- ... saure und alkalische Lösungen unterscheiden.
- ... den pH-Wert bestimmen.

Vielfalt der Stoffe

6. Nenne mindestens fünf Metalle und jeweils eine Verwendungsmöglichkeit.
7. Nenne zwei Möglichkeiten, wie Metalle eingeteilt werden können.

Stoffe können sich verändern

8. Zähle mindestens drei Möglichkeiten auf, wie sich Stoffe beim Erhitzen verändern können.
9. Beschreibe mögliche Veränderungen, wenn es beim Erhitzen eines Stoffes zu einer chemischen Reaktion kommt.
10. Unterscheide einen physikalischen von einem chemischen Vorgang.

DU KANNST JETZT ...

- ... eine Vielzahl von Stoffen aufzählen und deren Eigenschaften nennen.
- ... Möglichkeiten nennen, wie Stoffe eingeteilt werden können.
- ... Veränderungen beim Erhitzen von Stoffen benennen.

Chemische Reaktionen

11 Beschreibe die grundsätzliche Veränderung, die Stoffe bei chemischen Reaktionen zeigen.

12 Zähle Möglichkeiten auf, mit denen diese Veränderungen festzustellen sind.

13 Notiere die Wortgleichung der Reaktion von Eisen mit Schwefel.

14 Nenne je ein Beispiel für eine schnell ablaufende und für eine langsam ablaufende chemische Reaktion.

Elemente und Verbindungen

15 **a)** Nenne zwei mögliche Unterteilungen von Reinstoffen.
b) Beschreibe den Unterschied zwischen den beiden Unterteilungen.

16 **a)** Erkläre den Begriff Synthese.
b) Erkläre den Begriff Analyse.
c) Beschreibe den Zusammenhang zwischen diesen beiden Begriffen.

Chemische Reaktionen und Energie

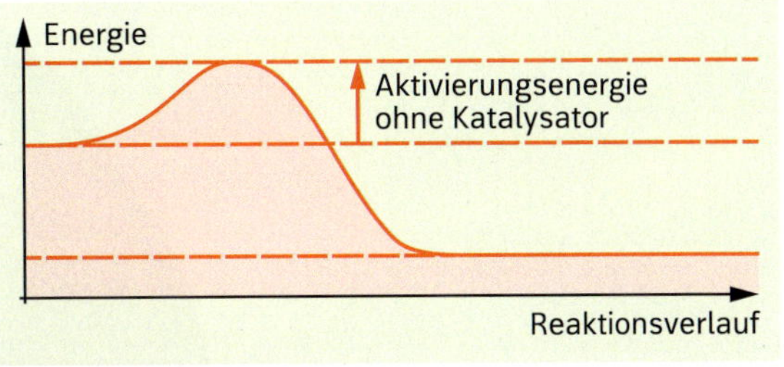

17 Erkläre die Bedeutung der Aktivierungsenergie bei chemischen Reaktionen.

18 Nenne Energieformen, in denen die Aktivierungsenergie auftreten kann.

19 Nenne die Aufgabe eines Katalysators bei chemischen Reaktionen.

20 Unterscheide die beiden Begriffe endotherm und exotherm bei chemischen Reaktionen.

Metalle reagieren mit Schwefel

21 Ordne die folgenden Metalle nach der zunehmenden Heftigkeit ihrer Reaktion mit Schwefel: Eisen, Zink, Kupfer.

22 **a)** Notiere die Wortgleichung zur Reaktion von Zink mit Schwefel.
b) Zeichne das passende Energiediagramm.

23 Beschreibe den Zusammenhang zwischen der Heftigkeit einer Reaktion und dem zugehörigen Energiediagramm.

DU KANNST JETZT ...

- ... Möglichkeiten nennen, wie sich Stoffe beim Erhitzen verändern.
- ... beschreiben, woran du eine chemische Reaktion erkennen kannst.
- ... Element und Verbindung unterscheiden.
- ... die Begriffe Analyse und Synthese erklären.

DU KANNST JETZT ...

- ... die Begriffe Aktivierungsenergie und Katalysator erklären.
- ... exotherme und endotherme Reaktionen unterscheiden.
- ... die Reaktionen von Metallen mit Schwefel beschreiben.
- ... Energiediagramme deuten und zeichnen.

Sauerstoff

Wozu wird Sauerstoff benötigt?

Wie lässt sich Rost verhindern?

Wie entstehen Luftschadstoffe?

1 Im Brandfall nutzen Feuerwehrleute Druckluftflaschen.

Stoffe im Portrait

Sauerstoff

Sauerstoff ist ein farbloses, geruchloses und geschmackloses Gas, das in der Luft vorkommt. Es ist lebensnotwendig für Menschen, Tiere und Pflanzen. Sauerstoff ist nicht brennbar. Es ist jedoch brandfördernd. Feuerwehrleute haben deshalb in ihren Druckluftflaschen keinen reinen Sauerstoff, sondern gewöhnliche Atemluft (→ Bild 1). Reiner Sauerstoff wäre im Einsatz zu gefährlich. In der Natur kommt das Gas Sauerstoff nicht als einzelnes Atom vor. Es besteht aus zwei Sauerstoff-Atomen und bildet ein Molekül (O_2).

Kohlenstoff

Kohlenstoff (C) brennt gut. Grillkohle besteht fast komplett aus Kohlenstoff. Bei der Verbrennung mit Sauerstoff entsteht dabei Kohlenstoffdioxid. Ein Diamant besteht auch aus Kohlenstoff. Bei ihm sind die Kohlenstoff-Atome besonders angeordnet, so dass er durchsichtig ist. Lebewesen bestehen zu einem großen Teil aus Kohlenstoff-Verbindungen. Auch Brennstoffe wie Erdöl und Erdgas bestehen aus Kohlenstoff-Verbindungen.

Kohlenstoffdioxid

Kohlenstoffdioxid (CO_2) wird von Lebewesen ausgeatmet und ist ein Bestandteil der Luft. Es ist ein farb-, geruch- und geschmackloses Gas. Die Blasen im Mineralwasser bestehen daraus. Kohlenstoffdioxid ist nicht brennbar und hat eine höhere Dichte als Sauerstoff. Es kann zum Feuerlöschen eingesetzt werden, da es schwerer als Luft ist und sich über das brennende Material legt. Dabei verdrängt es den Sauerstoff und erstickt den Brand. Kohlenstoffdioxid wird von Pflanzen aufgenommen. Sie produzieren daraus Sauerstoff.

Ozon

Durch starke Sonneneinstrahlung oder durch Gewitter bildet sich Ozon (O_3). Dabei verbinden sich drei Sauerstoff-Atome miteinander. Ozon ist ein stechend riechendes und farbloses Gas. Es kommt in großer Höhe in der Ozonschicht vor und schützt uns vor gefährlicher UV-Strahlung. Ozon wird aber auch durch Verbrennungsmotoren verursacht. An der Erdoberfläche ist es schädlich und kann Atemprobleme und Hautreizungen auslösen.

Stickstoff

Stickstoff ist ein reaktionsträges Gas und der Hauptbestandteil der Luft. Es ist aus zwei Stickstoff-Atomen aufgebaut und hat deshalb die Formel N_2. Es wird wie Kohlenstoffdioxid eingesetzt, um einem Brand Sauerstoff zu entziehen. Flugzeugreifen werden mit Stickstoff befüllt (→ Bild 2). Er verhindert, dass die Reifen bei der Landung Feuer fangen, wenn diese dabei zu heiß werden. Viele Pflanzen brauchen Stickstoff-Verbindungen, um zu wachsen. Deshalb sind sie oft Bestandteil von Düngemitteln.

2 Die Reifen des Flugzeugs sind mit Stickstoff befüllt.

Edelgase

Die Edelgase Helium (He), Neon (Ne), Argon (Ar), Krypton (Kr), Xenon (Xe) und Radon (Rn) sind in kleinen Mengen in der Luft enthalten. Sie sind sehr reaktionsträge. Das heißt, sie gehen kaum chemische Reaktionen mit anderen Stoffen ein. Es gibt deshalb fast keine Edelgas-Verbindungen. Sie bilden keine Moleküle wie Sauerstoff (O_2) oder Wasserstoff (H_2).
Helium ist ein Gas mit einer geringen Dichte. Es wird deshalb als Füllgas für Ballons verwendet (→ Bild 3 A). Neon und Argon werden in Leuchtstoffröhren benutzt. Mit Xenon befüllte Autoscheinwerfer leuchten besonders hell (→ Bild 3 B).

3 **A** Ballons gefüllt mit Helium, **B** Autoscheinwerfer befüllt mit Xenon

Wichtige Stoffe sind Sauerstoff (O_2), Kohlenstoff (C), Kohlenstoffdioxid (CO_2) und Stickstoff (N_2).

1 Nenne vier Bestandteile der Luft.

2 I Vergleiche die Eigenschaften von Sauerstoff und Kohlenstoffdioxid miteinander.

3 I Nenne mindestens vier Edelgase.

4 II a) Nenne Verwendungsmöglichkeiten von Sauerstoff, Kohlenstoff, Kohlenstoffdioxid, Stickstoff und Edelgasen. Erstelle dazu eine Tabelle.
III b) Ergänze die Tabelle mit der Spalte „Reaktionsfähigkeit“ und gib an, ob die Stoffe reaktionsfreudig oder reaktionsträge sind.

Starthilfe zu 4:

Stoff	Verwendung	Reaktionsfähigkeit
Sauerstoff	Schweißen	reaktionsfreudig
...	...	...

»

METHODE

Eine Präsentation erstellen

1 Eine ausführliche Recherche ist die Grundlage für eine gelungene Präsentation.

1. Informationen sammeln

- Nutze seriöse und zuverlässige Quellen.
- Sammle Informationen aus mehreren Quellen.
- Behalte deine Fragestellung im Blick.

2. Eine Gliederung erstellen

Erstelle ein Inhaltsverzeichnis, um deine Ideen zu ordnen. Das hilft dir dabei zu überprüfen, ob du die wichtigsten Informationen hast.

- Schreibe die wichtigsten Punkte deiner Präsentation in einer Liste auf.
- Erstelle daraus einen Schreibplan, beziehungsweise eine Gliederung.
- Ordne deine gesammelten Informationen den wichtigsten Punkten zu.
- Achte auf eine logische und verständliche Reihenfolge.

3. Erstellen der Präsentation

Erstelle mithilfe eines geeigneten Computerprogramms eine Präsentation.
Für jede Folie der Präsentation gilt:

- Schreibe eine Überschrift.
- Schreibe nicht mehr als acht Stichpunkte darunter. Schreibe keine ganzen Sätze.
- Wähle einen neutralen, hellen Hintergrund.
- Verwende eine große, leicht lesbare Schrift.
- Übergänge zwischen den Folien erstellst du erst, wenn alle Texte in der Präsentation geschrieben sind.

4. Üben der Präsentation

Bevor du deine Präsentation vor Publikum vorträgst, solltest du das Vortragen üben. Das hilft dir dabei, flüssig und sicher zu sprechen.

- Erstelle dir Hilfskarten zu jeder Folie. Darauf schreibst du Stichworte und Informationen, die dir helfen nichts zu vergessen.
- Übe deinen Vortrag vor dem Spiegel oder deiner Familie.
- Überlege dir, welche Fragen deine Klasse stellen kann und sei darauf vorbereitet.

5. Vortragen der Präsentation

- Sprich langsam und laut.
- Mache Sprechpausen.
- Schaue dein Publikum an.
- Trete selbstbewusst auf.
- Stehe gerade und offen.

Aufbau der Präsentation

Erste Folie: Titel deines Themas, Fach, dein Name, deine Klasse, Lehrkraft, Datum
Zweite Folie: Inhaltsverzeichnis
Ab der dritten Folie: Hauptteil, alle Informationen zu deinem Thema, Struktur aus deinem Schreibplan, Bilder und Abbildungen
Vorletzte Folie: Zusammenfassung, Fazit
Letzte Folie: Quellenangaben

METHODE

Eine Präsentation mit einer Gruppe vortragen

2 Schülerinnen und Schüler üben ihre gemeinsame Präsentation.

In einem Team arbeiten

Wenn ihr ein Thema mit einer Gruppe präsentiert, sind Absprachen untereinander besonders wichtig. Ihr könnt euch das Recherchieren, das Schreiben und das Vortragen teilen. Es ist jedoch wichtig, dass jeder seinen Teil dazu beiträgt. Zu Beginn erstellt ihr gemeinsam einen Plan. Darin legt ihr fest, wer für welchen Teil zuständig ist. Sprecht das auch mit eurer Lehrkraft ab. Ihr könnt auch mit Menschen zusammenarbeiten, mit denen ihr nicht befreundet seid. Seid nett zu einander und helft euch gegenseitig.

1. Bildet Teams und wählt einen Stoff aus: Stickstoff, Helium, Neon, Argon, Xenon, Krypton oder Radon.
2. Recherchiert im Team zu eurem Thema und sprecht ab, welche Informationen zusätzlich zu den Eigenschaften, Vorkommen und Verwendungsmöglichkeiten sinnvoll sind.
3. Erstellt gemeinsam einen Schreibplan und eine Präsentation am Computer. Nutzt dazu die Methode „Eine Präsentation erstellen".
4. Präsentiert euer Ergebnis im Unterricht.

Tipps für Formulierungen

Einleitung
- „Wir halten heute eine Präsentation über..."
- „Wir sprechen über folgende Punkte..."

Hauptteil
- „Zuerst... / Als zweites... / Als nächstes..."
- „Des Weiteren..."
- „Hier seht ihr..."
- „Auf dem Bild/der Abbildung könnt ihr erkennen, dass..."
- „Interessant ist, dass..."
- „Beispiele sind..."
- „Allerdings.../Jedoch.../Im Widerspruch dazu..."

Ende
- „Zusammengefasst..."
- „Abschließend möchten wir sagen, dass..."
- „Wir haben euch heute erklärt, wie/was..."
- „Habt ihr Fragen?"

«

1 Je höher du steigst, desto dünner wird die Luft.

Die Zusammensetzung der Luft

Die Luft wird dünner

Der Mount Everest ist der höchste Berg der Erde. Die Zusammensetzung der Luft auf dem Gipfel ist die gleiche wie im Tal. Jedoch nimmt der Luftdruck mit steigender Höhe ab. Dadurch ist weniger Sauerstoff vorhanden, den der Bergsteiger einatmen kann. Deshalb kann es in großen Höhen zur Höhenkrankheit kommen. Damit Bergsteiger genügend Sauerstoff zum Atmen haben, nutzen sie Sauerstoffflaschen (→ Bild 1).

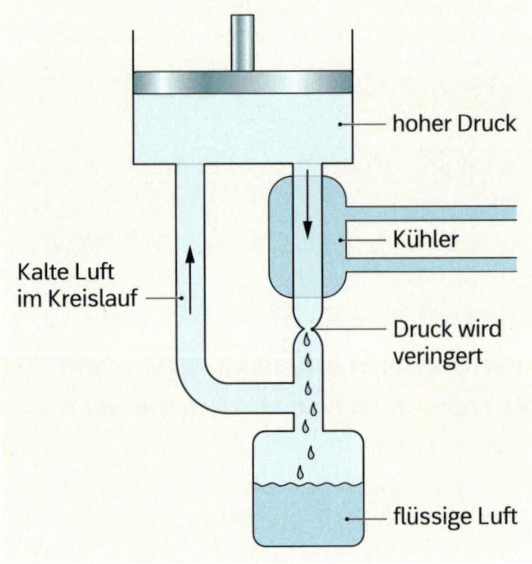

2 Das LINDE-Verfahren als Modell

Die Luft wird getrennt

Die Industrie benötigt jährlich große Mengen an Sauerstoff und Stickstoff. Diese Reinstoffe werden aus der Luft gewonnen. Durch Verflüssigung der Luft und anschließender Destillation kann die gasförmige Luft in flüssigen Sauerstoff und flüssigen Stickstoff zerlegt werden.
Dies wird mit dem LINDE-Verfahren durchgeführt (→ Bild 2).

Das Linde-Verfahren

Das Verfahren wurde nach seinem Erfinder CARL VON LINDE benannt. Dazu wird Luft stark zusammengepresst. Dadurch erwärmt sie sich. Kühlwasser senkt die Temperatur ab. Dann wird der Druck gesenkt und die verdichtete Luft kühlt sich ab.
Dieser Vorgang wird so oft wiederholt, bis eine Temperatur von –189 °C erreicht wird. Bei dieser Temperatur kondensiert Sauerstoff. Dieser kann abgetrennt werden. Durch weiteres Abkühlen auf –196 °C kann auch Stickstoff verflüssigt werden. Flüssiger Sauerstoff wird als Raketentreibstoff verwendet. Flüssiger Stickstoff wird in der Technik häufig als Kühlmittel eingesetzt.

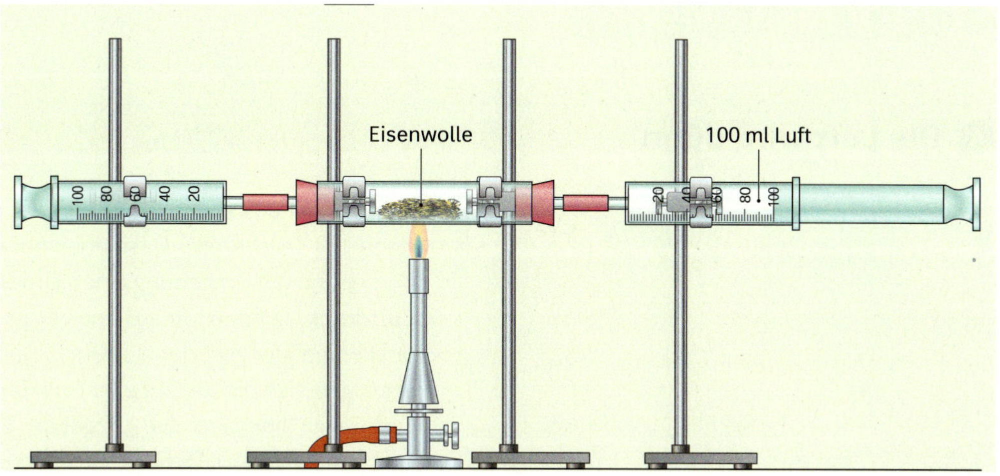

3 Der Kolbenproberversuch

Den Sauerstoffanteil bestimmen

Um den Sauerstoffanteil in der Luft zu bestimmen, wird im Labor der Kolbenproberversuch durchgeführt (→ Bild 3). Dazu wird Eisenwolle mit Sauerstoff in einem luftdichten Versuchsaufbau durch Erhitzen zur Reaktion gebracht. Das Eisen reagiert mit Sauerstoff zu Eisenoxid.
In einem der Kolbenprober werden genau 100 ml Luft abgemessen. Die Eisenwolle wird mit einem Brenner bis zum Glühen erhitzt. Nun wird die Luft über die glühende Eisenwolle in den zweiten Kolbenprober gedrückt. Dieser Vorgang wird wiederholt. Nach dem Abkühlen der Eisenwolle kannst du am Kolbenprober das Gasvolumen ablesen. Von den 100 ml Luft am Anfang des Versuchs sind nur noch 80 ml Luft übrig geblieben. Es haben 20 ml der Luft mit dem Eisen reagiert. Dies entspricht etwa dem Sauerstoffanteil in der Luft.

Die Luft ist ein Gasgemisch

Der gasförmige Sauerstoff aus der Luft hat mit der Eisenwolle zu festem Eisenoxid reagiert. Der Sauerstoff ist nach der Reaktion nicht mehr in der Luft im Kolbenprober vorhanden. Das übrig gebliebene Gas im Kolbenprober besteht fast ausschließlich aus Stickstoff.
Der Hauptbestandteil der Luft ist Stickstoff mit etwa 78 %. Dieser Wert gilt jedoch nur für trockene Luft, in der keine Staubteilchen vorhanden sind. Je nach Luftfeuchtigkeit ist auch immer ein Anteil an Wasserdampf in der Luft enthalten.

Luftbestandteil	Formel	Volumenanteil in %
Stickstoff	N_2	78
Sauerstoff	O_2	21
Argon	Ar	0,9
weitere Gase	CO_2, …	0,1

4 Zusammensetzung der Luft

1 Erläutere, dass Bergsteiger in großen Höhen zusätzlichen Sauerstoff benötigen.

2 I Nenne die Wortgleichung der Reaktion von Sauerstoff und Eisen.

Starthilfe zu 2:
Eisen + … → …

3 II Beschreibe das Verfahren der Luftverflüssigung.

4 II Bei dem Kolbenproberversuch in Bild 3 ist immer noch Eisenwolle enthalten, die nicht mit dem Sauerstoff reagiert hat. Begründe, dass am Ende der Reaktion immer noch Eisen als Reinstoff vorhanden sein muss.

»

ÜBEN UND ANWENDEN

A Die Luft wird dünn

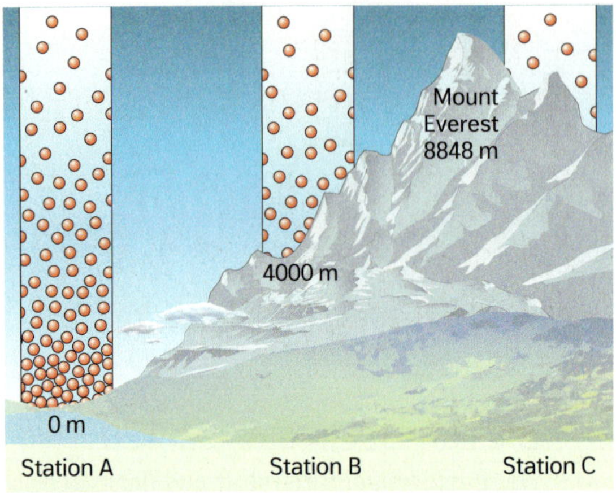

1 Luftdruck ändert sich mit der Höhe

Luft besteht aus einem Gemisch verschiedener Gase. Die Teilchen der Gase üben auf einen Körper und die Umgebung einen Druck aus, den **Luftdruck**. Je höher du auf einen Berg steigst, desto niedriger wird der Luftdruck. Dadurch verringert sich die Anzahl aller Gas-Teilchen in der Luft. Somit sinkt auch die Anzahl der Sauerstoff-Teilchen (→ Bild 1). Die Luft wird dünn.
Ein Bergsteiger auf der Spitze des Mount Everest nimmt bei einem Atemzug weniger Sauerstoff-Teilchen auf als bei einem Atemzug im Tal. Die Zusammensetzung der Luft ist auf dem Gipfel jedoch genauso wie im Tal.

1. Beschreibe die Anzahl der Sauerstoff-Teilchen an den Stationen A bis C in Bild 1.
2. Beschreibe, wie sich die Luft im Tal und auf der Spitze des Mount Everest unterscheidet.
3. Erläutere die Aussage: „Die Luft wird dünn".

Starthilfe zu 3:
Betrachte die Säulen in Bild 1. Sie zeigen die Anzahl der Sauerstoff-Teilchen.

B Gasgemische beim Tauchen

2 Taucher nutzen spezielle Atemgasgemische.

Genau wie beim Bergsteigen in großen Höhen ist das Tauchen in großen Tiefen eine Belastung für den Körper. Der Druck nimmt unter Wasser immer weiter zu, je tiefer getaucht wird. Dadurch entwickelt besonders das Gas Stickstoff eine schädliche Wirkungen auf den Körper. Es kann zu einer Stickstoffvergiftung kommen. Anzeichen dafür sind Übelkeit, Schwindel, Erbrechen, Tunnelblick und Persönlichkeitsveränderungen. Druckluftflaschen von Tauchern werden deshalb mit Gasgemischen befüllt, die eine andere Zusammensetzung haben als die normale Atemluft. Damit können Taucher bis zu 200 m tief tauchen.

1. Nenne die Auswirkungen einer Stickstoffvergiftung auf den menschlichen Körper.
2. Beschreibe, wieso beim Tauchen in großen Tiefen spezielle Gasgemische verwendet werden müssen.

IM ALLTAG

Reinigen, bleichen und desinfizieren mit Sauerstoff

3 Verschiedene „Oxi-Reiniger“

Oxi-Reiniger enthalten Sauerstoff

Hersteller von Putz- und Waschmitteln werben mit der reinigenden Wirkung von Sauerstoff in „Oxi-Reinigern“. Als Reinigungslösungen wirken sie desinfizierend, da sie Mikroorganismen wie Bakterien abtöten. In der Medizin werden Sauerstoff-Verbindungen zur Desinfektion von Instrumenten und Oberflächen verwendet.
Außerdem können die Reiniger der Wäsche beigegeben werden, um Flecken zu beseitigen. Das liegt an der bleichenden, entfärbenden Wirkung des Reinigers. Der Sauerstoff liegt in diesen Reinigern nicht elementar vor. Er ist Teil von Sauerstoff-Verbindungen. Diese Verbindungen werden Peroxide genannt. Wird das Reinigungsmittel erhitzt, kann Sauerstoff mit der Glimmspanprobe nachgewiesen werden (→ Bild 3).

4 Sauerstoffverbindungen bleichen Haare.

Bleichende Wirkung von Sauerstoff

Oxi-Reiniger nutzen die bleichende Wirkung von reaktionsfreudigen Sauerstoff-Verbindungen wie Peroxiden, die mit Farbstoffen reagieren. Das Reaktionsprodukt ist farblos.
Ähnlich funktioniert das Blondieren (→ Bild 4). Hier verwendet der Frisör Wasserstoffperoxid, um die Haare aufzuhellen. Es zerstört die Farbstoffe der Haare dauerhaft. Eine Blondierung wäscht sich deshalb nicht heraus. Erst wenn das Haar nachgewachsen ist, hat es wieder seine ursprüngliche Farbe. Je länger das bleichende Mittel auf das Haar einwirkt, desto mehr Farbstoffe werden zerstört und desto heller wird das Haar. Auch bei dieser Reaktion entsteht Sauerstoff. Bei der Verwendung von Wasserstoffperoxid ist Vorsicht geboten. Es schädigt die Haarfaser und reizt die Haut.

1 Beschreibe die Verwendungen von Sauerstoff-Verbindungen im Alltag.

2 Nenne ein Beispiel für reaktionsfreudige Sauerstoff-Verbindungen.

3 II Erläutere, bei welchen der folgenden Beispiele gebleicht wird: Papierherstellung, Haare blondieren, Tintenkiller, Sonnencreme, Wände streichen, Wäsche waschen.

«

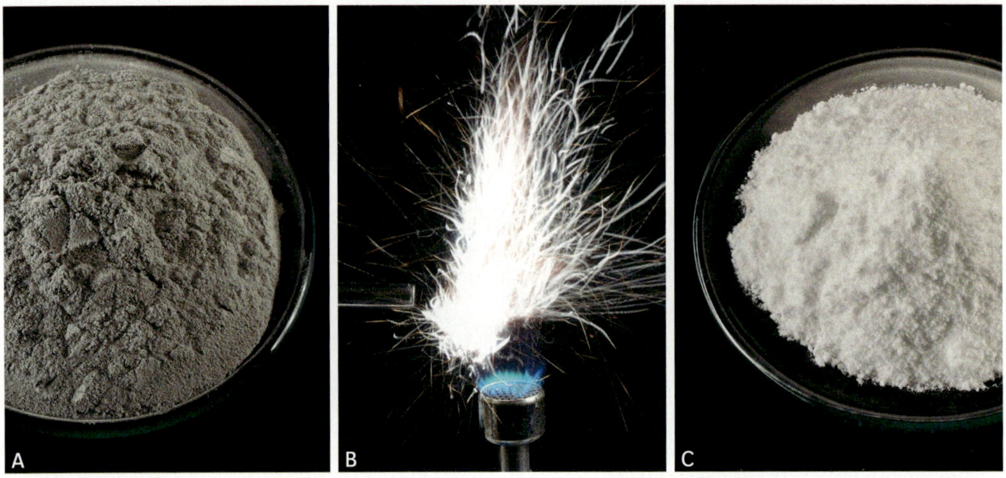

1 A Aluminiumpulver, **B** Aluminiumpulver verbrennt, **C** Aluminiumoxid ist entstanden

Metalle reagieren mit Sauerstoff

Metalloxide

Wenn Metalle mit Sauerstoff reagieren, entstehen dadurch **Metalloxide**.
Bläst du feines Aluminiumpulver in eine Brennerflamme, so kannst du einen hellen Funkenregen beobachten (→ Bild 1 B). Aluminium reagiert mit dem Sauerstoff aus der Luft. Aus den beiden Edukten Aluminium und Sauerstoff entsteht das Produkt Aluminiumoxid.
Aluminium ist ein wichtiger metallischer Werkstoff. Da er leicht ist, wird er oft für die Herstellung von Getränkeverpackungen oder beim Bau von Fahrzeugen und Flugzeugen verwendet (→ Bild 2).

2 Flugzeughülle aus Aluminium

Eigenschaften von Metalloxiden

Das bei der Reaktion von Aluminium mit Sauerstoff entstehende Aluminiumoxid ist ein weißes Pulver. Die Eigenschaften der Metalloxide unterscheiden sich deutlich von den Eigenschaften der Edukte.
Metalle glänzen (→ Bild 2), sind verformbar und leiten den elektrischen Strom. Metalloxide glänzen nicht und sind spröde Feststoffe (→ Bild 1C). Sie reagieren mit Wasser teilweise zu alkalischen Lösungen. Nur als wässrige Lösung leiten Metalloxide den elektrischen Strom. Sie sind salzartig und gehören zu den Metall-Nichtmetall-Verbindungen. Dazu gehören auch Metallsulfide, die bei der Reaktion von Metallen mit Schwefel entstehen.

Synthese und Analyse

Bei der Reaktion von Metallen mit Sauerstoff werden neue Stoffe gebildet. Aluminium reagiert mit Sauerstoff zu Aluminiumoxid. Dies ist ein Beispiel für eine Synthese. Einige Metalloxide, wie zum Beispiel Silberoxid, lassen sich durch Erhitzen wieder in die Stoffe Silber und Sauerstoff zerlegen. Dieser Vorgang wird Analyse genannt.

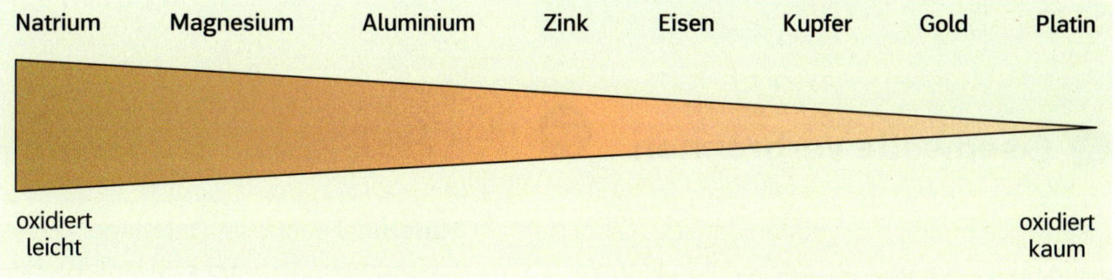

3 Die Oxidationsreihe der Metalle

Die Affinität zu Sauerstoff

Wie leicht Metalle oxidieren hängt davon ab, wie leicht sie mit Sauerstoff reagieren. Das wird **Affinität zu Sauerstoff** genannt. Die Reaktion zu Metalloxiden läuft unterschiedlich heftig ab. Bei der Reaktion von Magnesium mit Sauerstoff kannst du ein grelles weißes Licht beobachten. Bei der Reaktion von Kupfer mit Sauerstoff glüht das Metall rötlich auf.

Oxidationsreihe der Metalle

Die Affinität zu Sauerstoff wird in der **Oxidationsreihe der Metalle** dargestellt (→ Bild 3). In der Reihe kannst du erkennen, wie leicht ein Metall mit Sauerstoff reagiert. Je höher die Affinität zu Sauerstoff ist, desto heftiger reagiert das Metall mit Sauerstoff und desto mehr Energie wird bei der Reaktion frei. Magnesium hat eine höhere Affinität zu Sauerstoff als Kupfer. Das kannst du in den Energiediagrammen in Bild 4 und 5 erkennen. Metalle, die leicht mit Sauerstoff reagieren, werden als unedle Metalle bezeichnet. Magnesium ist ein Beispiel für ein unedles Metall. Edle Metalle, wie zum Beispiel Gold reagieren kaum oder gar nicht mit Sauerstoff.

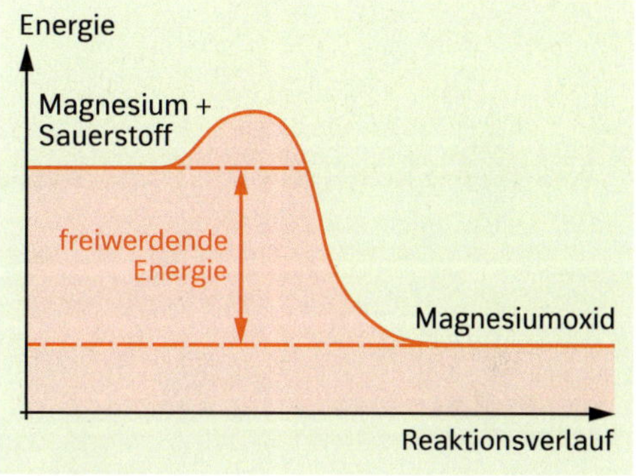

4 Energiediagramm: Oxidation von Magnesium

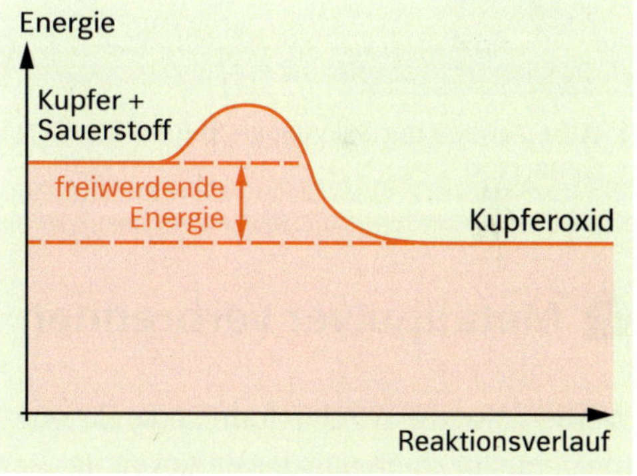

5 Energiediagramm: Oxidation von Kupfer

Metalle reagieren mit Sauerstoff zu Metalloxiden. Die Oxidationsreihe der Metalle gibt an, wie leicht Metalle mit Sauerstoff reagieren.

1. Stelle die Wortgleichung für die Reaktion von Zink mit Sauerstoff auf.
2. Beim Schleifen von Eisen entsteht ein Funkenregen. Es findet eine Oxidation statt. Formuliere die Wortgleichung für die Oxidation von Eisen.
3. **II a)** Erkläre anhand der Beobachtungen bei der Verbrennung von Magnesium und Kupfer den Verlauf der Energiediagramme in Bild 4 und Bild 5.
   III b) Übertrage die Energiediagramme in dein Heft und zeichne das Energiediagramm für die Oxidation von Eisen dazu.

Starthilfe zu 3b: Betrachte Bild 3.

»

FORSCHEN UND ENTDECKEN

A Eisenwolle verbrennen

Eisenwolle brennt nicht nur an der Luft. Gibst du sie in reinen Sauerstoff, brennt sie viel stärker.

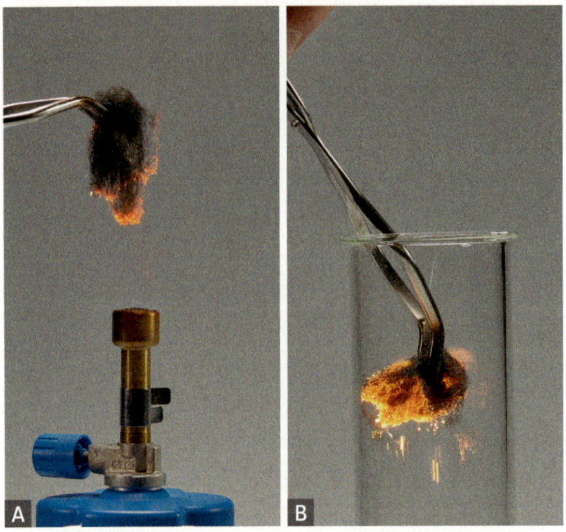

1 A Entzünden der Eisenwolle, **B** Reaktion in reinem Sauerstoff

Material: Feuerfeste Unterlage, Tiegelzange, Gasbrenner, Anzünder, Standzylinder mit reinem Sauerstoff (verschlossen mit einem Uhrglas)

Durchführung:

Schritt 1: Stelle den Gasbrenner auf die feuerfeste Unterlage und entzünde ihn.

Schritt 2: Halte ein Stück Eisenwolle mit der Tiegelzange kurz in die Brennerflamme (→ Bild 1A).

Schritt 3: Entferne das Uhrglas vom Standzylinder und halte die glühende Eisenwolle hinein (→ Bild 1B).

1. Nenne den Reaktionspartner des Eisens.
2. Stelle die Wortgleichung auf.
3. Vervollständige den Merksatz: „Je höher der Anteil an Sauerstoff ist, desto ...“

B Metallpulver verbrennen

Werden Metalle in Pulverform in die Brennerflamme gepustet, kann aus der Heftigkeit der Reaktion geschlossen werden, ob ein Metall edel oder unedel ist.

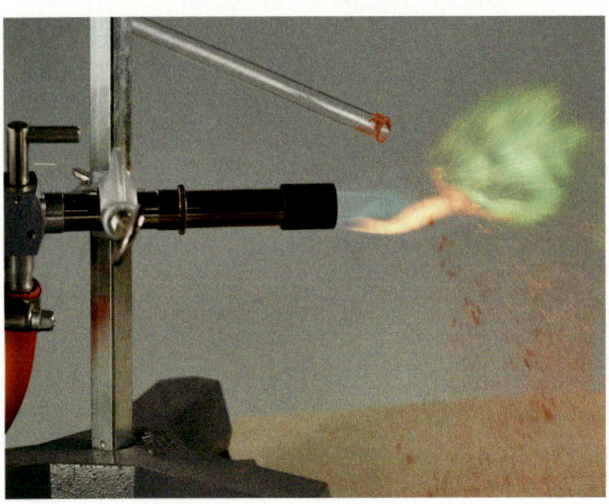

2 Metallpulver verbrennen

Material: Feuerfeste Unterlage, Stativfuß, Doppelmuffe, Gasbrenner, Anzünder, Pipette, Eisen-, Aluminium-, Kupfer-, Zinkpulver

Durchführung:

Schritt 1: Baue den Versuch wie in Bild 2 auf.

Schritt 2: Nimm mit der Pipette ein Metallpulver auf und puste es vorsichtig in die Brennerflame.

Schritt 3: Wiederhole den Versuch mit den anderen Metallpulvern.

1. Sortiere die Metalle nach der Heftigkeit ihrer Reaktion.
2. Vergleiche die Reihenfolge aus Aufgabe 2 mit der Oxidationsreihe der Metalle.

ÜBEN UND ANWENDEN

A Magnesium reagiert heftig

Wird ein Streifen Magnesiumband in die Brennerflamme gehalten, darfst du nicht direkt auf die Reaktion blicken. Das Licht ist so grell, dass deine Augen geschädigt werden könnten (→ Bild 3). Bei der Reaktion entsteht ein weißes Pulver.

1 Stelle die Wortgleichung der Verbrennung von Magnesium auf.

2 Erläutere an zwei Beobachtungen, ob die Reaktion endotherm oder exotherm ist.

3 **II** Die Verbrennung von Eisen und Magnesium ist unterschiedlich heftig. Beurteile, welches der beiden Metalle edler ist.

4 **III a)** Ordne die Edukte und das Produkt der Reaktion in Bild 3 jeweils einer Stoffklasse zu (Metall, Salz, flüchtiger Stoff).
III b) Nenne den oder die Stoffe aus Aufgabe 4 a, die bei Raumtemperatur elektrisch leitfähig sind.

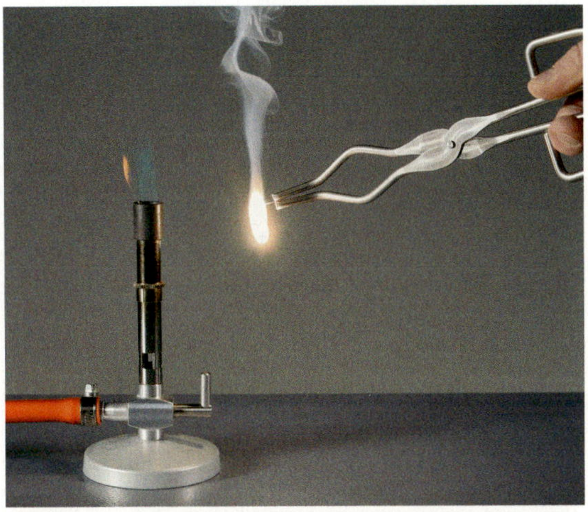

3 Brennendes Magnesium erzeugt sehr helles Licht.

Die Helligkeit der Magnesiumverbrennung wurde früher in Blitzwürfeln von Fotokameras genutzt (→ Bild 4). Dabei war die Menge an Magnesium so gering, dass es dadurch zu keiner Schädigung der Augen kommen konnte.
Heutzutage wird das Blitzlicht an Kameras oder Smartphones anders erzeugt.

4 Blitzwürfel enthalten Magnesium.

5 **II** Nenne eine Möglichkeit, die Reaktion in einem Blitzwürfel zu starten.

6 **II** Stelle eine Hypothese auf, wie das Blitzlicht in Kameras heute erzeugt wird.

Magnesium brennt nicht nur in der Luft, sondern auch unter Wasser. Dabei entzieht Magnesium den Wasser-Molekülen den Sauerstoff.
Es entsteht ein Gas (→ Bild 5).

5 Magnesium brennt unter Wasser.

7 **III** Nenne den Namen des entstehenden Gases.

1 Ein rostendes Schiffswrack

Rosten – eine langsame Oxidation

Oberflächen verändern sich

Viele Metalle verlieren im Laufe der Zeit ihren typischen metallischen Glanz. Sie **oxidieren**. So ist ein Kupferrohr anfangs noch rötlich-glänzend. Nach einiger Zeit hat das Rohr eine feste, bräunliche oder manchmal grünliche Oberfläche (→ Bild 2). Viele Metalle reagieren mit dem Sauerstoff der Luft. Bei dieser Oxidation entsteht auf der Oberfläche eine dünne Oxidschicht. Im Vergleich zur Reaktion von Eisen in einer Flamme, verläuft die Oxidation ohne Flamme langsam und ohne die spürbare Abgabe von Wärme. Sie wird deshalb langsame Oxidation genannt. Sie bildet einen festen, für Sauerstoff undurchlässigen Überzug. Diese Oxidschicht schützt das darunter liegende Metall.

2 Ein Regenablaufrohr aus Kupfer

Eisen ist ein unedles Metall

Der Vorgang zur Bildung einer Oxidschicht auf der Oberfläche von Metallen wird **Korrosion** genannt.
Unedle Metalle sind besonders anfällig für Korrosion. Sie reagieren leicht mit dem Sauerstoff aus der Luft und verlieren dabei ihren metallischen Glanz. Eisen ist ein unedles Metall. Es bildet an trockener Luft eine Oxidschicht. In feuchter Luft bildet sich Rost (→ Bild 1).

Rosten zerstört Eisen

Der Rost ist kein fester Überzug. Er bildet eine lockere und poröse Oxidschicht. Deshalb können Sauerstoff und Wasser auch an die tieferen Schichten des Eisens gelangen und diese immer weiter rosten lassen. Findet die Korrosion über längere Zeit ungehindert statt, werden Gegenstände aus Eisen vollständig zerstört.
Durch Korrosion und die Folgeschäden an Schiffen, Autos und Maschinen entstehen jährlich Kosten von vielen Milliarden Euro. Aus diesem Grund müssen Bauteile, die aus Eisen bestehen, vor der Reaktion mit Sauerstoff geschützt werden.

3 Korrosionsschutz durch Rostschutzfarbe

4 Ein verzinktes Treppengeländer

Korrosionsschutz

Um Bauteile aus Eisen vor dem Rosten zu schützen, werden sie mit einem Mittel zum **Korrosionsschutz** behandelt. Dabei wird das zu schützende Eisen mit einer dünnen Schutzschicht überzogen (→ Bild 3). Sie verhindert, dass der Sauerstoff an das Eisen gelangt. Als Korrosionsschutz eignen sich Kunststoffbeschichtungen, Rostschutzfarben und Lacke. Auch das Einfetten, Einölen oder Einwachsen mit Öl oder Fett verhindert das Rosten.

Natürlicher Korrosionsschutz

Metalle wie Kupfer und Aluminium haben einen natürlichen Korrosionsschutz. Wenn diese Metalle oxidieren, bildet sich eine dünne Oxidschicht. Sie ist im Vergleich zu Eisen jedoch fester und nicht wasserdurchlässig. Kupfer eignet sich deshalb gut für Regenrinnen oder Gebäudeverkleidungen.

Galvanisieren

Ein besonders wirkungsvolles Verfahren, um Metalle vor Korrosion zu schützen, ist das **Galvanisieren**. Hierbei wird mithilfe elektrischem Stroms ein Metall, das nicht korrodiert, auf das zu schützende Metall aufgebracht. So wird verhindert, dass Sauerstoff an das darunter liegende unedlere Metall gelangt. Es kann dadurch nicht zur Korrosion kommen.
So werden zum Beispiel Nägel oder Treppengeländer verzinkt (→ Bild 4). Die verzinkte Oberfläche ist unempfindlich gegenüber Sauerstoff und Wasser. Eisen kann durch diesen Korrosionsschutz in vielen Bereichen verwendet werden.

Korrosion ist die Oxidation metallischer Oberflächen mit Sauerstoff.
Die langsame Oxidation von Eisen wird Rosten genannt.

1. Nenne zwei Metalle, die leicht korrodieren.
2. Beschreibe das Rosten von Eisen.
3. I Erläutere, dass Regenrinnen aus Kupfer und nicht aus Eisen hergestellt werden.
4. II Begründe, dass Gold auch nach langer Zeit immer noch metallisch glänzt.
5. II Nenne Möglichkeiten zum Korrosionsschutz von Metallen.

»

FORSCHEN UND ENTDECKEN

A Eisenwolle rostet

Material: Becherglas, Reagenzglas, Eisenwolle, Wasser

1 Eisenwolle in einem Reagenzglas

Durchführung:

Schritt 1: Gib etwas angefeuchtete Eisenwolle in ein Reagenzglas. Drücke sie leicht bis an den Boden Reagenzglases.

Schritt 2: Drehe das Reagenzglas mit der Öffnung nach unten und stelle es in das Becherglas.

Schritt 3: Fülle 2 cm hoch Wasser in das Becherglas (→ Bild 1).

Schritt 4: Stelle den Versuchsaufbau für mehrere Tage an einen ungestörten Ort.

1 Beschreibe deine Beobachtungen nach einigen Tagen.

2 Nenne das Edukt dieser Reaktion.

3 Formuliere die Wortgleichung zum Rosten von Eisenwolle.

B Nicht alle Metalle rosten

2 Schrauben und Nägel aus verschiedenen Metallen

Reagenzglas	Schraube/Nagel	Am Anfang	Nach einer Woche
1	Eisen	...	...
2	Kupfer	...	...
...	...	...	...

3 Tabelle zur Beschreibung der Schrauben und Nägel

Material: sechs Reagenzgläser, wasserfester Stift, Schrauben oder Nägel aus unterschiedlichen Metallen, Wasser

Durchführung:

Schritt 1: Beschrifte die Reagenzgläser mit den Zahlen von 1 bis 6.

Schritt 2: Gib jeweils eine Schraube oder einen Nagel in ein Reagenzglas.

Schritt 3: Fülle jedes Reagenzglas so hoch mit Wasser, dass die Schrauben und Nägel zur Hälfte unter Wasser sind.

Schritt 4: Stelle die Reagenzgläser für eine Woche an einen ungestörten Ort.

1 Beschreibe das Aussehen der Schrauben und Nägel am Anfang des Versuchs und nach einer Woche. Nutze dazu die Tabelle.

2 Begründe, dass manche der Metalle oxidieren und andere nicht.

FORSCHEN UND ENTDECKEN

C Bedingungen des Rostens

Material: vier Reagenzgläser, Reagenzglasständer, ein Reagenzglasstopfen, wasserfester Stift, vier Eisennägel, Leitungswasser, 5%ige Kochsalzlösung, Salatöl

Durchführung:

Schritt 1: Beschrifte die Reagenzgläser wie in Bild 4 und fülle jeweils eine der Flüssigkeit etwa 2 cm hoch ein.

Schritt 2: Gib in jedes Reagenzglas einen Nagel.

Schritt 3: Stelle den Versuchsaufbau für eine Woche an ein ungestörten Ort.

1 Stelle eine Vermutung an, in welcher Flüssigkeit die Schrauben am schnellsten rosten.

2 Beschreibe das Aussehen der Schrauben am Anfang des Versuchs und nach einer Woche. Nutze dazu die Tabelle.

3 Nenne die Bedingungen, unter denen Eisen rostet.

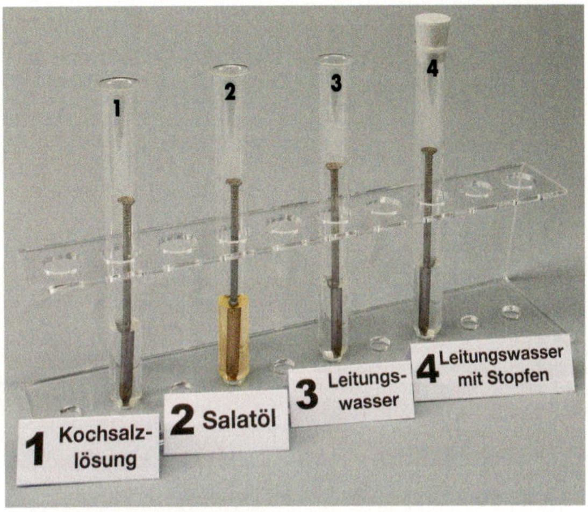

4 In welcher Lösung rosten Schrauben?

Flüssigkeit	Am Anfang	Nach einer Woche
1	...	...
2	...	...
3	...	...
4	...	...

5 Tabelle zur Beschreibung der Schrauben

ÜBEN UND ANWENDEN

A Metalle im Salzbergwerk

In einem Salzbergwerk herrscht oft eine hohe Luftfeuchtigkeit und die Luft schmeckt salzig. Damit Maschinen aus Metall nicht zu schnell korrodieren, müssen sie geschützt werden. Sie werden deshalb mit Rostschutzfarbe gestrichen. Durch das Beladen mit Steinsalz kann der Korrosionsschutz beschädigt werden.

1 Beschreibe den Grund für das schnelle Rosten von Metallen in einem Salzbergwerk.

2 II Erläutere, dass die Wagen in Bild 6 trotz Korrosionsschutz oxidieren.

6 Oxidation trotz Korrosionsschutz

3 III Auch bei Autos müssen besondere Metalle verbaut oder spezielle Beschichtungen
verwendet werden. Begründe, dass dies gerade im Winter wichtig ist.

«

1 Beim Verbrennen von Grillkohle entsteht Kohlenstoffdioxid.

Nichtmetalle reagieren mit Sauerstoff

Kohlenstoff verbrennt

Beim Grillen (→ Bild 1) wird oft Holzkohle verwendet. Sie besteht zum größten Teil aus Kohlenstoff. Dieser entwickelt beim Verbrennen sehr viel Hitze. So kann das Grillgut leicht gegart werden. Der Kohlenstoff in der Holzkohle verbrennt mit dem Sauerstoff der Luft. Es entsteht dabei Kohlenstoffdioxid. Die Reaktion ist exotherm, da Energie abgegeben wird:

Kohlenstoff + Sauerstoff → Kohlenstoffdioxid + E

Kohlenstoff in Brennstoffen

Kohlenstoff und seine Verbindungen sind in fast allen Brennstoffen enthalten. Benzin oder Heizöl, Holz oder Erdgas und natürliche Kohle, sie alle enthalten Kohlenstoff. Mit diesen Brennstoffen wird der Großteil unseres Energiebedarfs abgedeckt (→ Bild 2). Dadurch gelangt viel Kohlenstoffdioxid in unsere Atmosphäre.

Das Klimaproblem

Kohlenstoff verbrennt mit Sauerstoff zu Kohlenstoffdioxid. Dieses Gas ist entscheidend an der Klimaerwärmung beteiligt. Durch die Nutzung von Brennstoffen, die Kohlenstoff enthalten, tragen wir zur Veränderung des Klimas auf unserer Erde bei. Kohlekraftwerke werden deshalb durch erneuerbare Energiequellen wie Wind oder Sonne ersetzt, ebenso wie Verbrennungsmotoren durch Elektromotoren.

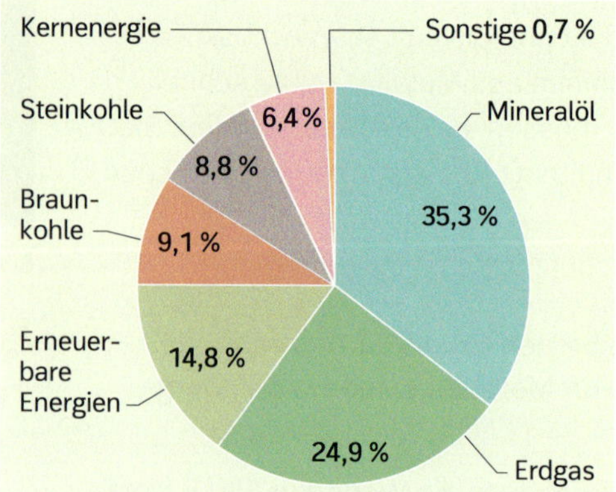

2 Herkunft der Energie in Deutschland 2019

Brennbare Nichtmetalle

Nicht nur Kohlenstoff ist brennbar. Viele andere Nichtmetalle brennen ebenfalls. Dazu gehören zum Beispiel Phosphor, Schwefel und Wasserstoff.

Phosphor

Die Oxidation von Phosphor ist stark exotherm. Er verbrennt mit einer Temperatur von über 1000 °C. Roter Phosphor ist in der Reibefläche von Streichholzschachteln enthalten (→ Bild 3).

3 Die Reibefläche enthält roten Phosphor.

Schwefel

Schwefel verbrennt mit Sauerstoff zu dem Gas Schwefeldioxid. Dieses Gas wirkt tödlich auf Bakterien und wird deshalb als Desinfektions- oder Konservierungsmittel in Lebensmitteln genutzt. Winzer nutzen Schwefeldioxid zum Desinfizieren von Weinfässern (→ Bild 4). Schwefel ist auch in Streichholzköpfchen enthalten.

4 Weinfässer werden mit Schwefel desinfiziert.

Wasserstoff

Wasserstoff verbrennt mit einer sehr heißen Flamme. Dabei können Temperaturen von über 3000 °C erreicht werden. Er wird deshalb zum Schweißen und auch als Raketentreibstoff verwendet (→ Bild 5). Bei der Verbrennung von Wasserstoff mit Sauerstoff entsteht reines Wasser.

5 Eine Rakete startet.

> Wichtig sind die Verbrennungen von Kohlenstoff zu Kohlenstoffdioxid, von Schwefel zu Schwefeldioxid und von Wasserstoff zu Wasser.

1. Begründe die Entstehung von Kohlenstoffdioxid bei der Nutzung von Brennstoffen.
2. Nenne je eine Verwendungsmöglichkeit von Phosphor, Schwefel und Wasserstoff.
3. Nenne Eigenschaften von Schwefeldioxid, die es als Desinfektions- oder Konservierungsmittel geeignet machen.
4. Errechne den Prozentsatz, zu dem in Deutschland kohlenstoffhaltige Brennstoffe eingesetzt werden.

Starthilfe zu 4:
Addiere dazu in Bild 2 alle Prozentsätze, die sich auf kohlenstoffhaltige Brennstoffe beziehen.

»

FORSCHEN UND ENTDECKEN

A Feste, flüssige und gasförmige Brennstoffe

Mithilfe von Kalkwasser kann Kohlenstoffdioxid nachgewiesen werden. Kohlenstoffdioxid trübt Kalkwasser milchig weiß.

Material: Gasbrenner, Stativ, Schläuche, 2 Stopfen mit Loch, Gaswaschflasche, Wasserstrahlpumpe, U-Rohr, Becherglas, Glastrichter, Anzünder, Uhrglas, Kerze, Petroleumbenzin 100 – 140 °C, Kalkwasser

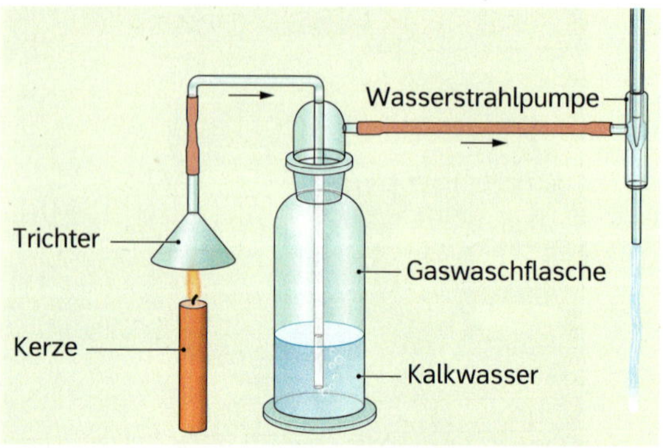

1 Kohlenstoffdioxidnachweis bei einer Kerzenflamme

2 Vorsicht: Benzin ist leicht entzündlich.

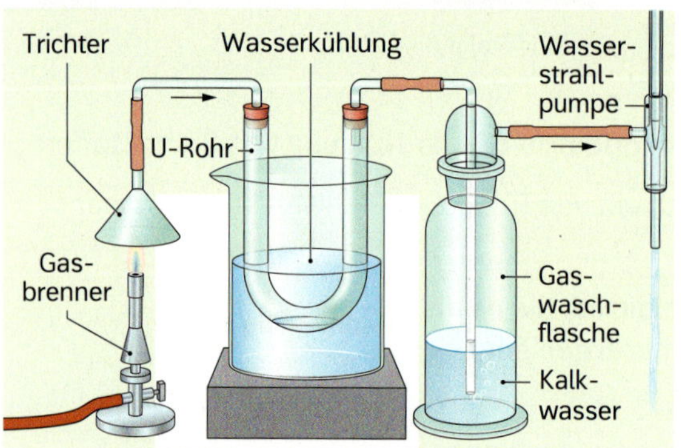

3 Kohlenstoffdioxidnachweis bei Erdgas

Durchführung:

Schritt 1: Fülle die Waschflasche mit Kalkwasser und schließe die Wasserstrahlpumpe an (→ Bild 1).

Schritt 2: Verbinde den Glastrichter mit der Waschflasche.

Schritt 3: Öffne den Wasserhahn.

Schritt 4: Entzünde die Kerze und stelle sie unter den Glastrichter.

1 Beschreibe deine Beobachtungen.

Schritt 5: Entleere die Waschflasche und fülle nach dem Reinigen frisches Kalkwasser ein.

Schritt 6: Wiederhole den Versucht. Gib dazu fünf Tropfen Benzin auf das Uhrglas und entzünde es.

2 Beschreibe deine Beobachtungen.

Schritt 7: Entleere die Waschflasche und fülle nach dem Reinigen frisches Kalkwasser ein.

Schritt 8: Ergänze den Aufbau mit der Wasserkühlung zwischen Trichter und Waschflasche.

Schritt 9: Entzünde den Gasbrenner und stelle ihn unter den Glastrichter (→ Bild 3).

3 Beschreibe deine Beobachtungen.

4 Nenne den Stoff, den du durch diese Versuche nachgewiesen hast.

5 Formuliere einen Satz, der alle drei Versuchsergebnisse zusammenfasst.

ÜBEN UND ANWENDEN

A Alle Verbrennungen sind exotherm

Seit Jahrhunderten nutzen die Menschen die Energie, die in Brennstoffen steckt. Sie wird zur Beheizung von Gebäuden, zum Kochen von Wasser oder zur Gewinnung von Elektrizität genutzt.
Die Brennbarkeit beruht darauf, dass in den Brennstoffen Kohlenstoff enthalten ist.
Exotherme Oxidationen werden oft als Verbrennungen bezeichnet.
Dies bedeutet aber nicht, dass alle Oxidationen exotherm sind. Es gibt einige Ausnahmen, wie etwa die Entstehung von Stickstoffoxiden. Diese unerwünschten Begleitstoffe bei einer Verbrennung entstehen bei hohen Temperaturen aus dem Stickstoff in der Luft, etwa in Automotoren. Dann ist genug Energie für ihre Entstehung vorhanden. Eine Oxidation kann also auch endotherm sein.

4 Verbrennen von Gas ist eine exotherme Reaktion.

1 Begründe den Einsatz von Brennstoffen in fast allen Ländern.

2 Erkläre den Begriff der Verbrennung.

3 Stickstoffoxide sind Luftschadstoffe. Nenne die Bedingungen, unter denen sie entstehen können.

B Verwendung von Brennstoffen

Die Nutzung der Brennstoffe ist eng mit der sogenannten industriellen Revolution und der Erfindung der Dampfmaschine durch JAMES WATT im Jahr 1769 verbunden. Damals begann zunächst der Siegeszug der Steinkohle. Später kamen mit Braunkohle, Erdöl und Erdgas weitere **Energieträger** als Brennstoffe hinzu. In früheren Jahrhunderten hatten die Menschen nur Holz oder Holzkohle zur Verfügung.

Brennstoff	Verwendung
Steinkohle	• Stromerzeugung in Kraftwerken • Eisengewinnung im Hochofen
Braunkohle	• Stromerzeugung in Kraftwerken
Erdöl	• Als Heizöl zum Beheizen von Gebäuden • Benzin und Diesel in Verbrennungsmotoren
Erdgas	• Beheizen von Gebäuden • Kochen von Lebensmitteln • Treibstoff für Fahrzeuge

5 Hauptnutzungen der verschiedenen Brennstoffe

1 Beschreibe den Übergang von Holz und Holzkohle zu den heutigen Energieträgern. Verwende den Ausdruck „industrielle Revolution".

2 Beschreibe die Verwendung der vier Energieträger aus Bild 5.

3 Nenne neben der Dampfmaschine drei Maschinen, welche die genannten Brennstoffe nutzen können.

1 Kraftwerke stoßen Schadstoffe aus.

Umweltprobleme durch Oxide

Nichtmetalle und Sauerstoff

Viele Nichtmetalle sind brennbar. Wenn sie verbrannt werden, entstehen **Nichtmetalloxide**. In vielen Fällen sind diese Oxide gasförmig und gelangen so in die Atmosphäre unseres Planeten. Diese Nichtmetalloxide sind Schadstoffe. Sie sind häufig gesundheitsschädlich und gefährden uns Menschen und unsere Umwelt.

Belastung für die Umwelt

Der Energiebedarf heute ist sehr groß. Um ihn zu decken, wird Kohle, Erdgas und Erdöl verbrannt. Diese Energieträger enthalten Wasserstoff, Kohlenstoff und Schwefel. Wasserstoff verbrennt zu harmlosem Wasser. Aus den anderen Stoffen entstehen jedoch große Mengen von gasförmigen Oxiden, wie **Kohlenstoffoxide** und **Schwefeldioxid**. Außerdem enthalten die Abgase von Industrie und Kraftfahrzeugen **Stickstoffoxide**. Diese entstehen bei Verbrennungen mit hohen Temperaturen aus dem Stickstoff der Luft.

Stickstoffoxide (NO_x)

Bei Verbrennungen mit hohen Temperaturen entstehen aus dem Stickstoff der Luft Stickstoffmonooxid (NO) und Stickstoffdioxid (NO_2). Es entstehen noch viele andere Stickstoffverbindungen, die unter dem Begriff NO_x zusammen gefasst werden. Kraftwerke und Verbrennungsmotoren tragen so zur Bildung von Smog bei.

Schwefeldioxid (SO_2)

Kohle und Erdöl enthalten Schwefel-Verbindungen. Werden diese Energieträger verbrannt, entsteht das Gas Schwefeldioxid. Es führt zu saurem Regen. Bei Menschen können die Gase Erkrankungen der Atemwege auslösen. Um die Belastung von Mensch und Umwelt zu verringern, werden Erdölprodukte vor der Verbrennung entschwefelt. Die Abgase, die bei der Verbrennung von Kohle und Erdöl entstehen, werden durch spezielle Prozesse gereinigt. Dadurch ist der Ausstoß von SO_2 in den letzten Jahren stark zurückgegangen.

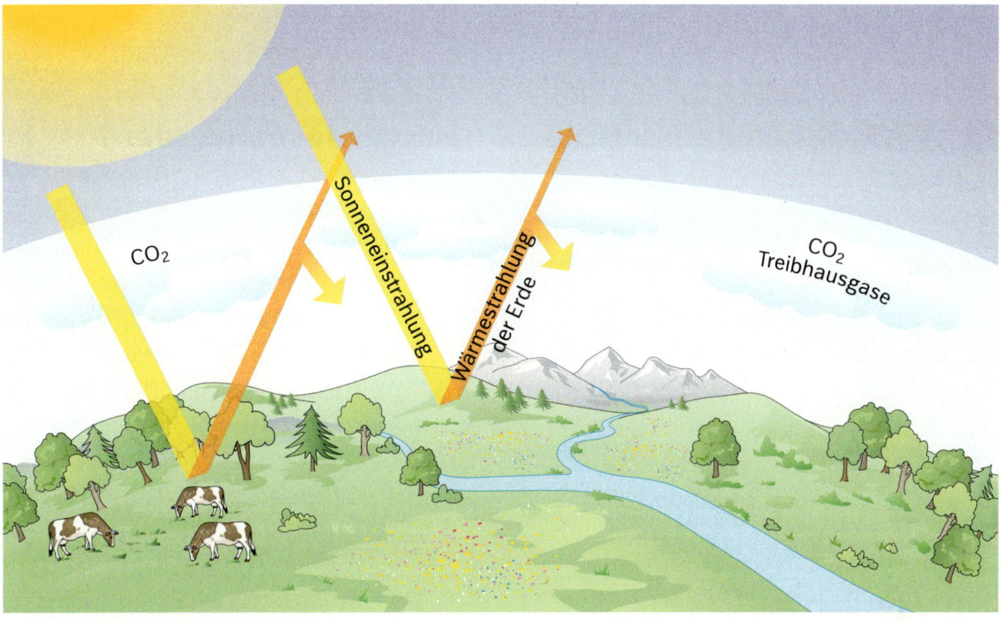

2 Der natürliche Treibhauseffekt

Kohlenstoffdioxid (CO_2)

Kohlenstoffdioxid (CO_2) ist ein Gas, das nicht nur bei Verbrennungen, sondern auch bei natürlichen Vorgängen entsteht. Es ist ein wichtiger Bestandteil der Lufthülle, denn es gibt unserer Erde einen Wärmeschutzschild. Es lässt die Sonneneinstrahlung fast ungehindert durch und verhindert gleichzeitig, dass die Erde zu stark abkühlt. Ohne diesen **natürlichen Treibhauseffekt** (→ Bild 2) würde die Temperatur auf der Erde auf durchschnittlich –18 °C absinken. Bei der Verbrennung von fossilen Brennstoffen durch Motoren, Kraftwerke, Industrie und Haushalte wird zusätzliches Kohlenstoffdioxid erzeugt. Das Gleichgewicht zwischen Abstrahlung und Speicherung wird gestört. Dieser **künstliche Treibhauseffekt** führt dazu, dass sich die Erde ständig weiter erwärmt.

Kohlenstoffmonooxid (CO)

Wenn der Kohlenstoff bei der Verbrennung zu wenig Sauerstoff erhält, entsteht das Gas Kohlenstoffmonooxid (CO). Es ist schon in kleinen Mengen sehr giftig. In unserem Körper transportiert Blut Sauerstoff zu den Organen. Kohlenstoffmonooxid hängt sich im Blut an die für den Sauerstofftransport vorgesehenen Stellen. Dadurch gelangt weniger Sauerstoff zu den Organen und sie werden geschädigt. Rauchgasvergiftungen werden häufig durch Kohlenstoffmonooxid verursacht. Kopfschmerzen oder Schwindelgefühle sind die ersten Anzeichen einer solchen Vergiftung.

Viele gasförmige Nichtmetalloxide sind schädlich für den Menschen und die Umwelt. Durch die Verbrennung von fossilen Brennstoffen entsteht ein künstlicher Treibhauseffekt.

1 Zähle vier gasförmige Nichtmetalloxide auf.

2 Nenne Verursacher von gasförmigen Schadstoffen, welche die Umwelt belasten.

3 I Beschreibe den natürlichen Treibhauseffekt.

4 II Erläutere, wodurch der Treibhauseffekt künstlich verstärkt wird.

Starthilfe zu 3:
Betrachte Bild 2.

»

FORSCHEN UND ENTDECKEN

A Wie kann Kohlenstoffdioxid nachgewiesen werden?

1 Kohlenstoffdioxid-Nachweis mit Kalkwasser

Durchführung:

Schritt 1: Wähle eine Quelle für Kohlenstoffdioxid wie eine brennende Kerze, glühende Holzkohle oder ausgeatmete Luft.

Schritt 2: Plane einen Versuch zum Nachweis des Kohlenstoffdioxids.

Schritt 3: Führe den von dir geplanten Versuch nach Rücksprache mit deiner Lehrkraft durch.

1 Notiere deine Beobachtungen.

2 Formuliere einen Ergebnissatz, der die Aufgabe des Kalkwassers in diesem Versuch beschreibt.

3 Beurteile, ob deine Versuchsanordnung geeignet war.

B Wie kann der Treibhauseffekt nachgewiesen werden?

Material: 2 Bechergläser 400 ml niedrige Form, 2 passende Petrischalen, schwarzes Papier, Schere, 2 Eiswürfel, Kohlenstoffdioxid

2 Nachweis des Treibhauseffekts in einem Versuch

Durchführung:

Schritt 1: Schneide aus schwarzem Papier Kreise aus und lege sie in die Petrischalen.

Schritt 2: Lege einen Eiswürfel in jede Petrischale und stülpe jeweils ein Becherglas darüber.

Schritt 3: Leite Kohlenstoffdioxid unter eines der Bechergläser und beschrifte es.

Schritt 4: Stelle den Versuchsaufbau an eine sonnige Stelle.

1 Beschreibe deine Beobachtungen.

2 Formuliere ein Ergebnis des Versuchs.

3 II Beschreibe die Auswirkungen eines erhöhten Gehalts an Kohlenstoffdioxid auf den Treibhauseffekt.

ÜBEN UND ANWENDEN

A Wer schädigt die Umwelt am meisten?

In diesen Kreisdiagrammen wird aufgezeigt, wer am Ausstoß von Schadstoffen den größten Anteil hat. Hier siehst du die Verursacher der vier wichtigsten Luftschadstoffe. Jeder Verursacher hat Abgase, an denen er besonders stark beteiligt ist.

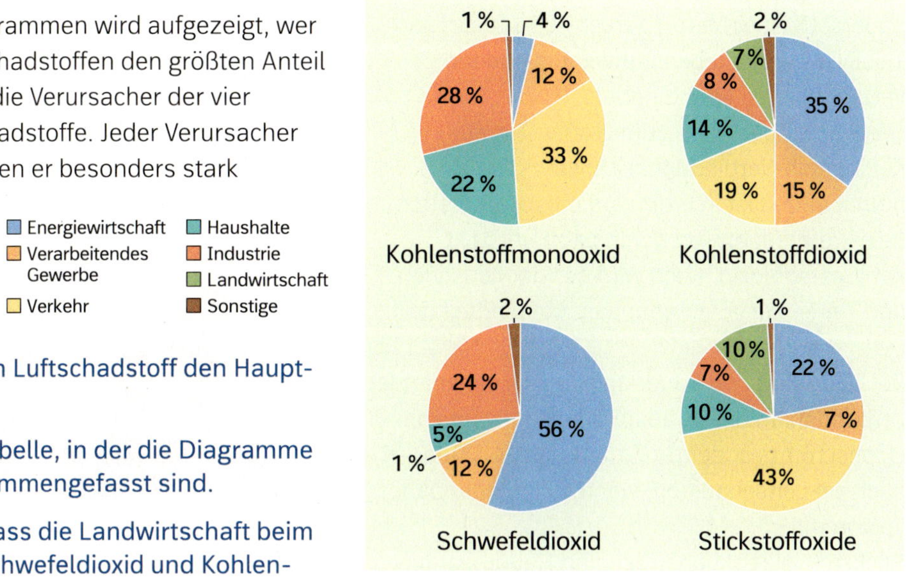

3 Schadstoffausstoß und ihre Verursacher

1. Nenne für jeden Luftschadstoff den Hauptverursacher.
2. Erstelle eine Tabelle, in der die Diagramme aus Bild 3 zusammengefasst sind.
3. Begründe, dass die Landwirtschaft beim Ausstoß von Schwefeldioxid und Kohlenstoffmonooxid fast keinen Anteil hat.

B Der künstliche Treibhauseffekt

Der natürliche Treibhauseffekt macht das Leben auf unserem Planeten erst möglich.
Vor allem durch das Nutzen von Brennstoffen wird viel zusätzliches Kohlenstoffdioxid in die Atmosphäre gebracht. Dies führt zu einem künstlichen Treibhauseffekt.
Dadurch ändert sich unser Klima. Die Temperaturen auf der Erde steigen.
Kohlenstoffdioxid ist aber nicht das einzige Treibhausgas. Methan (CH_4) und Distickstoffoxid (N_2O; Lachgas) haben auch einen großen Einfluss auf den Treibhauseffekt (→ Bild 4). Die davon ausgestoßenen Mengen sind geringer als der der von Kohlenstoffdioxid. Ihr Treibhauseffekt ist jedoch stärker.

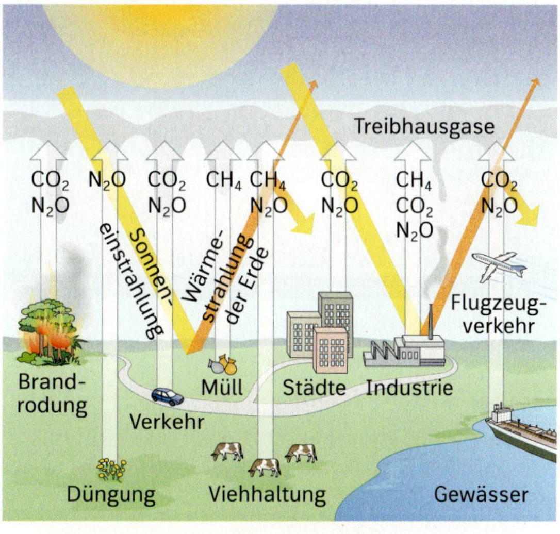

4 Künstliche Verursacher von Treibhausgasen

1. Nenne drei Gase, die zum künstlichen Treibhauseffekt beitragen.
2. Ordne in einer Tabelle die Treibhausgase den Verursachern zu.
3. Beschreibe den künstlichen Treibhauseffekt.

Starthilfe zu 2:

Treibhausgas	Verursacher
...	...

Auf einen Blick: Sauerstoff

Stoffe im Portrait

Sauerstoff ist ein farb-, geruch- und geschmackloses Gas. Es ist lebensnotwendig und für Verbrennungen unabdingbar.
Lebewesen bestehen zum großen Teil aus Kohlenstoff-Verbindungen. Kohlenstoff ist brennbar und ist in Erdöl und Erdgas enthalten.
Beim Verbrennen von Kohlenstoff entsteht Kohlenstoffdioxid. Auch wird es von Menschen und Tieren ausgeatmet und ist Bestandteil der Luft.
Bei Ozon sind drei Sauerstoff-Atome miteinander verbunden. In der Atmosphäre schützt uns die Ozonschicht vor der UV-Strahlung. Es ist jedoch auch ein Luftschadstoff, wenn es in Bodennähe vorkommt.
Stickstoff ist reaktionsträge und Hauptbestandteil der Luft. Stickstoff-Verbindungen lassen Pflanzen besser wachsen. Sie werden deshalb in Düngemitteln eingesetzt.

Alle Edelgase sind reaktionsträge. Sie kommen in geringer Menge in der Luft vor. Werden Lebensmittelverpackungen mit Stickstoff oder Edelgasen befüllt, erhöht sich die Haltbarkeit.

WICHTIGE BEGRIFFE
- Sauerstoff
- Kohlenstoff
- Kohlenstoffdioxid
- Ozon, Stickstoff, Edelgase

Zusammensetzung der Luft

Luft besteht zu etwa 78 % aus Stickstoff, 21 % Sauerstoff und rund 1 % weiteren Gasen, wie dem Edelgas Argon. Luft kann durch starke Abkühlung in ihre Bestandteile zerlegt werden. Mit zunehmender Höhe sinkt der Luftdruck. Die Luft wird dünner und das Atmen fällt schwer.

Metalle und Sauerstoff

Metalle reagieren mit Sauerstoff zu Metalloxiden. Dies sind Metall-Nichtmetall-Verbindungen. Sie haben salzartige Eigenschaften.

Metall + Sauerstoff → Metalloxid + E

Metalle haben unterschiedliche Affinität zu Sauerstoff und reagieren daher unterschiedlich heftig mit ihm. Je größer die Affinität ist, um so unedler ist ein Metall, je kleiner umso edler. Werden die Metalle nach ihrer Affinität geordnet, erhält man die Oxidationsreihe der Metalle.

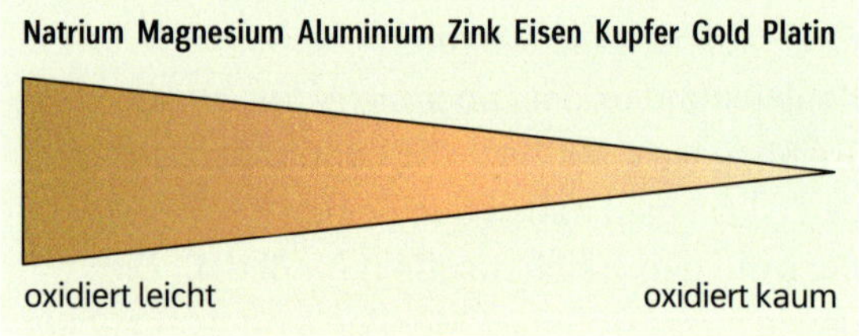

WICHTIGE BEGRIFFE
- Stickstoff, Sauerstoff, Argon
- Metalloxid
- Affinität zu Sauerstoff
- Oxidationsreihe der Metalle

Rosten – eine langsame Oxidation

Die meisten Metalle korrodieren. Sie oxidieren an der Luft. Dabei bilden sie eine Oxidschicht, die das darunter liegende Metall schützt. Bei Eisen ist die Schicht locker, so dass das Eisen immer weiter oxidiert. Die Oxidation von Eisen wird auch Rosten genannt. Verfahren zum Rostschutz sind wichtig. Dazu zählen Einwachsen, Lackieren oder ein Kunststoffüberzug. Besonders geeignet ist das Galvanisieren, zum Beispiel das Verzinken.

Nichtmetalle und Sauerstoff

Das Nichtmetall Kohlenstoff ist in den meisten Brennstoffen enthalten. Erdöl, Erdgas und Kohle verbrennen unter Bildung von Kohlenstoffdioxid. Ein großer Teil unserer Energieversorgung wird mit diesen Brennstoffen abgedeckt.

Kohlenstoff + Sauerstoff →
Kohlenstoffdioxid + *E*

Auch die Nichtmetalle Wasserstoff, Phosphor und Schwefel sind brennbar. Schwefel verbrennt zu Schwefeldioxid. Alle Verbrennungen sind exotherm.

Schwefel + Sauerstoff → Schwefeldioxid + *E*

WICHTIGE BEGRIFFE

- Korrosion, Rosten
- Rostschutz
- Galvanisieren
- Verzinken
- Schwefel, Schwefeldioxid

Umweltprobleme durch Oxide

Die Brennstoffe oxidieren meist zu Gasen, die in die Luft entweichen. Sie werden Abgase genannt. Kohlenstoffmonooxid, Kohlenstoffdioxid, Schwefeldioxid und Stickstoffoxide, die aus dem Stickstoff der Luft entstehen, verschmutzen unsere Luft.
Kohlenstoffmonooxid ist giftig und führt zu Rauchgasvergiftungen. Kohlenstoffdioxid verstärkt den Treibhauseffekt, was zu steigenden Temperaturen und Veränderungen des Klimas führt. Schwefeldioxid schädigt die Atemwege und führt gemeinsam mit Stickstoffoxiden zu saurem Regen und Smog.

Luftschadstoffe	im Jahr 2018 ausgestoßen
Stickstoffoxide (NO_x)	1.198.000 t
Kohlenstoffmonooxid (CO)	2.934.000 t
Kohlenstoffdioxid (CO_2)	755.000.000 t
Schwefeldioxid (SO_2)	289.000 t

Durch Entschwefelung der Brennstoffe und der Rauchgase wurde die Reinheit der Luft in den letzten Jahrzehnten deutlich verbessert.

WICHTIGE BEGRIFFE

- Brennstoffe
- Kohlenstoffmonooxid
- Stickstoffoxide
- Treibhauseffekt, saurer Regen, Smog
- Entschwefelung

Lerncheck: Sauerstoff

Stoffe im Portrait

1 Zähle von den folgenden Stoffen mindestens je zwei Eigenschaften oder Besonderheiten auf:
a) Sauerstoff
b) Kohlenstoff
c) Kohlenstoffdioxid
d) Ozon
e) Stickstoff
f) Edelgase

2 Erläutere, dass Ozon sowohl gut als auch schlecht für die Umwelt sein kann.

3 Begründe, dass Stickstoff und Edelgase in Lebensmittelverpackungen gegeben werden.

Zusammensetzung der Luft

4 Nenne die Bestandteile der Luft.

5 Zeichne ein Diagramm, in dem die Bestandteile der Luft und ihre Anteile zu sehen sind.

6 Erkläre, dass die Luft in der Höhe dünner wird.

Metalle und Sauerstoff

7 Erkläre den Begriff Metall-Nichtmetallverbindung.

8 Notiere die allgemeine Wortgleichung zur Oxidation von Metallen.

9 Notiere die Wortgleichung zur Oxidation von Eisen.

10 Erkläre den Unterschied zwischen edlen und unedlen Metallen.

11 Erkläre, nach welchem Prinzip die Oxidationsreihe der Metalle aufgebaut ist.

DU KANNST JETZT ...

- ... Stoffe nennen, die in unserer Atemluft enthalten sind.
- ... von wichtigen Gasen deren Eigenschaften und Verwendungsmöglichkeiten nennen.
- ... die Herstellung von Sauerstoff und Stickstoff beschreiben.
- ... die unterschiedlichen Wirkungen von Ozon beschreiben.

DU KANNST JETZT ...

- ... die Bestandteile der Luft und ihre Anteile aufzählen.
- ... Wortgleichungen zur Oxidation von Metallen aufschreiben.
- ... die Begriffe Affinität zu Sauerstoff und Oxidationsreihe der Metalle erklären.
- ... den Unterschied zwischen edlen und unedlen Metallen erläutern.

Rosten – eine langsame Oxidation

12 Beschreibe die Reaktion vieler Metalle, wenn sie längere Zeit der Luft ausgesetzt sind.

13 Erläutere den Unterschied bei der Korrosion von Eisen zu den meisten anderen Metallen.

14 Nenne mindestens drei Verfahren zum Korrosionsschutz.

Nichtmetalle und Sauerstoff

15 Begründe, dass die meisten Brennstoffe bei ihrer Nutzung Kohlenstoffdioxid erzeugen.

16 Notiere die Wortgleichung
a) zur Entstehung von Kohlenstoffdioxid.
b) zur Entstehung von Schwefeldioxid.

17 Nenne zwei weitere brennbare Nichtmetalle und jeweils eine Verwendungsmöglichkeit.

18 Erläutere die Aussage: Alle Verbrennungen sind exotherm.

DU KANNST JETZT ...

- ... die Besonderheit von Eisen beim Korrodieren beschreiben.
- ... erklären, dass eine Oxidschicht vor dem Weiteroxidieren schützt.
- ... Möglichkeiten des Korrosionsschutzes aufzählen.
- ... die Oxidation von Nichtmetallen beschreiben.

Umweltprobleme durch Oxide

19 Begründe, dass die Nutzung der meisten Brennstoffe zur Luftverschmutzung beiträgt.

20 Beschreibe einen Versuch, mit dem du Kohlenstoffdioxid nachweisen kannst.

21 Nenne die vier wichtigsten Nichtmetalloxide, die bei der Nutzung von Brennstoffen entstehen.

22 Zähle jeweils zwei wichtige Eigenschaften dieser Stoffe auf, die zur Belastung unserer Umwelt beitragen:
a) Kohlenstoffdioxid
b) Schwefeldioxid
c) Stickstoffoxide

23 Nenne die beiden Möglichkeiten, mit denen die Belastung mit Schwefeldioxid verringert werden kann.

DU KANNST JETZT ...

- ... die vier wichtigsten Abgase nennen.
- ... erklären, dass unsere Brennstoffe zur Luftverschmutzung beitragen.
- ... die Wirkungen von Abgasen auf den Treibhauseffekt beschreiben.
- ... Verfahren zur Reduzierung von Schadstoffen nennen.

Hauptgruppen
IV
V
VI
VII
VIII
4,00 He 2
12,01 C 6 Kohlenstoff
30,97 P 15 Phosphor
19,00 F 9 Fluor
35,45 Cl
Ar 18 Argon
83,80 Kr 36 Krypton
131,29 Xe
74,92 As 33 Arsen
34 Selen
32 Germanium
118,71 Sn 50 Zinn
121,75 Sb 51 Antimon
127,60 Te 52 Tellur
Co 27
Ni 28 Nickel
Cu 29 Kupfer
65,38 Zn
107,87 47 Silber
192,22 Ir 77 Iridium
195,08 Pt 78 Platin
196,97 Au 79 Gold
80 Quecksilber
Tl 81 Thallium
207,20 Pb 82 Blei
208,98
(209) Po* 84
(210) At* 85 Astat
(278) Mt* 109 Meitnerium
(282) Ds* 110 Darmstadtium
(282) Rg* 111
(285)
(287) Nh* 113 Nihonium
(285) Fl* 114 Flerovium
Moscovium
Tennessin
118 Oganesson
150,36 Sm 62 Samarium
151,96 Eu 63
157,25 Gd
65 Terbium
162,50 Dy 66 Dysprosium
164,93 Ho 67 Holmium
167,26 Er 68 Erbium
168,93 Tm 69 Thulium
173,04 Yb 70 Ytterbium
174,97 Lu 71 Lutetium
(244) Pu* 94 Plutonium
95
(247) Bk* 97 Berkelium
(251) Cf* 98 Californium
(252) Es* 99 Einsteinium
(257) Fm 100 Fermium
(259) No* 102 Nobelium
(266) Lr* 103 Lawrencium

Ordnung in der Chemie

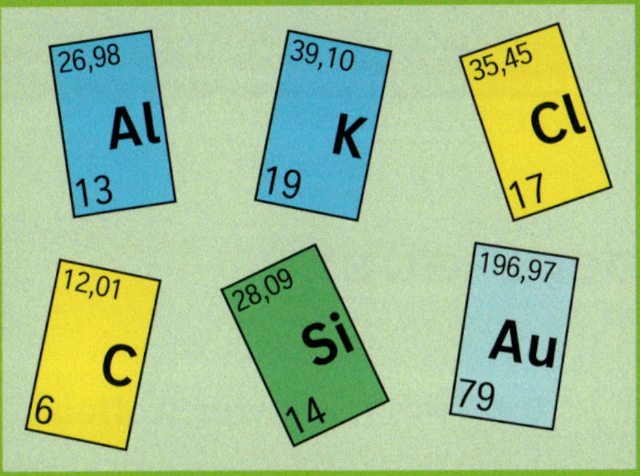

Wie sind die Elemente im Periodensystem geordnet?

Wie unterscheiden sich Metalle und Nichtmetalle?

Welche Gemeinsamkeiten haben Elementfamilien?

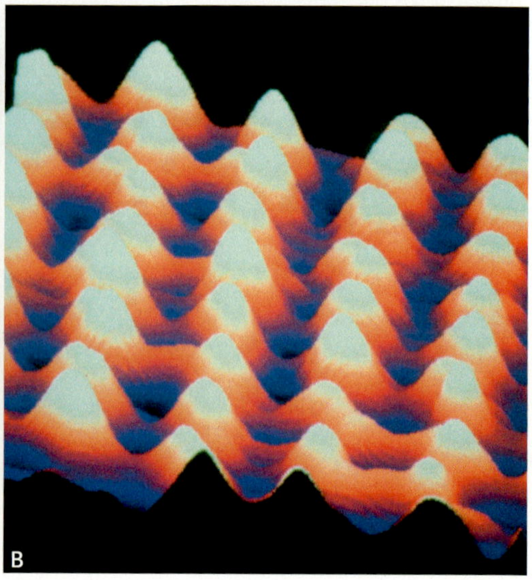

1 Grafit: **A** Nahaufnahme, **B** durch ein Rastertunnelmikroskop

Atome – Bausteine der Stoffe

2 Modelldarstellung von Kohlenstoff-Atomen

Die Teilbarkeit von Stoffen

Schon vor Jahrtausenden haben Menschen darüber nachgedacht, wie unsere Welt und alle Stoffe darin aufgebaut sind.
Der griechische Philosoph DEMOKRIT (460 bis 370 v. Chr.) war einer der bedeutendsten Denker der damaligen Zeit.
Er hatte die Vorstellung, dass alle Stoffe aus winzig kleinen, nicht weiter zerlegbaren Teilchen aufgebaut sind.
Er nannte diese kleinen Teilchen Atome (griechisch: atomos = „unteilbar").

Atome sind sehr klein

Eine Bleistiftmine besteht aus Grafit.
Grafit besteht aus Kohlenstoff-Atomen.
Die Atome sind mit bloßem Auge nicht zu erkennen. Auch beim Blick durch ein einfaches Lichtmikroskop werden die Atome nicht sichtbar. Erst bei einer 2 000 000-fachen Vergrößerung mit einem Rastertunnelmikroskop gelingt es Atome sichtbar zu machen (→ Bild 1B).
In Bild 2 siehst du die Modelldarstellung von Kohlenstoff-Atomen in einer Bleistiftspitze.

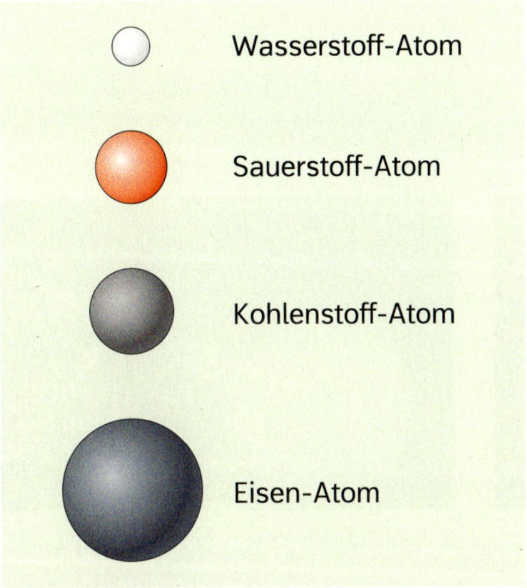

3 Atome nach dem Atommodell von DALTON

Element	Atommasse in u	
	gerundeter Wert	genauer Wert
Wasserstoff	1	1,00794
Kohlenstoff	12	12,0107
Sauerstoff	16	15,9994
Magnesium	24	24,305
Schwefel	32	32,065
Eisen	56	55,845
Gold	197	196,9665
Uran	238	238,0289

4 Einige Elemente und ihre Atommassen

DALTONS Atommodell

Der Wissenschaftler JOHN DALTON entwickelte im Jahr 1808 die Vorstellungen von DEMOKRIT weiter. Mithilfe von Experimenten erstellte er ein neues Teilchenmodell. Seine Modellvorstellung sagt aus, dass alle Stoffe aus kleinsten, kugelförmigen Teilchen, den Atomen bestehen. Atome sind unveränderlich und unteilbar.

DALTONS Teilchenmodell:
- Die Atome sind unvorstellbar klein.
- Alle Atome einer Atomsorte besitzen die gleiche Masse und Größe.
- Ein chemisches Element besteht aus einer Atomsorte.
- Atome unterschiedlicher Elemente unterscheiden sich in ihrer Masse und ihrer Größe.

Diese Modellvorstellung der Atome hat sich bis heute bewährt. Atome liegen jedoch nur selten allein vor. Sehr oft sind sie zu Atomverbänden zusammengefasst.

Atome sind sehr leicht

Ein einzelnes Atom zu wiegen ist unmöglich, da seine Masse viel zu klein ist.
Die Masse eines einzelnen Kohlenstoff-Atoms beträgt rechnerisch nur 0,000 000 000 000 000 000 000 0199 g.
Das Rechnen mit solchen Zahlen ist sehr unpraktisch.
Deshalb wurde die Atommasse **u** eingeführt. Das u stammt aus dem Englischen und ist die Abkürzung für **unit** (Einheit).
Das leichteste bekannte Atom ist das Wasserstoff-Atom. Es hat eine Atommasse von 1,00794 u. Oft wird mit gerundeten Werten gerechnet. Das Wasserstoff-Atom hat so eine Atommasse von 1 u (→ Bild 4).

Stoffe sind aus kleinsten, nicht weiter zerlegbaren Teilchen aufgebaut. Sie werden Atome genannt. Die Masse von Atomen wird in **u** angegeben.

1. Begründe, dass DEMOKRITS Vorstellung von Atomen lange nicht weiterentwickelt werden konnte.

Starthilfe zu 1:
Berücksichtige wann DEMOKRIT und DALTON gelebt haben.

2. Nenne die Aussagen des Atommodells von DALTON.
3. Begründe die Verwendung der Atommasse u anstelle der Masseneinheit g.

»

ÜBEN UND ANWENDEN

A Atome im Stecknadelkopf

1 Stecknadelkopf aus Eisen

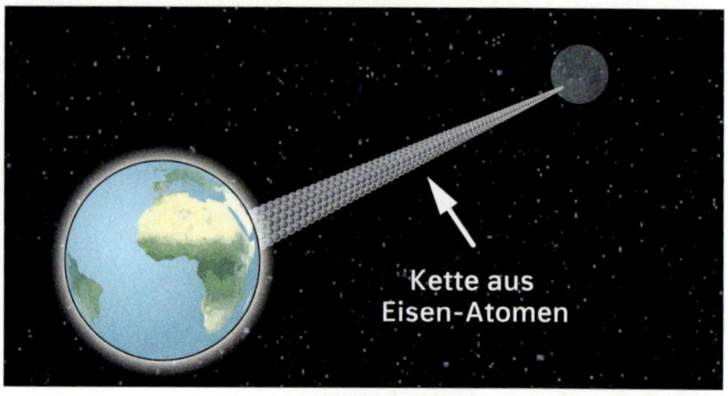

2 Eisen-Atom-Kette zwischen Erde und Mond

Atome sind sehr klein. Betrachtest du den Kopf einer Stecknadel (→ Bild 1), so befinden sich darin etwa 100 Trillionen Eisen-Atome. Ausgeschrieben sieht diese Zahl so aus: 100 000 000 000 000 000 000.

Würdest du alle Eisen-Atome eines Stecknadelkopfes aneinander hängen, wäre diese Kette etwa 28 Millionen Kilometern lang. Sie würde reichen, um sie mehr als 70-mal von der Erde zum Mond zu spannen (→ Bild 2).

1 Der Erdumfang beträgt etwa 40 000 km. Berechne, wie oft die Kette aus Eisen-Atomen eines Stecknadelkopfes um die Erde gewickelt werden könnte.

B Atome auf der Waage

Bild 3 zeigt Balkenwaagen. In der Wirklichkeit können einzelne Atome nicht gewogen werden. Diese Vorstellung als Modell hilft dir jedoch dabei die Einheit u besser zu verstehen.
Ein Kohlenstoff-Atom wiegt 12 u. Damit die Modellwaage im Gleichgewicht ist, benötigst du dafür 12 Wasserstoff-Atome, die jeweils 1 u wiegen.
Ein Schwefel-Atom ist doppelt so schwer wie ein Sauerstoff-Atom. Für ein Schwefel-Atom benötigst du zwei Sauerstoff-Atome, damit die Waage im Gleichgewicht ist.

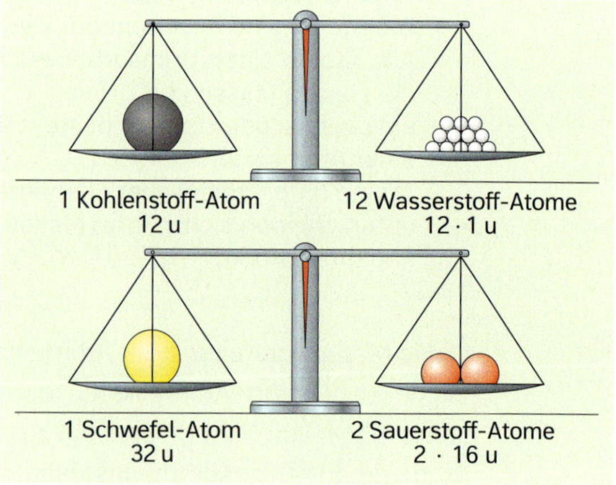

3 Atome auf einer Modellwaage

1 Unsere Modellwaage soll ins Gleichgewicht gebracht werden. Gib die Anzahl der jeweiligen Atome an, die in die Waagschalen gelegt werden müssen, damit die Waage ausgeglichen ist:
a) Zwei Sauerstoff-Atome ausgleichen mit Wasserstoff-Atomen.
b) Sauerstoff-Atome ausgleichen mit Kohlenstoff-Atomen.
II **c)** Schwefel-Atome ausgleichen mit Kohlenstoff-Atomen.

ÜBEN UND ANWENDEN

C Vom Großen zum Kleinen

4 Ein möglicher Erkenntnisweg von den großen Teilchen zu den Atomen.

1 Beschreibe mithilfe von Bild 4 den Erkenntnisweg zu den Atomen.

2 II DEMOKRITS Vorstellungen von den Atomen könnten ähnlich ausgesehen haben. Er konnte seine Vermutung damals jedoch nicht beweisen.
Stelle eine Vermutung an, warum er das nicht konnte.

D DALTONS Modellvorstellung über die Atome

... besteht aus einer Atomsorte.	... besitzen die gleiche Masse und Größe.
Ein chemisches Element...	Die Atome sind...
... unvorstellbar klein.	... unterscheiden sich in Masse und Größe.
Die Atome einer Atomsorte...	Die Atome unterschiedlicher Elemente...

5 Satzstücke über die Atome

1 Ordne die Kärtchen so, dass Aussagen zu DALTONS Modellvorstellung entstehen.
Schreibe sie in dein Heft.

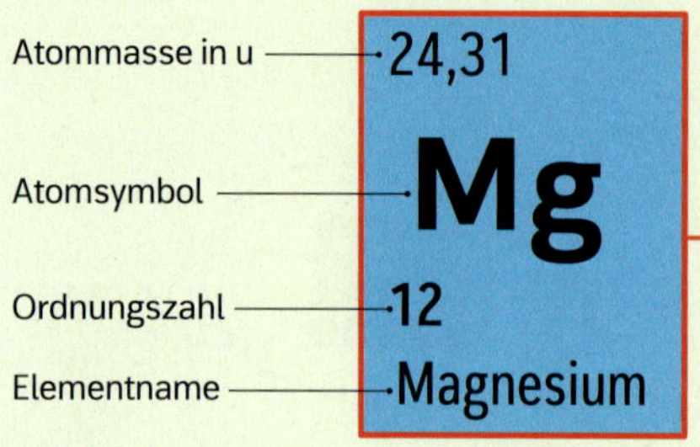

Perioden	Hauptgruppen I	II	III	IV	V	VI	VII	VIII
1	1,01 H 1 Wasserstoff							4,00 He 2 Helium
2	6,94 Li 3 Lithium	9,01 Be 4 Beryllium	10,81 B 5 Bor	12,01 C 6 Kohlenstoff	14,01 N 7 Stickstoff	16,00 O 8 Sauerstoff	19,00 F 9 Fluor	20,18 Ne 10 Neon
3	22,99 Na 11 Natrium	24,31 Mg 12 Magnesium	26,98 Al 13 Aluminium	28,09 Si 14 Silicium	30,97 P 15 Phosphor	32,06 S 16 Schwefel	35,45 Cl 17 Chlor	39,95 Ar 18 Argon
4	39,10 K 19 Kalium	40,08 Ca 20 Calcium	69,72 Ga 31 Gallium	72,63 Ge 32 Germanium	74,92 As 33 Arsen	78,97 Se 34 Selen	79,90 Br 35 Brom	83,80 Kr 36 Krypton
5	85,47 Rb 37 Rubidium	87,62 Sr 38 Strontium	114,82 In 49 Indium	118,71 Sn 50 Zinn	121,75 Sb 51 Antimon	127,60 Te 52 Tellur	126,90 I 53 Iod	131,29 Xe 54 Xenon
6	132,91 Cs 55 Caesium	137,33 Ba 56 Barium	204,38 Tl 81 Thallium	207,20 Pb 82 Blei	208,98 Bi 83 Bismut	(209) Po 84 Polonium	(210) At 85 Astat	(222) Rn 86 Radon
7	(223) Fr 87 Francium	(226) Ra 88 Radium						

1 Das vereinfachte Periodensystem

Das Periodensystem der Elemente

Ordnung der Elemente

Das Periodensystem der Elemente (PSE) enthält viele Informationen über die Eigenschaften und den Aufbau von Atomen sowie über die zugehörigen Elemente.
In Bild 1 ist das Periodensystem in vereinfachter Form dargestellt. Es zeigt nur einen Teile der Elemente. Das Periodensystem der Elemente besteht aus acht Spalten, den **Hauptgruppen** von I bis VIII, und sieben Zeilen, den **Perioden** von 1 bis 7.

Hauptgruppe	Elementfamilien
I. Hauptgruppe	Alkalimetalle
II. Hauptgruppe	Erdalkalimetalle
III. Hauptgruppe	Erdmetalle
IV. Hauptgruppe	Kohlenstoffgruppe
V. Hauptgruppe	Stickstoffgruppe
VI. Hauptgruppe	Sauerstoffgruppe
VII. Hauptgruppe	Halogene
VIII. Hauptgruppe	Edelgase

2 Elementfamilien im Periodensystem

Die Hauptgruppen und Perioden

In den Hauptgruppen stehen Elemente mit ähnlichen Eigenschaften untereinander. Jede dieser Gruppen bildet eine **Elementfamilie**. In Bild 2 sind die acht Elementfamilien des Periodensystems zusammengefasst.
In den Perioden sind die Atome der Elemente nach steigender Atommasse angeordnet.
Die Atommasse nimmt innerhalb jeder Periode von links nach rechts und innerhalb einer Hauptgruppe von oben nach unten zu.

Die Ordnungszahl

Die Elemente des Periodensystems sind nummeriert. Die Nummerierung geht zeilenweise von links nach rechts. Die Nummer eines Elements wird **Ordnungszahl** genannt.
Im Periodensystem wird meist die Ordnungszahl, der Elementname, das Atomsymbol und die Atommasse eines Elements angegeben (→ Bild 1).

Der Elementname

Stoffe, die nur aus einer Sorte von Atomen bestehen, heißen Elemente. In der Chemie haben alle Elemente Namen. Im Periodensystem sind die **Elementnamen** der Stoffe angegeben. Diese erinnern häufig an ihre Herkunft. So ist beispielsweise Wasserstoff bei seiner Entdeckung durch eine chemische Reaktion aus Wasser hergestellt worden. Wasserstoff ist also der Stoff aus Wasser. Auch das Aussehen eines Elements oder die Herkunft des Entdeckers kann der Ursprung seines Namens sein. So stammt der Name Chlor von seiner gelblich-grünen Farbe. In der griechischen Sprache bedeutet *chlorós* gelblich grün. MARIE und PIERRE CURIE entdeckten das Element Polonium und MARIE CURIE benannte es zu Ehren ihres Heimatlandes Polen.

Element	Atomsymbol	Namensherkunft
Germanium	Ge	Heimatland des Entdeckers, Deutschland
Selen	Se	Die griechische Mondgöttin
Sauerstoff	O	Das griechische Wort *oxys* für sauer
Kalium	K	Der arabische Ausdruck *al-qalya* für Pflanzenasche
Helium	He	Das griechische Wort *hélios* für Sonne
Krypton	Kr	Das griechische Wort *kryptós* für verborgen
Blei	Pb	Das althochdeutsche Wort für glänzend

3 Wo kommen die Elementnamen her?

Das Atomsymbol

Im Periodensystem werden die Elementnamen mit Atomsymbolen abgekürzt. Für das Element Magnesium ist es das Atomsymbol Mg. Für Silber ist es das Atomsymbol Ag.
Die Abkürzungen entsprechen nicht immer dem deutschen Namen des Elements. Das liegt daran, dass viele Elemente griechische oder lateinische Namen haben. Das Atomsymbol Ag stammt vom lateinischen Wort *Argentum* für Silber. Die Symbole sind international und werden in allen Ländern verwendet.

Die Atommasse

Die Angaben der Atommassen im Periodensystem beziehen sich immer auf ein einzelnes Atom. Ein Magnesium-Atom hat eine Atommasse von 24,31 u. Atommassen werden häufig gerundet, so dass sie ganzzahlig sind. Der gerundete Wert für die Atommasse von Magnesium ist 24 u.

Das Periodensystem der Elemente (PSE) ist ein Ordnungssystem. Es enthält Informationen über die Ordnungszahl, den Elementnamen, das Atomsymbol und die Atommasse für jedes Element.

1 Erkläre die beiden Begriffe Hauptgruppe und Periode.

2 **a)** Ordne folgende Elemente in die richtigen Hauptgruppen: Chlor, Caesium, Sauerstoff, Calcium, Kohlenstoff, Xenon, Aluminium
b) Ordne folgende Elemente den richtigen Perioden zu: Ba, Ne, Si, Fr, Ge, He, Sn

Starthilfe zu 2:
Verwende das Periodensystem aus Bild 1.

3 II Recherchiere die Herkunft der Elementnamen Kohlenstoff, Stickstoff und Chlor.

»

ÜBEN UND ANWENDEN

1 Symbole aus dem Alltag

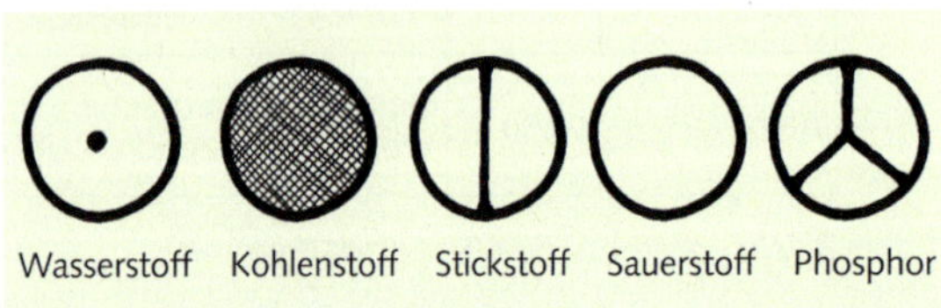

2 Elementsymbole nach Dalton

Element	Lateinischer Name	Atomsymbol
Kohlenstoff	Carboneum	C
Sauerstoff	Oxygenium	O
Eisen	Ferrum	Fe
Kupfer	Cuprum	Cu
Silber	Argentum	Ag
Neon	Neos	Ne

3 Namensherkunft von Atomsymbolen

A Symbole früher und heute

Symbole begegnen uns in unserem Alltag und liefern uns Informationen oder drücken etwas ohne Worte aus (→ Bild 1).
Auch Chemiker nutzen Zeichen, die überall auf der Welt verstanden werden.
JOHN DALTON ordnete den Elementen jeweils ein eigenes Elementsymbol zu (→ Bild 2).
Die Atomsymbole heutzutage sehen anders aus. Diese wurden von dem schwedischen Chemiker JÖNS JAKOB BERZELIUS festgelegt. Er schlug vor, von den Namen der Elemente auszugehen.
Die Anfangsbuchstaben bilden das Atomsymbol (→ Bild 3).

1 **a)** Nenne Symbole, die benutzt werden, um Informationen ohne Worte zu übertragen.
b) Erkläre die Bedeutung dieser Symbole.

2 II Symbole werden im Chemielabor häufig verwendet. Nenne fünf dieser Symbole und erkläre ihre Bedeutung.

3 II Nenne Vorteile der Atomsymbole von BERZELIUS gegenüber DALTONS Atomsymbolen.

B Mit dem Periodensystem arbeiten

4 **A** Quecksilber, **B** Brom

1 Ordne die folgenden Elemente nach ihrer steigenden Atommasse:
Si, Pb, Mg, Li, Br, Na, Sr, Kr

2 Nenne jeweils das Element, das nicht zur jeweiligen Elementfamilie gehört:
a) Ti, In, Ge, B, Al
b) Rn, Ar, Xe, At, Kr, He

3 II Nenne die Gemeinsamkeit des Metalls Quecksilber und des Nichtmetalls Brom.

METHODE

Im Internet recherchieren

Mit der richtigen Suchanfrage beginnen

Das Internet verrät dir fast alles – wenn du richtig fragst. Dabei helfen dir Suchmaschinen, die in Sekundenschnelle das Internet durchsuchen. Die Vorbereitung beginnt mit dem Überlegen passender Suchbegriffe. Um zu finden, was du suchst, musst du deine Suche verfeinern. Dazu musst du dir eine genaue Fragestellung zu deinem Thema überlegen. Suchst du nach dem Erfinder des Periodensystems kann eine passende Fragestellung so lauten:
Wer hat das Periodensystem erfunden?

Informationen bewerten und sortieren

Eine Information kann nur so gut sein wie ihre Quelle. Im Internet kann sich jeder Benutzer nach Belieben äußern. Deshalb ist es besonders wichtig, dass du genau hinschaust und hinterfragst, was du im Internet findest. Schaue dir dazu den Verfasser an und beurteile die äußere Erscheinung der Seite. Behalte auch die Aktualität der Information im Auge. Ist sie noch richtig oder gibt es schon Neuigkeiten? Du solltest Informationen aus dem Internet immer mit weiteren Quellen, wie Fachbüchern vergleichen.

Informationen und Fundorte speichern

Hast du eine gute Quelle gefunden?
Dann solltest du dir ein Lesezeichen dieser Seite speichern oder die Adresse aufschreiben. So sparst du dir Zeit, wenn du nochmal auf die Information zugreifen willst.

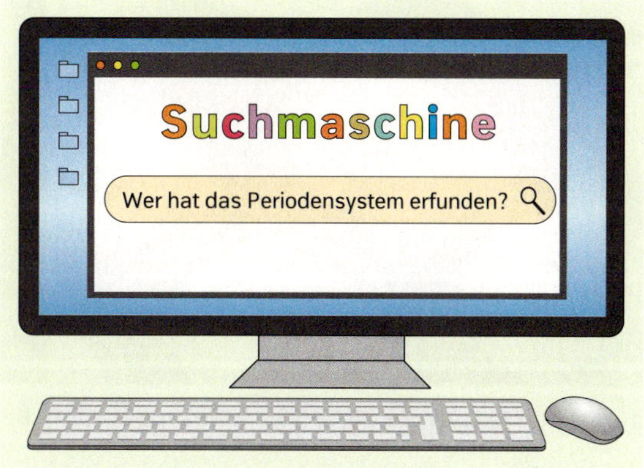

5 Eine Suchmaschine

Wer hat das Periodensystem erfunden ?

Periodensystem – Wissensdatenbank
Das moderne Periodensystem wurde von Lothar Meyer und Dmitri Iwanowitsch Mendelejew entwickelt ... Link: hier klicken

Dmitri Mendelejew entdeckte das Periodensystem der Elemente ...
Vor 150 Jahren entdeckte der russische Chemiker Dmitri Mendelejew des Periodensystem der Elemente ... Link: hier klicken

Die Geschichte des Periodensystems
Mendelejew legte das Periodensystem so aus, dass die Elemente ... Link: hier klicken

Lothar Meyer hat das Periodensystem erfunden
Der deutsche Arzt und Chemiker Lothar Meyer hat das Periodensystem erfunden ...
Link: hier klicken

Dmitri Mendelejew und Lothar Meyer
(Begründer des Periodensystems)

Das Periodensystem wurde von Lothar Meyer und Dmitri Iwanowitsch Mendelejew entwickelt. Sie veröffentlichten ihre Erkenntnisse im Jahr 1869 und sie erhielten dafür zusammen die Davy-Medaille der britischen Royal Society.

Mendelejew hatte seine Arbeit zum Periodensystem ein paar Monate früher als Meyer veröffentlicht. Deswegen wird er häufiger als Meyer als Begründer des Periodensystems genannt. Mendelejew konnte zudem Voraussagen zu den Eigenschaften der noch nicht entdeckten Elemente machen. In Russland wird auch heute noch das Periodensystem als **Tabliza Mendelejewa** ("Mendelejew Tabelle") bezeichnet. Weder Mendelejew noch Meyer kannten die Arbeiten des jeweils anderen zum Periodensystem.

6 Suchergebnisse und Internet-Quelle

1 Recherchiere zum Periodensystem der Elemente:
a) Welche Personen gelten als Begründer des Periodensystems der Elemente?
b) Welche zwei grundlegenden Ordnungsprinzipien hat das Periodensystem?

2 Recherchiere zu den chemischen Elementen:
a) Wie viele Elemente sind zurzeit bekannt?
b) Welche Elemente haben ihre Namen von Himmelskörpern bekommen?
c) Welche Besonderheit weisen alle Elemente ab der Ordnungszahl 84 auf?

«

1 Metall und Nichtmetall: **A** Dosen aus Aluminium, **B** Holzkohle aus Kohlenstoff

Metalle und Nichtmetalle

Ordnung nach Bedarf

Suchst du Informationen zu einem Stoff, hilft dir das Periodensystem. Wenn du weißt, dass Aluminium ein Metall ist, musst du im blauen Bereich suchen. Das Nichtmetall Kohlenstoff findest du hingegen im gelben Bereich (→ Bild 2).

Perioden	Hauptgruppen							
	I	II	III	IV	V	VI	VII	VIII
1	H Wasserstoff							He Helium
2	Li Lithium	Be Beryllium	B Bor	C Kohlenstoff	N Stickstoff	O Sauerstoff	F Fluor	Ne Neon
3	Na Natrium	Mg Magnesium	Al Aluminium	Si Silicium	P Phosphor	S Schwefel	Cl Chlor	Ar Argon
4	K Kalium	Ca Calcium	Ga Gallium	Ge Germanium	As Arsen	Se Selen	Br Brom	Kr Krypton
5	Rb Rubidium	Sr Strontium	In Indium	Sn Zinn	Sb Antimon	Te Tellur	I Iod	Xe Xenon
6	Cs Caesium	Ba Barium	Tl Thallium	Pb Blei	Bi Bismut	Po* Polonium	At Astat	Rn Radon
7	Fr Francium	Ra Radium						

Metalle Halbmetalle Nichtmetalle

2 Metalle, Halbmetalle und Nichtmetalle im Periodensystem

Was die Position verrät

Mithilfe des Periodensystems können die Elemente auf verschiedene Weise eingeteilt werden. Eine Möglichkeit ist, sie in Metalle, Nichtmetalle und Halbmetalle einzuteilen. Die Halbmetalle haben Eigenschaften von Metallen und von Nichtmetallen.

Drei Bereiche im Periodensystem

In Bild 2 verläuft eine Linie vom Element Bor (B) nach Astat (At). Diese Linie ist in einem Periodensystem oft nicht eingezeichnet. Sie teilt das Periodensystem in die Metalle, die Nichtmetalle und die Halbmetalle. Oft sind diese Bereiche im Periodensystem farbig markiert.
In Bild 2 haben Metalle eine blaue, die Nichtmetalle eine gelbe und die Halbmetalle eine grüne Hintergrundfärbung. Am Ende des Buches befindet sich ein Periodensystem, das alle bekannten Metalle, Nichtmetalle und Halbmetalle zeigt.
Das Element Wasserstoff hat eine besondere Stellung. Es steht an der ersten Stelle des Periodensystem, in der I. Hauptgruppe. Da es ein Nichtmetall ist, hat es eine gelbe Hintergrundfarbe.

3 A Reinstoff Silicium, **B** Verarbeitet zu Solarzellen

Metalle

Metalle sind elektrisch leitfähig, metallisch glänzend und gut verformbar. Sie machen ca. 80 % der bekannten Elemente aus. Beispiele für Metalle sind Eisen, Kupfer, Aluminium oder Gold.

Halbmetalle

Halbmetalle haben Eigenschaften von Metallen und Nichtmetallen. Sie können weder den Metallen noch den Nichtmetallen eindeutig zugeordnet werden. So ist Silicium zwar metallisch glänzend, leitet den elektrischen Strom aber nur schlecht. Dieses Halbmetall ist ein wichtiger Stoff für die Herstellung von Solarzellen (→ Bild 3).

Nichtmetalle

Nichtmetalle sind Stoffe, die nicht elektrisch leitfähig sind und keinen metallischen Glanz aufweisen. Auch sie leiten Wärme nur schlecht. Beispiele sind Kohlenstoff, Sauerstoff oder Chlor.

Nebengruppen

Einige Elemente wie Kupfer oder Eisen sind aus Platzgründen nicht in der abgebildeten Form des Periodensystems von Bild 2 aufgeführt.
Diese und weitere fehlende Elemente findest du in den **Nebengruppen**. Sie befinden sich zwischen der zweiten und dritten Hauptgruppe. Im abgebildeten Periodensystem fehlen die Elemente mit den Ordnungszahlen 21 bis 30.
Die Elemente der Nebengruppen befinden sich im Periodensystem links unterhalb der Linie aus Bild 2. Alle Elemente der Nebengruppen gehören daher zu den Metallen.

Die Elemente im Periodensystem lassen sich anhand ihrer Eigenschaften in Metalle, Halbmetalle und Nichtmetalle unterteilen.

1 **a)** Nenne die Hauptgruppe, in der sich nur Metalle befinden.
b) Nenne die Hauptgruppen, in denen sich keine Metalle befinden.

2 Nenne vier Halbmetalle.

3 Begründe mit dem Periodensystem, ob es sich bei folgenden Elementen um Metalle oder Nichtmetalle handelt:
Blei, Brom, Mangan, Rubidium, Xenon, Strontium, Fluor, Palladium

Starthilfe zu 1 bis 3:
Verwende das PSE am Ende des Buches.

»

ÜBEN UND ANWENDEN

A Metalle, Halbmetalle oder Nichtmetalle

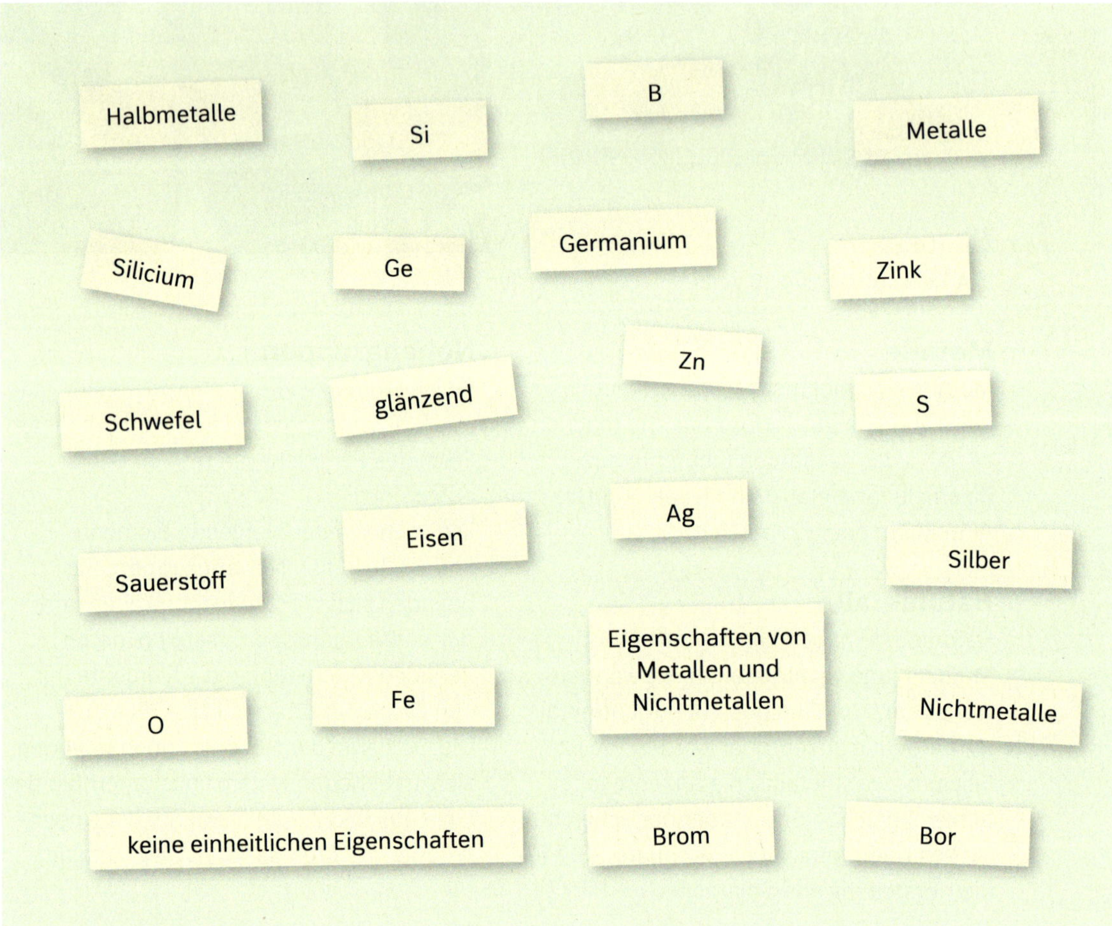

1 Verschiedene Elemente

1 Übertrage die Tabelle in dein Heft und sortiere die Begriffe aus Bild 1 passend ein.

Stoff	Eigenschaft	Beispiel 1 (Name und Symbol)		Beispiel 2 (Name und Symbol)		Beispiel 3 (Name und Symbol)	
Metalle	glänzend	Eisen	Fe	Zink	...	...	...
...	...	...	...	...	...	...	...

2 Idee für ein Kartenspiel ab drei Personen:
1. Besorgt euch 24 alte Spielkarten oder Papierkärtchen.
2. Klebt oder schreibt auf die Spielkartenseiten je einen der Begriffe von Aufgabe 1.
3. Mischt die Karten gut durch und verteilt die Karten verdeckt auf die drei Mitspieler.
4. Passende Pärchen dürfen abgelegt werden. Beispiel: Metalle + glänzend; Eisen + Fe.
5. Jetzt zieht jeder Spieler der Reihe nach eine Karte. Ein passendes Pärchen darf wieder abgelegt werden.
6. Wer zuerst keine Karten mehr hat, hat das Spiel gewonnen.

IM ALLTAG

Elemente in unserem Alltag

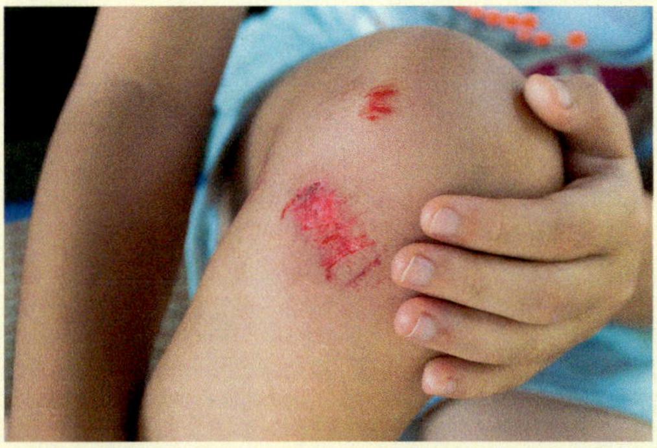

2 Eisen ist ein Bestandteil von Blut.

Eisen im Blut

Eisen ist ein wichtiger Bestandteil des roten Blutfarbstoffs Hämoglobin. Das Hämoglobin ist für den Transport von Sauerstoff im Blut zuständig. Außerdem wird Eisen für die Bildung von Blut benötigt. Der Geschmack von Blut wird oft mit dem Wort „metallisch" beschrieben. Diesen Geschmack bekommt das Blut von dem darin enthaltenen Eisen. Eine ausgewogene Ernährung ist wichtig, um Eisenmangel im Körper zu vermeiden.

3 Ein ungeschliffener Diamant

Kohlenstoff im Diamant

Ein Diamant besteht ausschließlich aus Kohlenstoff-Atomen. Diamanten sind die härtesten natürlich vorkommenden Stoffe. Daher werden sie für Bohrer und Schleifwerkzeuge verwendet. Wertvolle und besonders reine Diamanten werden zu Schmuckstücken weiterverarbeitet. Ein Diamant mit einem speziellen Schliff heißt Brillant. Da Diamanten aus reinem Kohlenstoff bestehen, sind sie brennbar wie Kohle.

Silicium in Solarzellen

Für die Herstellung von Solarzellen wird Silicium benötigt. In Photovoltaikanlagen wird mithilfe von Solarzellen Sonnenlicht in elektrische Energie umgewandelt. Diese Anlagen haben einen großen Anteil an der Stromerzeugung aus erneuerbaren Energien. Zusammen mit Windkraftanlagen sollen sie schrittweise die Stromerzeugung aus Kohle- und Atomkraftwerken ersetzen.

4 Solarzellen werden auf einem Dach installiert.

1 Recherchiere Lebensmittel, die viel Eisen enthalten.

2 II Beschreibe den Unterschied zwischen einem Diamant und einem Brillanten.

3 II Recherchiere den Rohstoff, aus dem Silicium hergestellt wird.

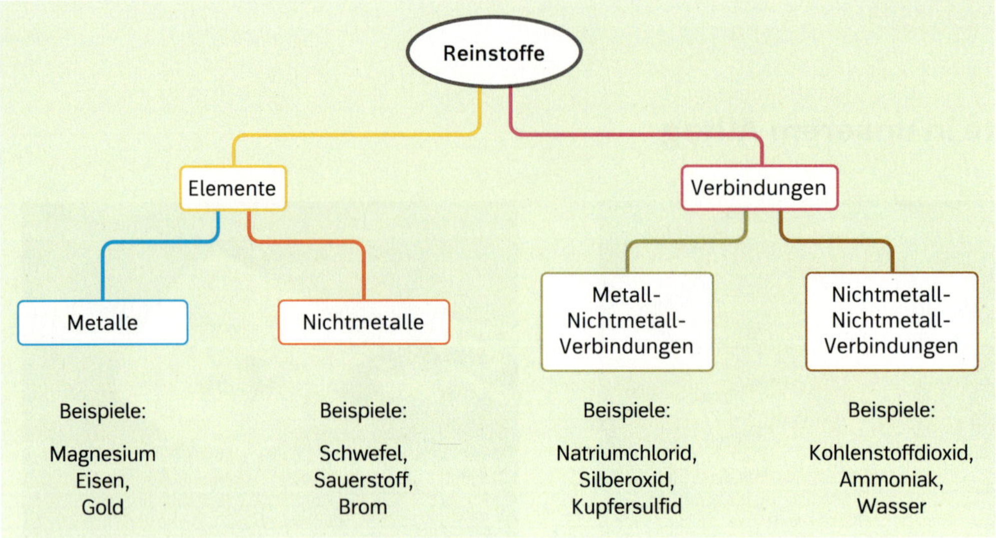

1 Überblick über die Einteilung von Reinstoffen

Der Aufbau von Reinstoffen

Elemente und Verbindungen

Reinstoffe lassen sich in Elemente und Verbindungen aufteilen (→ Bild 1). Die Stoffe im Periodensystem sind chemische Elemente. Sie gehören zu den Reinstoffen. Chemischen Elemente lassen sich in Metalle, Halbmetalle und Nichtmetalle unterteilen.
Eine andere Gruppe von Reinstoffen bilden die chemischen Verbindungen. Im Periodensystem sind keine chemischen Verbindungen aufgeführt. Chemische Verbindungen werden in Metall-Nichtmetall-Verbindungen und Nichtmetall-Nichtmetall-Verbindungen unterteilt.

2 Kupfer-Atome im Metallgitter

Metalle bestehen aus Atomen

Die kleinsten Teilchen der Metalle sind Atome. Sie liegen bei festen Metallen in Atomverbänden vor. Diese dicht geordnete Struktur heißt **Metallgitter** (→ Bild 2). Im Metallgitter sind die Atome fest an ihren Plätzen gebunden.

Eigenschaften der Metalle

Die Eigenschaften der Metalle und deren Verhalten in chemischen Reaktionen werden durch den Aufbau der Atome und deren räumliche Anordnung bestimmt.

Metalle sind bei Raumtemperatur fest. Quecksilber ist eine Ausnahme. Das Metall ist bei Raumtemperatur flüssig.
Beim Erhitzen schmelzen die festen Metalle. Sie ändern ihren Aggregatzustand. Dabei bewegen sich die Atome schneller und benötigen mehr Platz. Das Metall wird flüssig.
Metalle können auch gasförmig werden. Das passiert allerdings erst bei hohen Temperaturen. Metalle sind im festen und im flüssigen Zustand elektrisch leitfähig.

Nichtmetalle bilden Moleküle

Die meisten Nichtmetalle bestehen aus Molekülen. Diese sind aus Atomen aufgebaut. Zwei Sauerstoff-Atome O bilden ein Sauerstoff-Molekül O_2 (→ Bild 3).
Die Kurzschreibweise O_2 wird **chemische Formel** oder auch **Molekülformel** genannt. Die Molekülmasse erhältst du durch Addition der einzelnen Atommassen. Ein Sauerstoff-Molekül wiegt daher 2 x 16 u, also 32 u. Weitere Beispiele für Moleküle von Nichtmetallen siehst du in Bild 4.

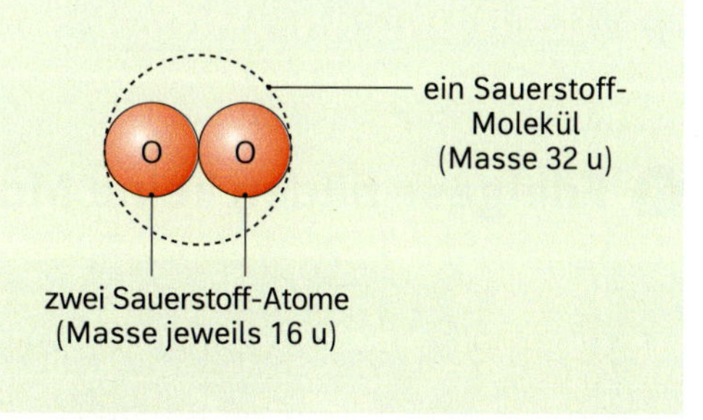

3 Ein Sauerstoff-Molekül besteht aus zwei Sauerstoff-Atomen.

Verbindungen aus Nichtmetallen

Wenn Nichtmetalle miteinander reagieren, entstehen Nichtmetall-Nichtmetall-Verbindungen. Ihre Moleküle bestehen aus verschiedenen Atomsorten.
Bei einem Kohlenstoffdioxid-Molekül (CO_2) ist ein Kohlenstoff-Atom (C) mit zwei Sauerstoff-Atomen (2 x O) verbunden. Bei einem Methanol-Molekül sind drei verschiedene Atomsorten zu einem Molekül verbunden. Vier Wasserstoffatome (4 x H), ein Sauerstoffatom (O) und ein Kohlenstoffatom (C) bilden das Molekül. In Bild 5 siehst du Beispiele für Nichtmetall-Nichtmetall-Verbindungen.

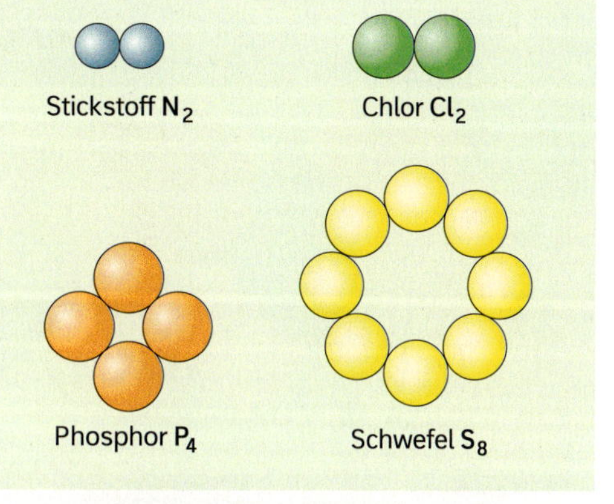

4 Moleküle verschiedener Nichtmetalle

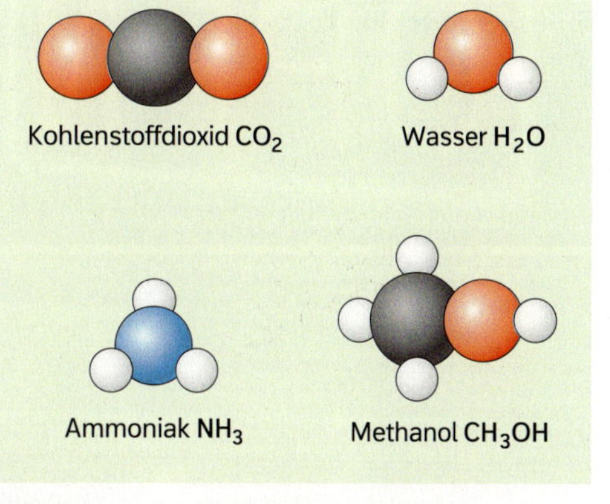

5 Nichtmetall-Nichtmetall-Verbindungen

Die Atome der Metalle sind in einem Metallgitter angeordnet. Die Nichtmetalle und die Nichtmetall-Nichtmetall-Verbindungen sind aus Molekülen aufgebaut.

1 Erkläre den Unterschied zwischen Element und Verbindung.

2 Alle Elemente der VII. Hauptgruppe bilden zweiatomige Moleküle. Nenne und zeichne sie.

3 a) Zeichne die Moleküle von Sauerstoff, Kohlenstoffdioxid, Schwefel, Wasser und Wasserstoff.
b) Erkläre, bei welchen Molekülen es sich um Elemente handelt.

4 Berechne die Molekülmasse von P_4 und CO_2. Vergiss die Angabe der Einheit nicht.

Starthilfe zu 4:
Masseneinheit = u (unit)

»

ÜBEN UND ANWENDEN

A Edelgase bilden keine Moleküle

Die Edelgase Helium (He), Neon (Ne), Argon (Ar), Krypton (Kr), Xenon (Xe) und Radon (Rn) sind Nichtmetalle. Sie bilden die VIII. Hauptgruppe des Periodensystems. Alle Edelgase kommen in kleinen Mengen in unserer Luft vor. Sie sind farb- und geruchlos. Die Edelgase können aus verflüssigter Luft durch eine aufwändige Destillation hergestellt werden.

Die Bausteine von Edelgasen sind einzelne Atome. Zwischen diesen Atomen eines Edelgases wirken bei Raumtemperatur nur sehr geringe Anziehungskräfte (→ Bild 2). Daher sind alle Edelgase gasförmig.

Die Edelgase gehen kaum chemische Reaktionen ein und verhalten sich edel. Sie reagieren nicht mit anderen Stoffen. Manche Metalle wie Gold oder Silber verhalten sich ebenfalls reaktionsträge und zählen daher zu den Edelmetallen.

1 Verschiedene Einsatzmöglichkeiten von Edelgasen

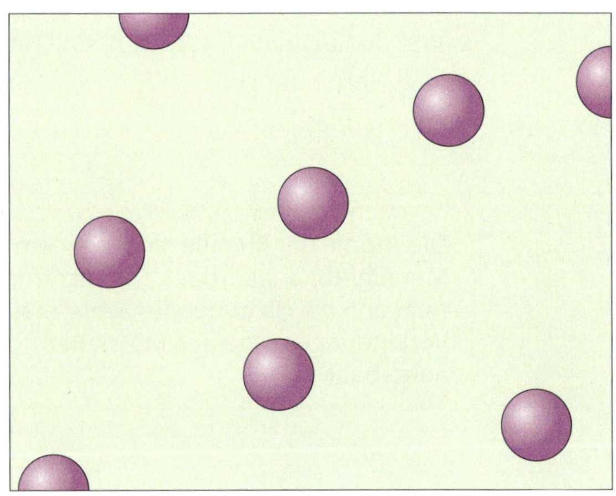

2 Teilchenmodell des Edelgases Argon

1 Begründe, dass es sich bei Edelgasen um Nichtmetalle handelt.

2 Nenne drei Eigenschaften von Edelgasen.

3 II a) Recherchiere im Internet, welche Edelgase in den Bildern 1 A bis 1 D verwendet werden.
II b) Finde weitere Verwendungsmöglichkeiten von Edelgasen.

FORSCHEN UND ENTDECKEN

A Modelle von Molekülen bauen

Material: mehrere Zahnstocher aus Holz, verschiedenfarbige Knete

Durchführung:

Schritt 1: Forme aus zwei Stückchen weißer Knete zwei gleich große Kugeln. Jede Kugel stellt ein Wasserstoff-Atom dar.

Schritt 2: Verbinde die zwei Kugeln mit einem Zahnstocher. So erhältst du ein Modell für ein Wasserstoff-Molekül.

3 Wasserstoff-Moleküle aus Knete

Element	Farbe	Darstellung
Kohlenstoff	schwarz	
Stickstoff	blau	
Chlor	grün	
Sauerstoff	rot	
Wasserstoff	weiß	
Schwefel	gelb	

4 Modelldarstellung von Atomen aus Knete

5 Modelldarstellung von Molekülen

1. Baue Modelle für die Nichtmetalle Chlor, Stickstoff und Schwefel. Nutze dazu die Farben der Atome wie in Bild 4.
2. Baue Modelle für die Nichtmetall-Nichtmetall-Verbindungen Kohlenstoffdioxid und Wasser.
3. II Recherchiere die Summenformel von Schwefelwasserstoff und Schwefeldioxid. Baue zu diesen beiden Molekülen jeweils ein Modell.
4. II Recherchiere die in Bild 5 dargestellten Moleküle und benenne sie.

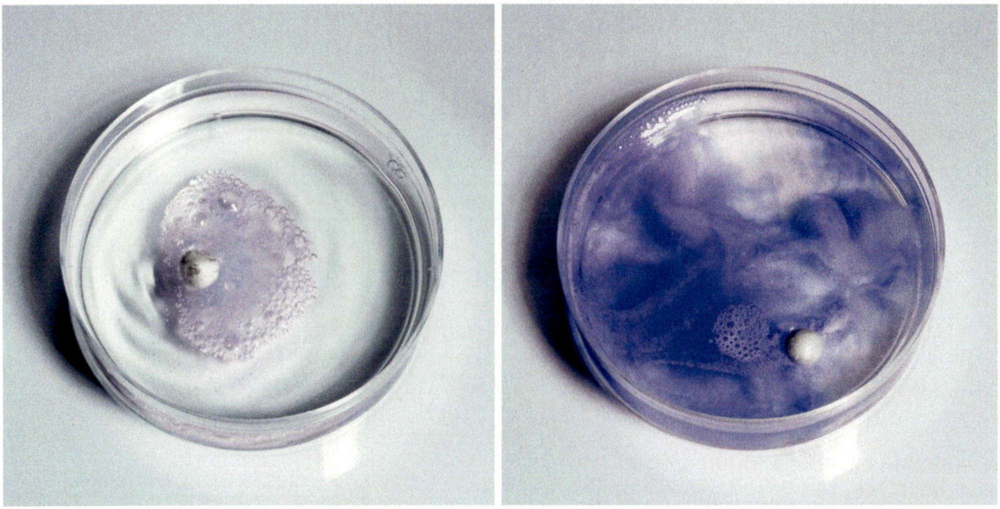

1 Natrium reagiert heftig mit Wasser.

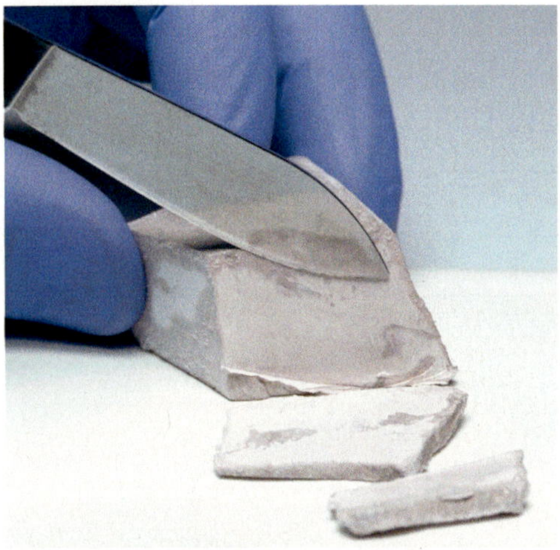

2 Natrium lässt sich leicht schneiden.

3 Petroleum schützt vor Kontakt mit Sauerstoff.

Die Alkalimetalle

Reaktionsfreudige Metalle

Die Stoffe der I. Hauptgruppe des Periodensystems bilden die Elementfamilie der **Alkalimetalle**.

Zu ihnen gehören die Metalle Lithium, Natrium, Kalium, Rubidium, Caesium und Francium.

Mit Wasser reagieren die Alkalimetalle heftig und bilden dabei eine alkalische Lösung. Gibst du Universalindikator in die Lösung, färbt sie sich lila (→ Bild 1).

Im Gegensatz zu anderen Metallen, wie zum Beispiel Eisen oder Kupfer, sind die Alkalimetalle weich und lassen sich mit einem Messer schneiden (→ Bild 2).

Die frischen Schnittflächen der Alkalimetalle verfärben sich schnell, da sie mit dem Sauerstoff in der Luft reagieren. Sie oxidieren. Da sie sehr leicht mit anderen Stoffen reagieren, werden sie in Petroleum aufbewahrt (→ Bild 3).

Auf Grund ihrer Reaktionsfreudigkeit kommen sie in der Natur nicht als Elemente, sondern als Verbindung vor.

Die Reaktionsfreudigkeit der Alkalimetalle nimmt innerhalb der Hauptgruppe von oben nach unten zu.

Element	Dichte	Schmelztemperatur	Härte	Reaktion mit Wasser
Lithium	$0{,}53\ \frac{g}{cm^3}$	180 °C	nimmt ab	
Natrium	$0{,}97\ \frac{g}{cm^3}$	98 °C		
Kalium	$0{,}86\ \frac{g}{cm^3}$	64 °C		
Rubidium	$1{,}53\ \frac{g}{cm^3}$	39 °C		
Caesium	$1{,}87\ \frac{g}{cm^3}$	29 °C		regiert heftiger

4 Eigenschaften der Alkalimetalle

Verwendung von Alkalimetallen

Das Element Lithium wird in Akkus verwendet. Akkus mit Lithiumtechnik halten ihre elektrische Ladung lange und können häufig aufge- und entladen werden.
Natrium gehört zu den häufigsten Elementen der Erde. Es kommt nur in Verbindungen vor. Natriumchlorid ist die bekannteste Natriumverbindung. Du kennst es unter dem Namen Kochsalz.
Kalium ist ein wichtiger Bestandteil in Düngemitteln. Es spielt bei Stoffwechselprozessen von Lebewesen eine wichtige Rolle.
Rubidium und Caesium gehören zu den reaktionsfähigsten Metallen. Sie entzünden sich nach wenigen Sekunden an der Luft von selbst. Sie werden daher unter Luftabschluss in Glasampullen aufbewahrt.
Diese zunehmende Reaktionsfreudigkeit siehst du in Bild 4 ganz rechts. Sie nimmt von Lithium nach Caesium zu.

Alkalimetalle färben Flammen

Chemische Verbindungen von Alkalimetallen färben Flammen in unterschiedlichen Farben. Jedes Alkalimetall erzeugt dabei eine bestimmte Farbe. Diese Eigenschaft wird für Feuerwerkskörper genutzt (→ Bild 5).

5 Ein buntes Feuerwerk

Die Alkalimetalle bilden eine Elementfamilie. Sie sind sehr reaktionsfreudig und kommen in der Natur nur als Verbindungen vor.

1. Alkalimetalle unterscheiden sich in ihren Eigenschaften von gewöhnlichen Metallen. Nenne diese besonderen Eigenschaften.
2. Begründe, dass die Alkalimetalle nicht als Elemente in der Natur vorkommen.
3. Nenne Alkalimetalle, die auf einer Wasseroberfläche schwimmen. Nutze die Werte aus Bild 4.

Starthilfe zu 3:
Wasser hat eine Dichte von $1\ \frac{g}{cm^3}$.

»

FORSCHEN UND ENTDECKEN

A Die Flammenfärbung

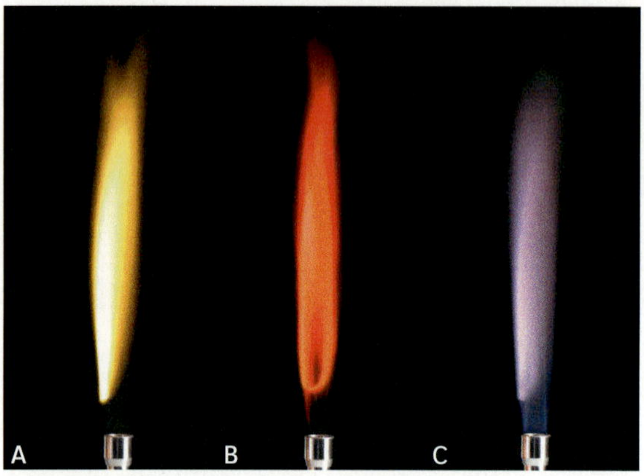

1 Verschiedene Flammenfärbungen

Die Salze von Alkalimetallen färben die rauschende Brennerflamme eines Gasbrenners.

Material: Gasbrenner, Anzünder, Becherglas mit destilliertem Wasser, Becherglas mit verdünnter Salzsäure, Magnesiastäbchen, Lithiumchlorid, Natriumchlorid, Kaliumchlorid

Durchführung:

Schritt 1: Glühe das Magnesiastäbchen in der Brennerflamme aus.

Schritt 2: Tauche das Magnesiastäbchen in das Wasser und danach in die verdünnte Salzsäure.

Schritt 3: Tauche das Stäbchen in das Lithiumchlorid.

Schritt 4: Halte das mit Salz bedeckte Ende des Stäbchens in die Flamme.

Schritt 5: Wiederhole die Schritte 1 bis 4 mit Natriumchlorid und Kaliumchlorid.

1 Notiere deine Beobachtungen.

2 Benenne die Salze in Bild 1 mithilfe deiner Beobachtungen.

B Lithium auf Wasser

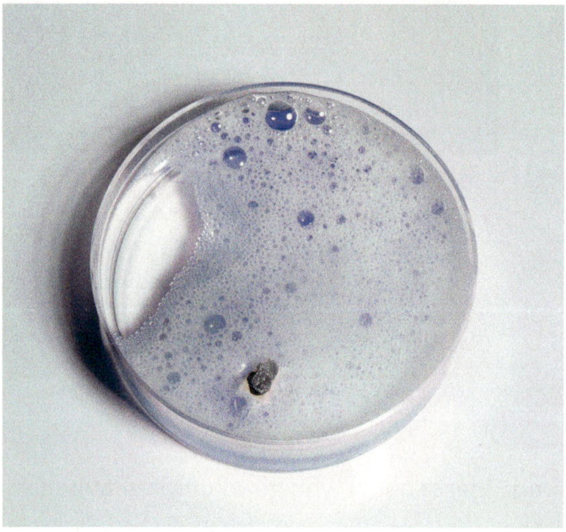
2 Lithium reagiert mit Wasser.

Material: Glasschale, Handschuhe, Pinzette, Messer, Wasser, Spülmittel, Universalindikator-Lösung, Lithium

Durchführung:

Schritt 1: Befülle die Glasschale zur Hälfte mit Wasser.

Schritt 2: Gib einen Tropfen Spülmittel und einige Tropfen Universalindikator-Lösung in das Wasser. Bestimme den pH-Wert.

Schritt 3: Nutze Handschuhe! Schneide mithilfe der Pinzette und des Messers ein erbsengroßes Stück Lithium ab.

Schritt 4: Gib das Stückchen Lithium in das Wasser. Bestimme nun den pH-Wert.

1 Notiere deine Beobachtungen.

2 Beschreibe wie sich der pH-Wert verändert hat.

IM ALLTAG

Vielfältiges Natriumchlorid

Unser wichtigstes Salz

Wenn wir im Alltag von Salz sprechen, meinen wir damit meistens Natriumchlorid. Es wird auch Kochsalz genannt. Natriumchlorid ist für Menschen und Tiere lebensnotwendig. Täglich verliert der Körper Natriumchlorid, das er durch die Nahrung wieder aufnimmt. Natriumchlorid ist in der Natur in großen Mengen vorhanden. Meerwasser enthält davon circa 3 %. Mit anderen Salzen zusammen wird es Meersalz genannt. Steinsalz ist mit Gestein verunreinigtes Natriumchlorid. Es wird in Salzbergwerken abgebaut. Der größte Teil unseres Salzes wird aus Steinsalz gewonnen.

Gewinnung

Kochsalz wird aus Meersalz oder Steinsalz gewonnen. Die Gewinnung von Kochsalz aus Meerwasser ist nur in Küstengebieten mit hoher Sonneneinstrahlung möglich. Die Sonne verdunstet das Wasser. Das Kochsalz bleibt zurück und wird abgeschöpft.

In Salzbergwerken wird Steinsalz durch Bohr- und Sprengarbeiten aus dem Gestein gelöst. Anschließend wird es durch weitere Arbeitsschritte gereinigt.

Verwendung

Bei der Herstellung von Lebensmitteln wird Salz als Konservierungsmittel eingesetzt. In der Medizin wird Kochsalzlösung verabreicht, um Blutverlust auszugleichen oder um Medikamente in die Blutbahn des Patienten zu bringen.

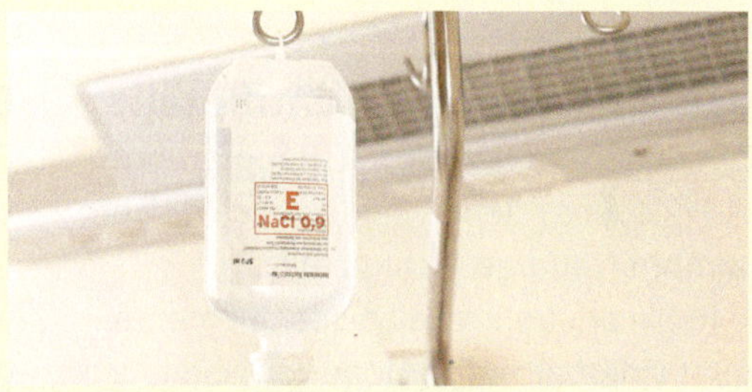

Im Winter wird Streusalz verteilt, wenn Straßen mit Eis bedeckt sind. Auch das Streusalz für vereiste Straßen im Winter enthält überwiegend Natriumchlorid.

1 Erläutere, dass der Großteil unseres Bedarfs an Natriumchlorid aus Steinsalz gewonnen wird.

2 Erkläre den Unterschied zwischen Meersalz und Steinsalz.

3 Nenne mindestens vier verschiedene Verwendungsmöglichkeiten für Kochsalz.

1 Zur Desinfektion von Wasser werden in Schwimmpools oft Chlortabletten eingesetzt.

Die Halogene

Reaktionsfreudige Nichtmetalle

Die Halogene bilden die VII. Hauptgruppe des Periodensystems. Halogene sind sehr **reaktionsfreudige** Nichtmetalle.
Die Reaktionsfreudigkeit dieser Elemente nimmt innerhalb der Gruppe von oben nach unten ab (→ Bild 2). Da sie sehr leicht mit anderen Stoffen reagieren, kommen sie in der Natur nur als chemische Verbindungen vor. Die bedeutendsten Elemente dieser Hauptgruppe sind Fluor, Chlor, Brom und Iod.

Die Salzbildner

Das Wort Halogen stammt aus dem Griechischen und bedeutet Salzbildner. Halogene reagieren leicht mit Metallen und erzeugen somit Salze. Im Gegensatz zu den reinen Halogenen, sind die Salze der Halogene **reaktionsträge**. Die Halogene, wie zum Beispiel Chlorgas (Cl_2), sind für den Menschen giftig. Manche Salze der Halogene sind jedoch wichtig für den menschlichen Körper, wie zum Beispiel Fluoride oder Natriumchlorid.

Element	Farbe	Schmelztemperatur	Siedetemperatur	Aggregatzustand bei 20 °C	Reaktionsfreudigkeit
Fluor	gelblich	−220 °C	−188 °C	gasförmig	nimmt ab
Chlor	gelbgrün	−101 °C	−34 °C	gasförmig	
Brom	rotbraun	−7 °C	59 °C	flüssig	
Iod	violett-schwarz	114 °C	185 °C	fest	

2 Eigenschaften der Halogene

Fluor und seine Verbindungen

Fluor ist ein sehr giftiges Gas. Es ist ätzend und äußerst reaktionsfreudig. Es hat eine hellgelbe Farbe und einen stechenden Geruch. Einige Fluor-Verbindungen sind für den Menschen sehr wichtig, weil sie am Aufbau von Knochen und Zähnen beteiligt sind. Fluor-Verbindungen wie Natriumfluorid in Zahnpasta (→ Bild 3) härten den Zahnschmelz und dienen als Kariesschutz.

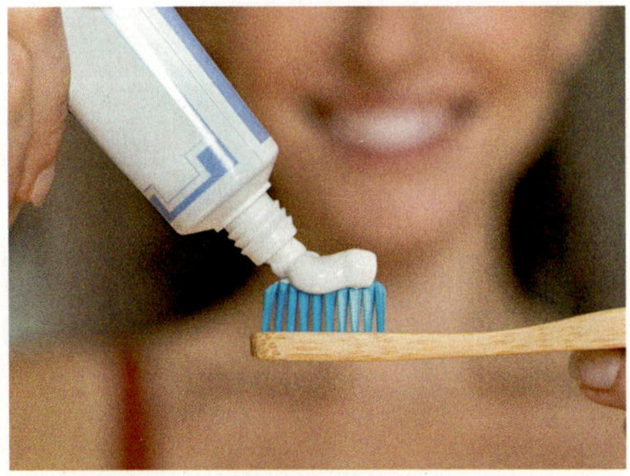

3 Zahnpasta enthält oft Natriumfluorid.

Chlor und seine Verbindungen

Chlor ist ein gelbgrünes, sehr giftiges Gas mit stechendem Geruch. Aufgrund seiner hohen Reaktionsfreude wird Chlor zur Desinfektion in Schwimmbädern und für Trinkwasser eingesetzt (→ Bild 1). Es tötet bereits in geringen Mengen Bakterien ab. Ist Chlor in Wasser gelöst, riecht es kaum. Ein intensiver Chlorgeruch entsteht erst, wenn Chlor mit anderen Stoffen, wie zum Beispiel Harnstoff reagiert. In der Natur kommt Chlor hauptsächlich als Natriumchlorid vor. In der chemischen Industrie wird Natriumchlorid zur Herstellung von reinem Chlor benötigt.

4 Iodiertes Speisesalz

Brom ist ein flüssiges Halogen

Flüssiges Brom hat eine dunkelrote bis braune Färbung. Es ist neben Quecksilber das einzige Element, das bei Raumtemperatur flüssig ist. Brom verdampft leicht und bildet dabei stechend riechende, giftige Dämpfe. Brom-Verbindungen werden hauptsächlich in Brandschutzmitteln verwendet. Außerdem wirkt Brom, ähnlich wie Chlor, desinfizierend.

Iod ist ein festes Halogen

Iod bildet violett-schwarze Kristalle, die bereits bei Raumtemperatur verdampfen. Iod-Verbindungen sind wichtig für Lebewesen. Ein Mangel an Iod kann zu Schilddrüsenerkrankungen führen. Um diesen Mangel vorzubeugen gibt es iodiertes Speisesalz (→ Bild 4).

Halogene sind reaktionsfreudig und bilden durch Reaktion mit Metallen Salze.

1. Begründe, dass Halogene in der Natur nur in Verbindungen vorkommen.
2. Erläutere, dass Duschen vor und nach dem Schwimmbadbesuch sinnvoll ist.
3. Nenne eine Möglichkeit dem Iodmangel im menschlichen Körper vorzubeugen.
4. **II** Erläutere den Unterschied zwischen dem giftigen Gas Chlor und der lebensnotwendigen Chlorverbindung Natriumchlorid.

ÜBEN UND ANWENDEN

A Bleichen mit Chlor

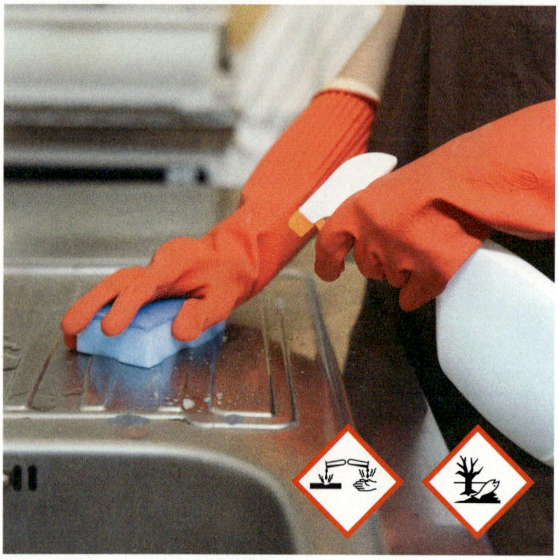

1 Ein chlorhaltiges Bleichmittel

Manche Bleichmittel beinhalten chlorhaltige Verbindungen. Ihre Wirkung entfalten die Chlorverbindungen gegenüber vielen Materialien. Mit Bleichmitteln können zum Beispiel Flecke aus der Wäsche entfernt werden. Oberflächen in Küche und Bad können mit chlorhaltigen Bleichmitteln desinfiziert werden. Bei jedem Einsatz von Bleichmitteln ist auf die passende Dosierung zu achten.

1 Nenne drei Vorsichtsmaßnahmen, die im Umgang mit Bleichmitteln zu beachten sind. Betrachte dazu Gefahren-Piktogramme in Bild 1.

2 Nenne mindestens drei Beispiele aus dem Haushalt für den Einsatz chlorhaltiger Bleichmittel.

B Ätzen von Glas mit Flusssäure

2 Fensterscheibe nach dem Ätzen mit Flusssäure

Flusssäure ist die wässrige Lösung von Fluorwasserstoff (HF). Sie ist eine farblose, stechend riechende und hochgiftige Flüssigkeit. Flusssäure greift Glas an und wird deshalb zur Glasbearbeitung verwendet. Durch das Ätzen von Glas können dabei besondere Glasoberflächen hergestellt werden (→ Bild 2). Auch die meisten Metalle mit Ausnahme von Blei, Silber, Gold und Platin werden von Flusssäure aufgelöst. Dabei entstehen Wasserstoff und Fluoride. Fluoride sind die Salze der Flusssäure. Beim Ätzen von Zink mit Flusssäure entsteht Wasserstoff und Zinkfluorid.

1 Beschreibe die Herstellung einer Glasoberfläche wie in Bild 2.

2 Erkläre, warum Flusssäure nur in Kunststoffflaschen aufbewahrt werden darf.

3 Formuliere die Wortgleichung für die Reaktion von Eisen mit Flusssäure.

IM ALLTAG

Halogene im Einsatz

Chlorung von Leitungswasser

Leitungswasser zählt zu den am besten kontrollierten Lebensmitteln in Deutschland.
Unser Wasser aus der Leitung kann überall bedenkenlos getrunken werden. Jedoch können bei starken Regenfällen die Böden ihre Filterfunktion verlieren und Keime in das Grundwasser gelangen. Dadurch wird unser Leitungswasser belastet. Wird eine erhöhte Belastung durch Keime festgestellt, wird das Leitungswasser gechlort. Das Chlor macht die Keime unschädlich. Über eine kurze Zeit stellt Chlor im Leitungswasser kein gesundheitliches Problem dar. Die Gefahr für die Gesundheit ist durch Keime wesentlich größer als durch Chlor. Vorsorglich sollten Schwangere und Kleinkinder nicht für längere Zeit gechlortes Wasser trinken.

3 Grundwasser wird überprüft.

Das Spurenelement Iod

Spurenelemente sind für Menschen und Tiere lebensnotwendige Verbindungen. Sie sind für den Aufbau und die Funktion des Körpers verantwortlich. Das Spurenelement Iod wird für die Funktion der Schilddrüse benötigt. Ein Mangel an Iod kann zu einer Unterfunktion der Schilddrüse führen und so Erkrankungen auslösen. Um einem Iodmangel vorzubeugen, wird iodiertes Speisesalz zum Kochen verwendet. Weitere iodhaltige Lebensmittel sind Meeresfische, Milchprodukte oder Eier. Für Vegetarier sind Algen eine fisch- und fleischlose Iodquelle.

4 Seefisch und Algen enthalten viel Iod.

1. Begründe, wann Leitungswasser mit Chlor versetzt wird.
2. Beschreibe die Ursachen von Iodmangel.
3. Nenne zwei Personengruppen, die bei gechlortem Wasser besonders achtsam sein sollten.
4. Recherchiere fünf weitere Spurenelemente neben Iod.

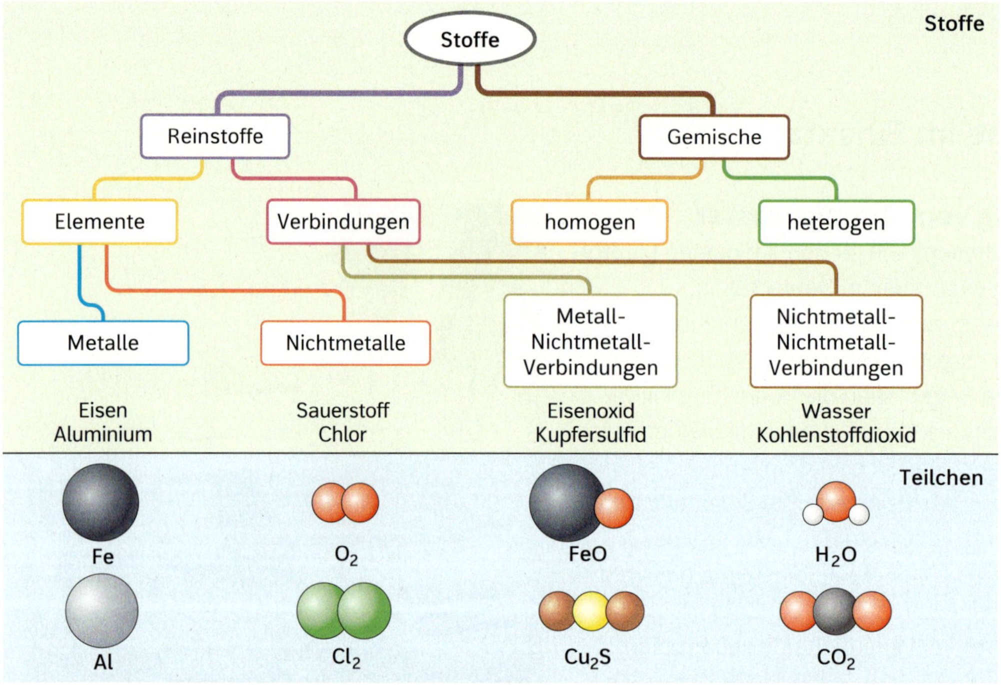

1 Die Begriffe aus der Stoffpyramide lassen sich in Stoffe und Teilchen unterscheiden.

Die Stoff- und Teilchenebene

Stoffpyramide

Die Stoffpyramide hilft, einen Überblick über die Einteilung der Stoffe zu bekommen (→ Bild 1). In dieser werden die Stoffe im oberen Teil nach Kriterien sortiert, die du mit deinen Sinnen ermitteln kannst. Im unteren Teil sind die Stoffe nach dem Aufbau ihrer Teilchen sortiert.

Stoffe

Stoffe lassen sich aufgrund ihrer Eigenschaften, wie Farbe oder Geruch, sortieren. Liegt ein einzelner Stoff vor, wird dieser Reinstoff genannt. Mehrere Stoffe bilden ein Gemisch. Reinstoffe können Elemente oder Verbindungen sein. Dabei unterscheidest du Metalle und Nichtmetalle. Verbindungen sind Stoffe, die aus mehreren Atomsorten aufgebaut sind. Aufgrund ihrer Eigenschaften werden sie in Metall-Nichtmetall und Nichtmetall-Nichtmetall-Verbindungen unterteilt.

Teilchen

Um chemische Reaktionen und Eigenschaften von Stoffen zu erklären, nutzen wir das Teilchenmodell. Stellst du Stoffe durch Kugeln dar, beschreibst du dabei die Teilchen. Diese werden oft als farbige Kreise gezeichnet. In Wirklichkeit haben sie weder eine Farbe, noch sind sie rund.
Die Kreise sind ein Modell.

Die Teilchen der verschiedenen Stoffe haben jeweils einen unterschiedlichen Aufbau. So liegen Metalle immer als Atome vor. Beispiele für Metalle sind Eisen (Fe) und Aluminium (Al). Nichtmetalle hingegen sind fast immer aus Molekülen aufgebaut. Beispiel sind Sauerstoff (O_2) und Chlor (Cl_2). Metall-Nichtmetall-Verbindungen sind zum Beispiel Eisenoxid (FeO) und Kupfersulfid (CuS). Nichtmetall-Nichtmetall-Verbindungen sind beispielsweise Kohlenstoffdioxid (CO_2) und Wasser (H_2O).

			Stoffe
Stoffename:	Eisen	Chlor	Schwefel
Bild:			
Farbe:	grau	gelbgrün	gelb
Schmelztemperatur:	1538 °C	–102 °C	115 °C
Aggregatzustand:	fest	gasförmig	fest
			Teilchen
Formel:	Fe	Cl_2	S_8
Teilchendarstellung:			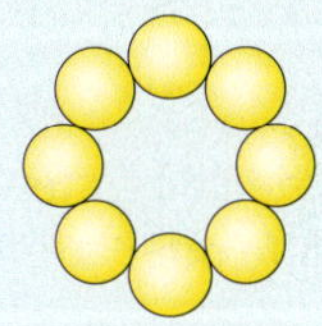
Teilchenname:	Eisen	Chlor	Schwefel

2 Angaben für Stoffe und deren Teilchen

Eisen

Das Metall Eisen ist ein grauer, glänzender Feststoff. Es leitet den elektrischen Strom, aber auch Wärme gut und hat eine Schmelztemperatur von 1538 °C (→ Bild 2). Diese Angaben beziehen sich auf den Reinstoff.
Eisen ist aus Atomen einer Sorte aufgebaut. Diese Atome können als graue Kreise gezeichnet werden. Eine Farbe haben die einzelnen Teilchen in Wirklichkeit aber nicht. Die Teilchen des Eisens werden mit dem Atomsymbol **Fe** abgekürzt. Nutzt du Teilchen zur Beschreibung oder Erklärung von chemischen Vorgängen, benutzt du die Begriffe aus dem mit „Teilchen" beschrifteten unteren Bereich in Bild 2.

Chlor

Das Nichtmetall Chlor ist ein gelbgrünes, sehr reaktionsfreudiges Gas. Es leitet den elektrischen Strom nicht und hat eine schlechte Wärmeleitfähigkeit. Diese Eigenschaften beschreiben den Stoff.
Chlor besteht aus Molekülen. Diese werden durch zwei grüne, dicht aneinander gezeichnete Kreise, den Atomen, dargestellt. Die Teilchen von Chlor kürzt du mit $\mathbf{Cl_2}$ ab.

Beschreibst du Stoffe, verwendest du den Namen des Stoffs und dessen Eigenschaften. Mit den Teilchen erklärst du die Stoffeigenschaften und chemische Reaktionen.

1 a) Nenne drei Eigenschaften von Schwefel.
b) Gib an, welche der genannten Eigenschaften sich auf Stoffe und welche sich auf Teilchen beziehen.

2 a) Beschreibe die Gleichung $S + O_2 \rightarrow SO_2$ in Worten. Verwende dabei die Begriffe Atom und Molekül.
b) Gib an, ob die Gleichung Stoffe oder Teilchen beschreibt.

»

ÜBEN UND ANWENDEN

A Begriffe sortieren

Aggregatzustand | Atom | Aluminium | FeO | Al | Schmelztemperatur | Molekül

1 Ordne den Begriffen jeweils zu, ob sie sich auf Stoffe oder auf Teilchen beziehen.

2 Schreibe zu jedem Begriff einen Satz, der eine korrekte Aussage hat.

B Übersetzung anfertigen

a) Schwefel reagiert mit Sauerstoff zu Schwefeldioxid.

b) $C + O_2 \rightarrow CO_2$

c) Kupfer-Atome und Schwefel-Atome reagieren miteinander.

d) Sauerstoff ist ein farbloses Gas.

e) Al bezeichnet das Atomsymbol von Aluminium.

1 Ordne den Sätzen jeweils zu, ob sie sich auf Stoffe oder auf Teilchen beziehen.

C Fehler berichtigen

a) Eisen reagiert mit Schwefel zu Eisensulfid-Molekülen.

b) Das Atomsymbol von Fe ist Eisen.

c) O_2 ist ein farbloses Gas.

d) $C + O_2 \rightarrow$ Kohlenstoffdioxid

e) Sauerstoff ist O_2.

1 Korrigiere die angegebenen Sätze.

ÜBEN UND ANWENDEN

D Eine Stoffpyramide erstellen

homogen

Metall-Nichtmetall-Verbindungen

Stoffe

Nichtmetalle

Metalle

Reinstoffe

Nichtmetall-Nichtmetall-Verbindungen

heterogen

Verbindungen

Gemische

Elemente

1 Erstelle aus den genannten Begriffen eine Stoffpyramide in deinem Heft.

2 Nenne zu jedem Begriff einen passenden Stoff oder ein passendes Gemisch.

E Das Teilchenmodell

Wasser

Cu_2S

Stickstoff

Al

Kohlenstoffdioxid

Eisen

H_2S

Schwefel

O_2

1 Ordne den Begriffen jeweils zu, ob sie sich auf Stoffe oder Teilchen beziehen.

2 Zeichne zu jeder Formel das zugehörige Teilchen.

3 Zeichne zu jedem Stoff das zugehörige Teilchen.

Starthilfe zu 2 und 3:
Wähle die Farben und Größen der Teilchen selbst. Gleiche Atome haben die gleiche Größe und die gleiche Farbe.

Auf einen Blick: Ordnung in der Chemie

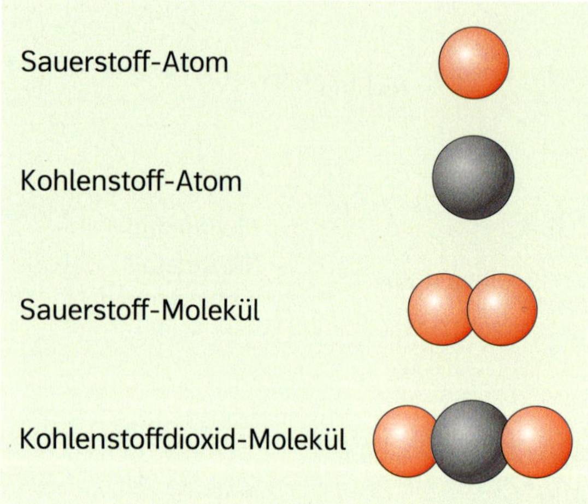

Atome und Moleküle

Stoffe sind aus kleinsten, nicht weiter zerlegbaren Teilchen aufgebaut. Sie werden Atome genannt. Ein chemisches Element besteht aus einer Atomsorte. Alle Atome einer Atomsorte besitzen die gleiche Masse und die gleiche Größe. Die Atome unterschiedlicher Elemente unterscheiden sich in ihrer Masse und ihrer Größe. Sind mehrere Atome miteinander verbunden, liegt ein Molekül vor. Ein einzelnes Sauerstoff-Atom wird meist als rote Kugel dargestellt. Das Gas Sauerstoff besteht aus Molekülen. Ein Sauerstoff-Molekül besteht aus zwei verbundenen Sauerstoff-Atomen.

Perioden →

Gruppen ↓

	I	II	III	IV	V	VI	VII	VIII
1	H							He
2	Li	Be	B	C	N	O	F	Ne
3	Na	Mg	Al	Si	P	S	Cl	Ar
4	K	Ca	Ga	Ge	As	Se	Br	Kr
5	Rb	Sr	In	Sn	Sb	Te	I	Xe
6	Cs	Ba	Tl	Pb	Bi	Po	At	Rn
7	Fr	Ra						

Metalle
Halbmetalle
Nichtmetalle

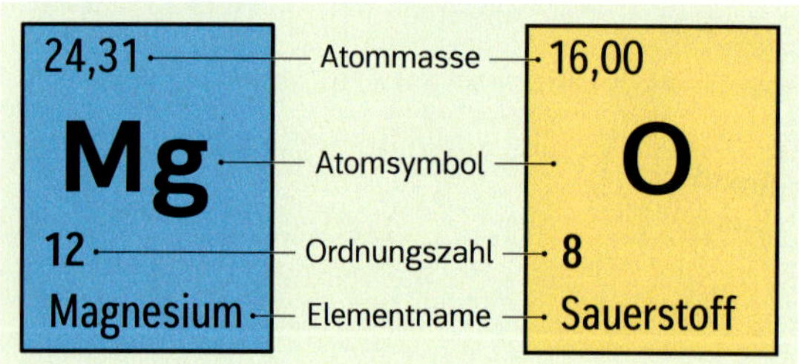

Periodensystem der Elemente

Das Periodensystem der Elemente (PSE) ist ein Ordnungssystem. Es ist in Gruppen und Perioden unterteilt. Das Periodensystem enthält Informationen, wie die Ordnungszahl, den Elementnamen, die Atommasse und das Atomsymbol. Die Atomsymbole werden international einheitlich verwendet.

Die Atommasse bezieht sich immer auf ein einzelnes Atom. Die Molekülmassen von Stoffen erhältst du, indem du die einzelnen Atommassen addierst. Die Elemente im Periodensystem lassen sich in Metalle, Halbmetalle und Nichtmetalle unterteilen. Oft sind diese drei Gruppen im Periodensystem farblich jeweils einheitlich markiert.

In einem Periodensystem finden sich keine Informationen über chemische Verbindungen.

WICHTIGE BEGRIFFE

- Atome
- Moleküle
- Periodensystem der Elemente
- Hauptgruppen, Nebengruppen, Perioden

WICHTIGE BEGRIFFE

- Atommasse, Atomsymbol
- Ordnungszahl, Elementname
- Molekülmasse
- Metalle, Halbmetalle, Nichtmetalle

Elementfamilien

In den Hauptgruppen stehen Elemente mit ähnlichen Eigenschaften untereinander. Sie bilden Elementfamilien. Die Elementfamilie der Alkalimetalle ist sehr reaktionsfreudig. Ihre Reaktionsfreudigkeit nimmt von oben nach unten zu. Die Elementfamilie der Edelgase in der VIII. Hauptgruppe gehen kaum chemische Reaktionen ein. Sie sind sehr reaktionsträge. Auch in dieser Elementfamilie nimmt die Reaktionsfreudigkeit von oben nach unten zu.

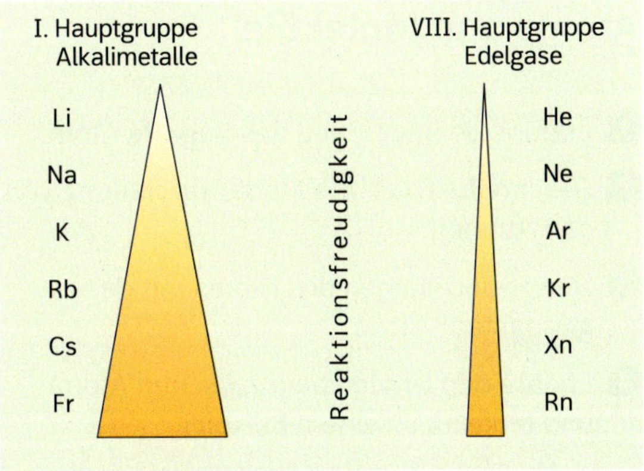

Alkalimetalle und Halogene

Die Elemente dieser Gruppen kommen in der Natur nur in chemischen Verbindungen vor, da sie sehr leicht mit anderen Stoffen Reagieren. Die bekannteste Verbindung eines Alkalimetalls und eines Halogens ist das Salz Natriumchlorid. Es ist eine chemische Verbindung aus dem Metall Natrium und dem Nichtmetall Chlor. Natriumchlorid wird auch Kochsalz genannt. Es ist das bedeutendste Salz.

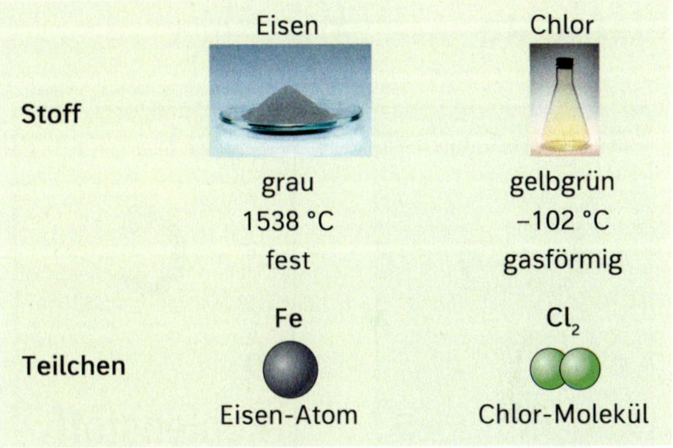

Stoffe und Teilchen

Zur Beschreibung eines Stoffes werden sein Name und seine Eigenschaften verwendet. Teilchen dienen dazu, Eigenschaften von Stoffen und chemische Reaktionen zu erklären.
Stoffe lassen sich in Reinstoffe und Gemische unterteilen. Die Reinstoffe werden in chemische Elemente und Verbindungen eingeteilt. Elemente sind zum Beispiel Natrium und Chlor. Verbindungen sind Natriumchlorid und Eisenoxid.

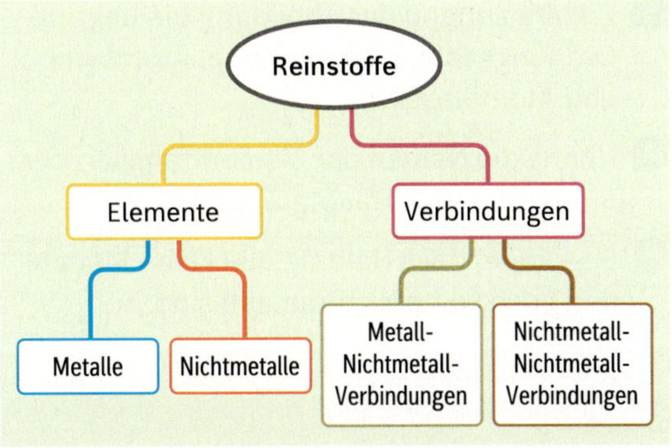

WICHTIGE BEGRIFFE

- Elementfamilien
- Alkalimetalle
- Halogene
- Edelgase

WICHTIGE BEGRIFFE

- Stoffpyramide
- Stoffe
- Teilchen
- Elemente, Verbindungen

Lerncheck: Ordnung in der Chemie

Atome und Moleküle

1. Erkläre die Bedeutung des Begriffs Atom.
2. Beschreibe DALTONS Modellverstellung von den Atomen.
3. Nenne den Namen des Atoms mit der geringsten Masse.
4. Erkläre den Unterschied zwischen Atom und Molekül an einem Beispiel.

Das Periodensystem der Elemente

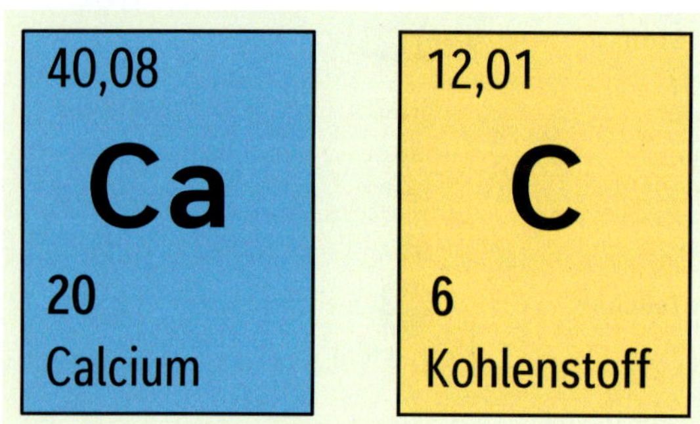

5. Erkläre anhand der Abbildung die Begriffe Ordnungszahl, Elementname, Atomsymbol und Atommasse.
6. Nenne die Namen der Elementfamilien der I., VII. und VIII. Hauptgruppe.
7. Begründe, dass Halbmetalle keine Metalle und auch keine Nichtmetalle sind.

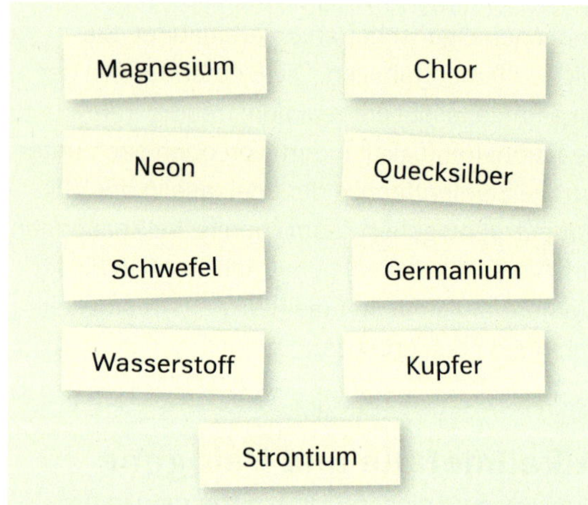

8. Ordne die Begriffe der Abbildung oben den Metallen, Halbmetallen oder Nichtmetallen zu.
9. Nenne Elementname und Atomsymbol von fünf Elementen aus den Nebengruppen.
10. Beschreibe den Aufbau eines Metallgitters.
11. Erkläre den Unterschied zwischen Element und Verbindung.

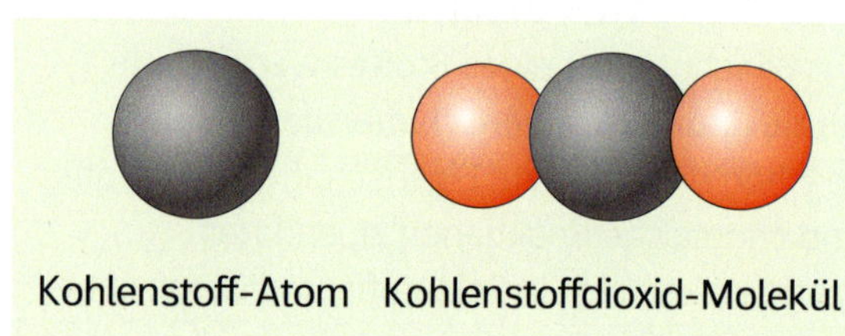

DU KANNST JETZT ...

- ... DALTONS Modellvorstellung der Atome beschreiben.
- ... den Unterschied von Atomen und Molekülen erläutern.
- ... den Aufbau des Periodensystems der Elemente beschreiben.

DU KANNST JETZT ...

- ... Metalle, Halbmetalle und Nichtmetalle im Periodensystem benennen.
- ... den Aufbau eines Metallgitters beschreiben.
- ... den Unterschied von Elementen und Verbindungen beschreiben.

Elementfamilien

12 Erkläre die Bedeutung des Begriffs Elementfamilie.

13 Ordne die folgenden Elemente jeweils einer Elementfamilie zu: Fluor, Xenon, Natrium, Brom, Neon, Caesium

14 Begründe die Herkunft des Namens Edelgas.

15 Begründe, dass heute Helium statt Wasserstoff in Zeppelinen verwendet wird.

Halogene und Alkalimetalle

16 Nenne Eigenschaften der Alkalimetalle.

17 Beschreibe die unterschiedlichen Eigenschaften der Halogene.

18 Erkläre, dass die Alkalimetalle und die Halogene in der Natur nur in Verbindungen vorkommen.

Stoffe und Teilchen

19 Nenne Eigenschaften der Stoffe Chlor und Eisen.

20 Gib Formel, Teilchendarstellung und Teilchenname für die Stoffe Eisen und Chlor an.

21 Benenne folgende Teilchen.

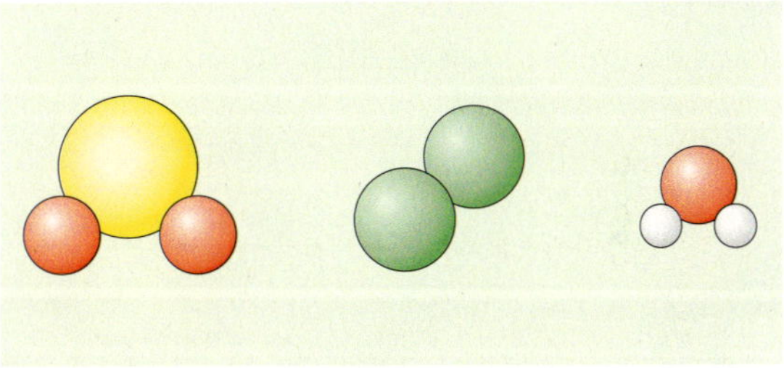

22 Zeichne das Teilchenmodell von N_2 und CH_4.

23 Beschreibe die Veränderung der Teilchen bei der Wassersynthese.

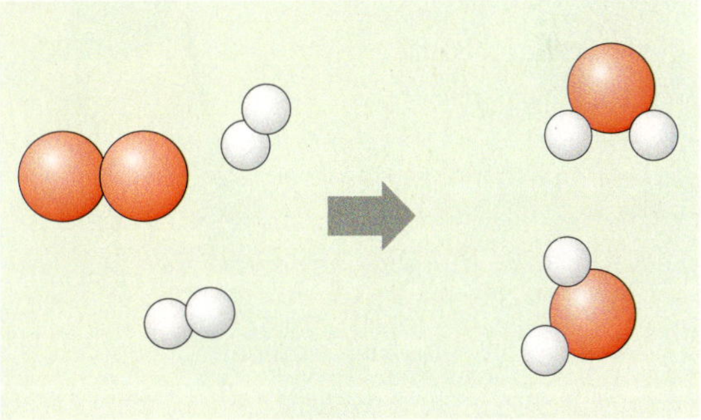

DU KANNST JETZT ...

- ... Eigenschaften von Edelgasen, Alkalimetallen und Halogenen nennen.
- ... Elemente anhand ihrer Eigenschaften bestimmten Elementfamilien zuordnen.

DU KANNST JETZT ...

- ... Stoffe beschreiben.
- ... den Begriff Teilchen erklären.
- ... das Teilchenmodell zur Darstellung von Stoffeigenschaften und chemischen Reaktionen anwenden.

Reaktionen mit Teilchen erklärt

Verschwindet das Kerzenwachs bei der Verbrennung?

Was hat ein Oktopus mit Chemie zu tun?

Wozu brauche ich chemische Formeln?

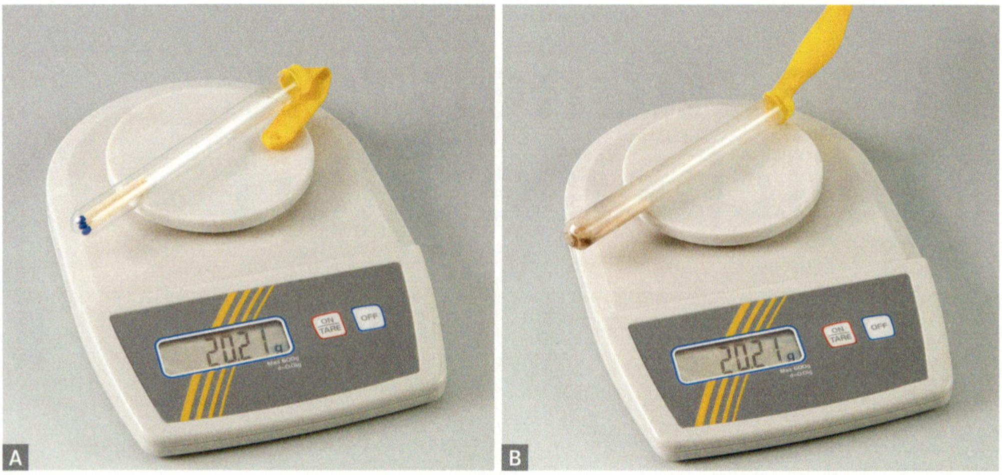

1 Die Masse ist **A** vor und **B** nach der Reaktion gleich.

Die Masse bleibt erhalten

Verbrennen einer Kerze

Wenn es Abend wird, bringt eine Kerze Licht ins Dunkel. Eine Kerze brennt nicht ewig. Sie wird immer kleiner, je länger sie brennt.
Stellst du eine brennende Kerze eine Weile auf die Waage, erkennst du, dass die Masse stetig abnimmt (→ Bild 2). Verschwindet diese Masse rückstandsfrei?

Nicht alle Stoffe sind sichtbar

Wird eine Glasplatte über die Kerze gehalten, so färbt sich diese schwarz. Es bildet sich Ruß. Die Stoffe aus der Kerze verschwinden also nicht. Es bilden sich neue Stoffe, die wir ohne Hilfsmittel nicht sehen können. Beispiele sind Kohlenstoffdioxid (CO_2) und Wasser (H_2O).

2 Verschwindet die Kerze beim Verbrennen?

Die Masse geht nicht verloren

Streichhölzer werden in ein Reagenzglas gegeben. Dieses wird mit einem Luftballon verschlossen, sodass keine Stoffe entweichen können. Dieser Aufbau wird gewogen und die Masse notiert (→ Bild 1A).
Werden die Streichhölzer im Reagenzglas über einem Brenner erhitzt, so entzünden sie sich. Der Ballon bläht sich kurz auf. Nach dem Abkühlen wird das Ganze erneut gewogen (→ Bild 1B). Die Masse ist genauso groß wie vor der Reaktion. Es geht also keine Masse verloren – sie bleibt erhalten.

Beim Verbrennen von Kerzenwachs entstehen hauptsächlich Kohlenstoffdioxid und Wasser. Könntest du diese Verbrennungsprodukte auffangen und wiegen, hätten sie die gleiche Masse wie die des verbrannten Wachses plus die des zur Reaktion benötigten Sauerstoffs auf der Luft.

Die Gesamtmasse der Edukte ist immer gleich der Gesamtmasse der Produkte. Die Masse bleibt bei einer chemischen Reaktion erhalten.

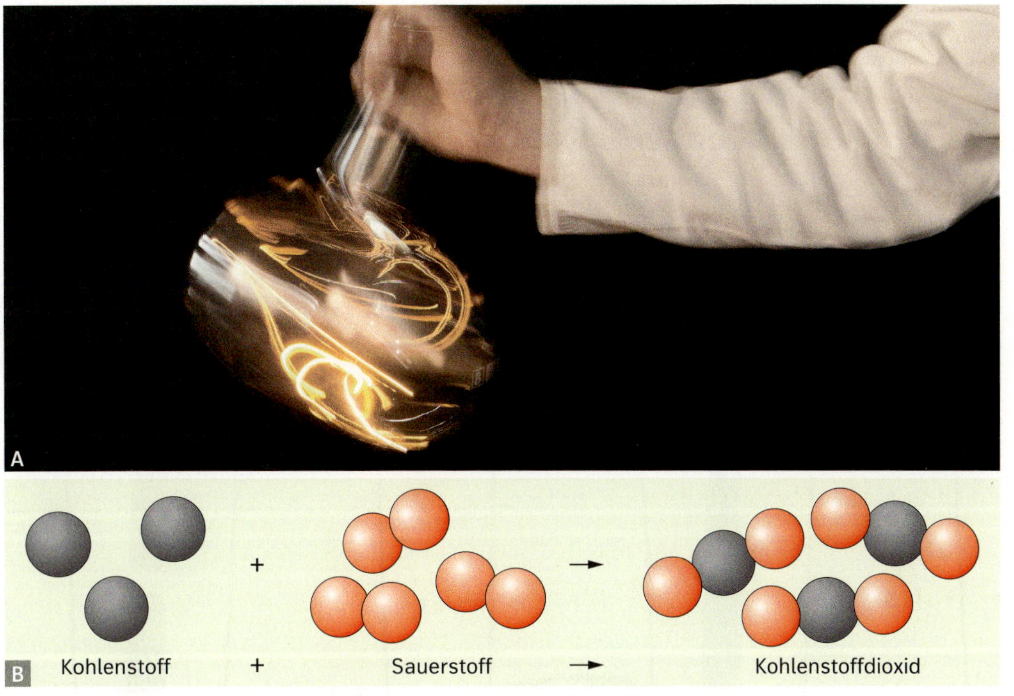

3 Die Verbrennung von Kohlenstoff: **A** die Stoffe, **B** das Teilchenmodell.

Verbrennung von Kohle

Ein kleines Stückchen Holzkohle wird entzündet und in einen Glaskolben mit Sauerstoff gegeben. Der Kolben wird verschlossen und der Kolben umher geschwenkt (→ Bild 3A).
Holzkohle besteht hauptsächlich aus Kohlenstoff. Bei der Verbrennung leuchtet der Kohlenstoff hell auf. Nach der Verbrennung ist der Kohlenstoff vollständig verschwunden. Die Gesamtmasse des Kolbens mit Inhalt hat sich nicht geändert.

Die Gesamtanzahl an Atomen bleibt bei chemischen Reaktionen erhalten.
Die Atome werden dabei in den Stoffen anders verknüpft.

Die Atomanzahl bleibt erhalten

Bei der Reaktion in Bild 3 reagiert Kohlenstoff mit Luftsauerstoff zu Kohlenstoffdioxid. Für die Reaktion von drei Kohlenstoff-Atomen (schwarz), werden drei Sauerstoff-Moleküle bzw. sechs Sauerstoff-Atome (rot) benötigt. Es entstehen drei Kohlenstoffdioxid-Moleküle. In diesen sind je ein Kohlenstoff-Atom und zwei Sauerstoff-Atome enthalten.
Insgesamt kommen keine Atome hinzu und es gehen keine verloren. Links des Reaktionspfeils und rechts davon sind gleich viele Atome. Sie sind in den Stoffen nur anders verknüpft. Die Atome wurden zu einem neuen Stoff umgruppiert.

1 Beschreibe das langsame Verschwinden einer Kerze bei der Verbrennung aus chemischer Sicht.

2 I Erkläre am Beispiel des Versuchs in Bild 1 das Prinzip der Massenerhaltung.

3 II Begründe, dass die Anzahl der Atom von Holzkohle, die in einem verschlossenen Kolben vor und nach der Verbrennung gleich bleibt.

Starthilfe zu 3:
Betrachte das Teilchenmodell in Bild 3B.

ÜBEN UND ANWENDEN

A Die Masse bleibt erhalten

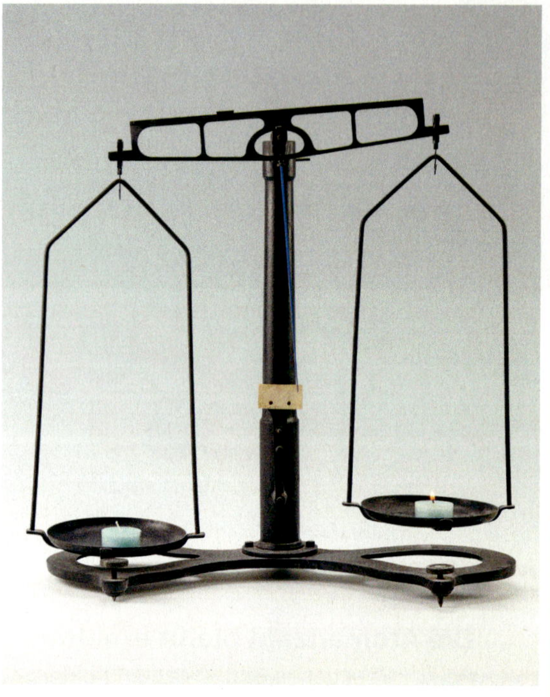

1 Verbrennen einer Kerze auf der Balkenwaage

2 Dieses Mal mit Bechergläsern über den Kerzen

Versuch 1

Zwei gleiche Kerzen werden auf eine Balkenwaage gestellt. Die Waage ist ausgeglichen. Beide Kerzen befinden sich auf gleicher Höhe. Entzündest du eine der Kerzen, gerät die Waage zunehmend aus dem Gleichgewicht. Die brennende Kerze geht nach oben (→ Bild 1).

1 Nenne den Reaktionspartner des Wachses.

2 Erkläre die Beobachtung.

3 Nenne die bei der Reaktion entstehenden Produkte.

4 II Begründe, dass bei diesem Versuch die Masse erhalten bleibt, obwohl die Waage dies nicht zeigt.

Versuch 2

Der gleiche Versuch wie links wird wiederholt. Allerdings werden über die Kerzen Bechergläser gestülpt. Es ergeben sich andere Beobachtungen (→ Bild 2):

- Die Seite mit der brennenden Kerze geht nach oben.
- Die Kerze erlischt innerhalb kurzer Zeit.
- Nach dem Abkühlen ist die Waage wieder nahezu ausgeglichen.

5 Erkläre, dass die Kerze mit der Zeit erlischt.

6 II Begründe, dass die Waage nach dem Abkühlen nahezu ausgeglichen ist.

7 III Stelle eine Vermutung über die Anzeige der Waage auf, wenn die Kerzen auf beiden Seiten gleichzeitig entzündet werden.

FORSCHEN UND ENTDECKEN

A Verbrennen von Eisenwolle

Material: Eisenwolle, Waage (Balkenwaage oder Digitalwaage, Genauigkeit 0,01 g oder genauer), Porzellanschale, Anzünder

Durchführung mit einer Balkenwaage:

Schritt 1: Hänge an beide Seiten der Balkenwaage etwas Eisenwolle, sodass die Waage im Gleichgewicht ist.

Schritt 2: Entzünde die Eisenwolle auf der rechten Seite der Balkenwaage (→ Bild 3). Warte bis die Reaktion beendet und die Eisenwolle abgekühlt ist.

Schritt 3: Notiere deine Beobachtungen.

3 Eisenwolle an der Balkenwaage

Durchführung mit einer Digitalwaage:

Schritt 1: Stelle eine Porzellanschale auf die Waage und drücke auf Tara. Die Waage zeigt jetzt 0 g an (→ Bild 4).

Schritt 2: Entzünde die Eisenwolle vorsichtig. Warte bis die Reaktion beendet und die Eisenwolle abgekühlt ist. Lies die Waage erneut ab.

Schritt 3: Notiere deine Beobachtungen.

4 Versuchsaufbau mit einer Digitalwaage

1. Beschreibe das Aussehen des Reaktionsprodukts.
2. Benenne das Reaktionsprodukt.
3. Begründe die Massenveränderung, die durch die Verbrennung eingetreten ist.
4. **II** Stelle die Wortgleichung der Reaktion auf.
5. **II** Zeichne das Teilchenmodell der Reaktion.
6. **III** Zeige anhand des Teilchenmodells aus Aufgabe 5, dass die Anzahl jeder Atomsorte erhalten bleibt.

Starthilfe zu 5:
Die Formel von Eisenoxid lautet FeO. Zeichne Eisen grau und Sauerstoff rot.

«

Die Analyse von Wasser

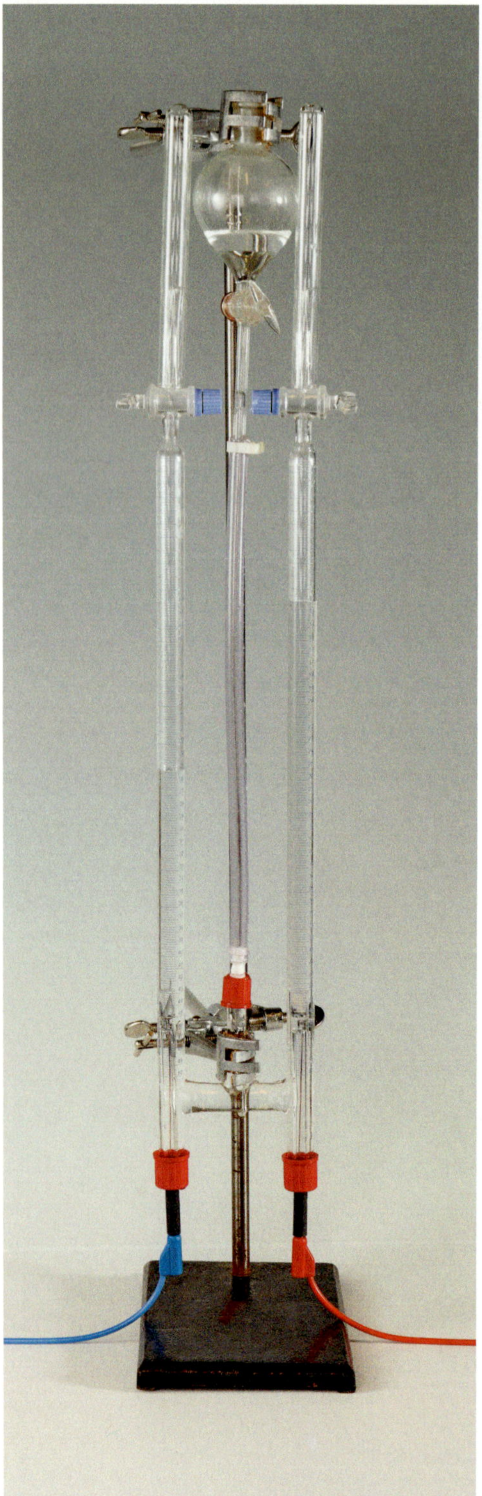

1 Apparat zur Wasserzersetzung nach HOFMANN

Analyse und Synthese

Durch elektrische Energie können Verbindungen in ihre Elemente zerlegt werden. Ein solcher Vorgang heißt **Analyse**.
Das Gegenstück zur Analyse heißt **Synthese**. Dabei reagieren Elemente zu einer Verbindung.

Die Elektrolyse

Ein Prozess, bei dem eine chemische Reaktion durch Zuführung von elektrischer Energie herbeigeführt wird, heißt **Elektrolyse.** Sie ist eine Form der Analyse.

Der Zersetzungsapparat

Wird die Verbindung Wasser (H_2O) in ihre Elemente Wasserstoff und Sauerstoff gespalten, handelt es sich um eine Analyse. Dafür wird Wasser in einen Zersetzungsapparat gegeben und eine Spannung angelegt (→ Bild 1). An der blauen und roten Elektrode entstehen Gase. Am **Minuspol** entsteht Wasserstoff und am **Pluspol** entsteht Sauerstoff. Dabei entsteht doppelt so viel Wasserstoff wie Sauerstoff.

Die Wortgleichung lautet:

Wasser + *E* → Wasserstoff + Sauerstoff

Die zugeführte elektrische Energie ist mit *E* in der Wortgleichung dargestellt. Energie ist kein Stoff und taucht deshalb im Teilchenmodell nicht auf.

Eine chemische Reaktion, die durch Zufuhr elektrischer Energie bewirkt wird, heißt Elektrolyse.
Die Spaltung einer Verbindung in die zugehörigen Elemente wird Analyse genannt.
Eine Synthese ist die Bildung einer Verbindung aus den Elementen.

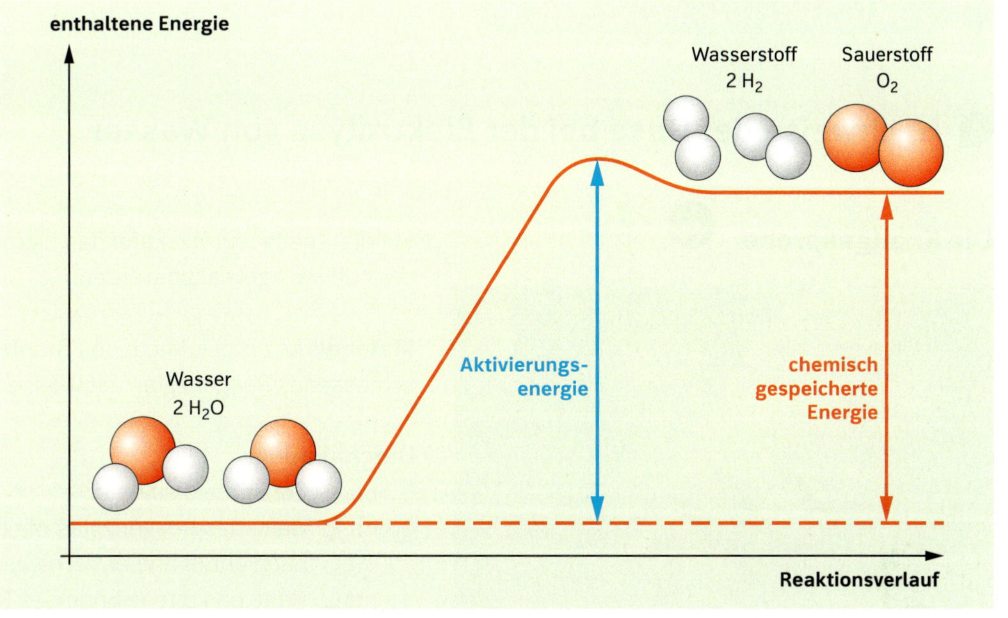

2 Das Energiediagramm der Analyse von Wasser

Energie bei der Analyse

Bei der Elektrolyse wird ständig Energie zugeführt. Es handelt sich um eine endotherme Reaktion. Die Aktivierungsenergie ist in Bild 2 als blauer Pfeil dargestellt. Sie wird benötigt, um die Wasser-Moleküle zu spalten. Schaltest du die Spannung bei dem Versuch in Bild 1 aus, stoppt die Reaktion. Es entstehen keine Gase mehr. Die neu gebildeten Moleküle speichern fast die gesamte zugeführte Energie als chemische Energie. In Bild 2 ist die gespeicherte Energie als roter Pfeil dargestellt.

Verhältnis der Gase

Bei der Elektrolyse von Wasser entsteht ein doppelt so großes Volumen an Wasserstoff wie an Sauerstoff. Das bedeutet, dass doppelt so viele Wasserstoff-Moleküle (H_2) wie Sauerstoff-Moleküle (O_2) entstehen. Im einfachsten Fall entstehen aus zwei Wasser-Molekülen also zwei Wasserstoff-Moleküle und ein Sauerstoff-Molekül. Da die Anzahl und die Art der Atome vor und nach der Reaktion jedoch gleich bleiben müssen, werden für die Zerlegung zwei Wasser-Moleküle benötigt (→ Bild 3).

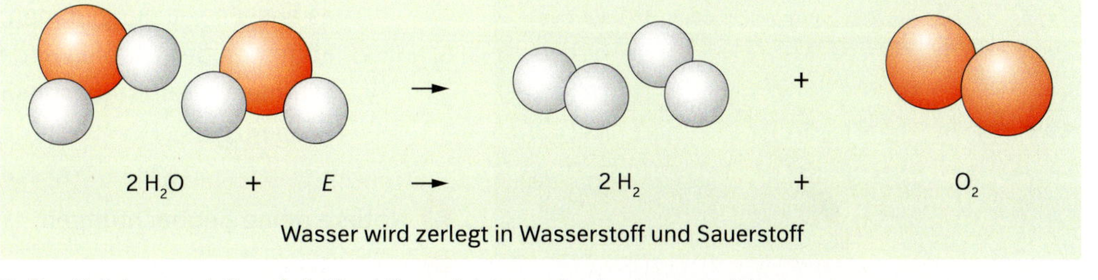

3 Das Teilchenmodell und die Reaktionsgleichung der Analyse von Wasser

1 Erkläre die Begriffe Elektrolyse, Analyse und Synthese.

2 II Begründe, dass die Gase Wasserstoff und Sauerstoff bei der Elektrolyse im Verhältnis zwei zu eins entstehen.

3 II Beschreibe die Funktionsweise des Wasserzersetzungsapparats in Bild 1.

»

FORSCHEN UND ENTDECKEN

A Nachweise der Gase bei der Elektrolyse von Wasser

Die Knallgasprobe

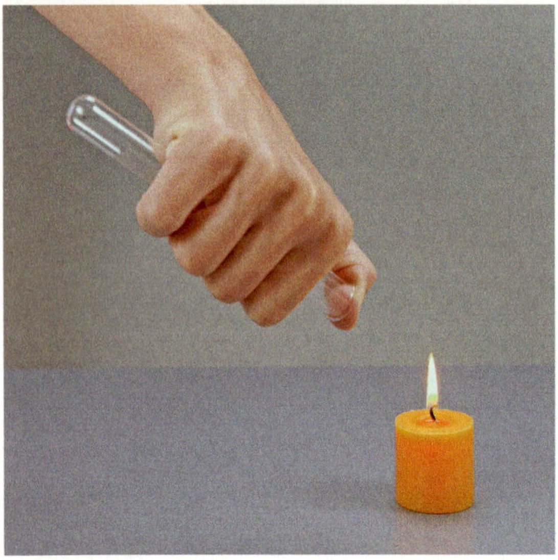

1 Durchführung der Knallgasprobe

Mit der Knallgasprobe kann das Element Wasserstoff nachgewiesen werden.

Material: Anzünder, Kerze, mit Stopfen verschlossenes Reagenzglas mit Wasserstoff

Durchführung:

Schritt 1: Entzünde die Kerze.

Schritt 2: Halte das Reagenzglas mit der Öffnung nach unten und entferne den Stopfen.

Schritt 3: Halte das offene Ende des Reagenzglases in die Nähe der brennenden Kerze (→ Bild 1).

1 Notiere deine Beobachtungen.

Die Glimmspanprobe

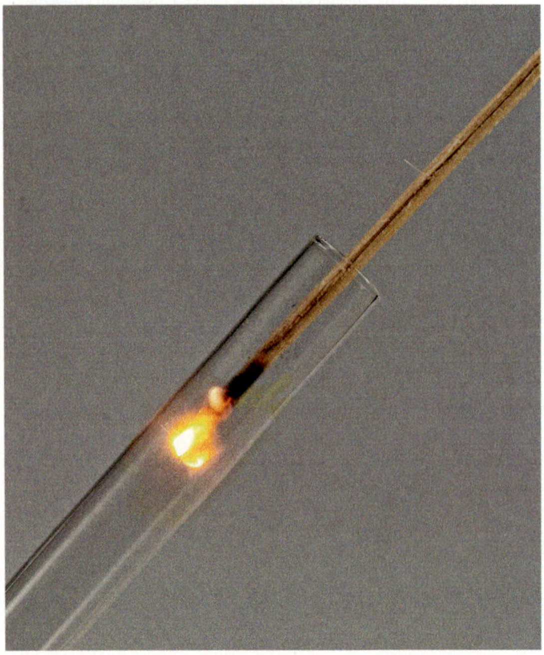

2 Was wird hier nachgewiesen?

Material: Holzstäbchen oder dünner Holzspan, Anzünder, mit Stopfen verschlossenes Reagenzglas mit Sauerstoff

Durchführung:

Schritt 1: Entzünde das Holzstäbchen und puste es aus. Es soll nur glimmen.

Schritt 2: Entfernen den Stopfen und führe das glimmende Holzstäbchen in das Reagenzglas.

2 Notiere deine Beobachtungen.

3 Erläutere welches der Gase brennbar ist und welches Gas brandfördernd ist.

4 II Beschreibe, was du bei beiden Versuchen beachten musst.

5 II Stelle eine Vermutung an, warum das Reagenzglas bei der Knallgasprobe mit der Öffnung nach unten gehalten werden muss.

IM ALLTAG

Anwendungen der Elektrolyse

Anwendungen der Elektrolyse

Die Elektrolyse hat vielfältige Anwendungen. Metalle werden mithilfe der Elektrolyse beschichtet. Die Oberflächen der Metalle bekommen so andere Eigenschaften.
Aus dem Alltag kennst du versilberte Bestecke, verchromte Fahrradlenker oder verzinkte Schrauben (→ Bild 3).Durch das Beschichten erhalten Bestecke und Fahrradlenker ihren Glanz und Schrauben einen Schutz vor dem Rosten.

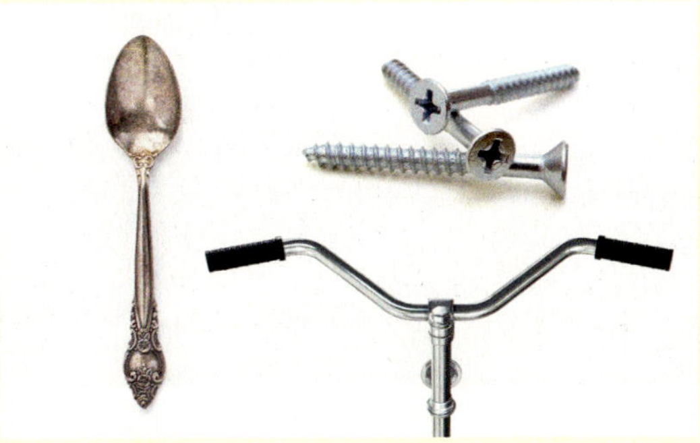

3 Anwendungen der Elektrolyse

Berufsbild Oberflächenbeschichter/-in

Oberflächenbeschichter/-innen bringen Metalle auf andere Werkstoffe auf. Durch diese Beschichtung erhalten die Werkstoffe Eigenschaften, die sie selbst nicht haben. Beispiele sind das Verchromen, um das Aussehen zu verbessern oder das Aufbringen einer Schutzschicht zur Erhöhung der Haltbarkeit von Autoteilen. Die Ausbildung dauert drei Jahre. Anschließend kannst du den Abschluss als Meister machen.
Voraussetzungen für die Ausbildung sind unter anderem:

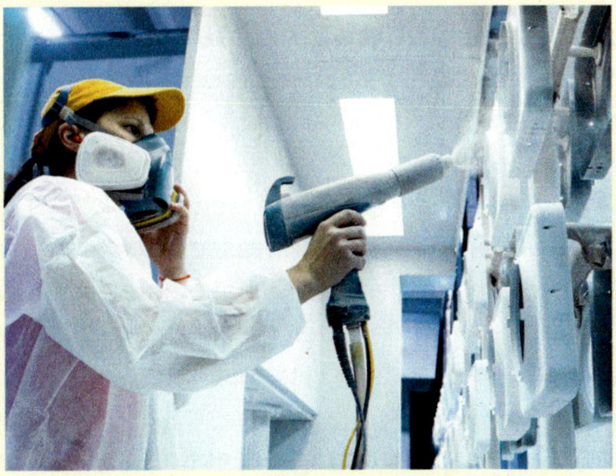

4 Eine Oberflächenbeschichterin bei der Arbeit

- Guter mittlerer Schulabschluss
- Gute Noten in naturwissenschaftlichen und mathematischen Fächern
- Sorgfalt und handwerkliches Geschick
- Technisches Verständnis
- Freude am Umgang mit Maschinen und Anlagen

1 Beschreibe Vorteile von Materialien, die eine elektrolytische Beschichtung haben.

2 Nenne drei weitere Gegenstände aus deinem Alltag, die mithilfe der Elektrolyse metallisch beschichtet wurden.

3 II Begründe, weshalb mathematische und chemische Kenntnisse für die Ausbildung zum/zur Oberflächenbeschichter/-in vorausgesetzt werden.

«

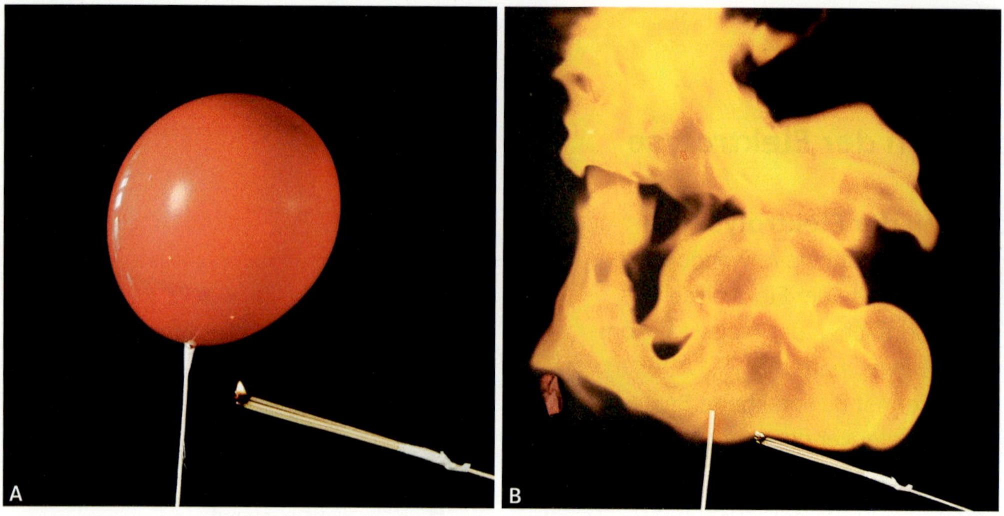

1 Die Knallgasreaktion: **A** wasserstoffgefüllter Ballon, **B** Wasserstoff reagiert mit Luftsauerstoff.

Die Synthese von Wasser

Wasserstoff – Achtung laut

Wasserstoff ist sehr reaktionsfreudig. Wird er in einen Ballon gefüllt (→Bild 1A) und mit einer Kerze gezündet, wird viel Energie frei. Die Kerze liefert die Aktivierungsenergie und entzündet dadurch den Wasserstoff im Ballon. Dieser reagiert mit Luftsauerstoff zu Wasser. Dabei ist ein lauter, dumpfer Knall zu hören und ein großer Feuerball zu sehen (→ Bild 1B).
Diese Reaktion wird **Knallgasreaktion** genannt. Diese kennst du bereits von der Knallgasprobe.

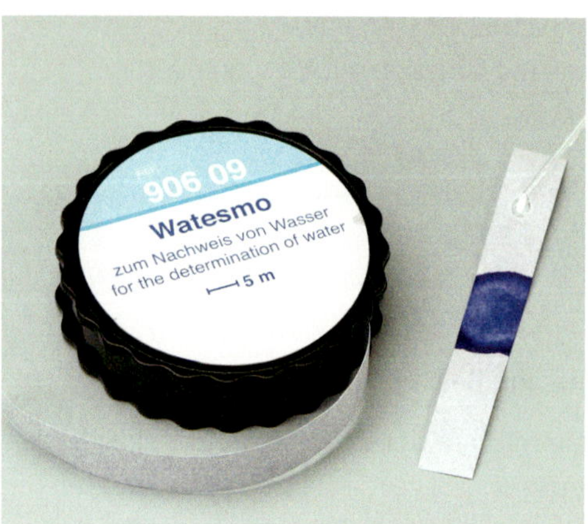

2 Wassernachweis mit Watesmo-Papier

Synthese

Bei der Knallgasreaktion reagieren die Elemente Wasserstoff und Sauerstoff miteinander. Dabei entsteht Wasser.
Dies ist eine Verbindung. Bei der Bildung von Wasser handelt es sich also um eine Synthese. Die Knallgasreaktion ist die Umkehrung der Wasserelektrolyse.
Bei der Elektrolyse wurde elektrische Energie zugeführt, um das Wasser in seine Elemente zu zerlegen. Die gleiche Menge an Energie wird bei der Knallgasreaktion wieder frei, allerdings viel schneller. Du spürst die Energie als Wärme, Licht und Schall.

Wassernachweis

Bei der Knallgasreaktion entstehet Wasser. Du kannst es mithilfe von **Watesmo-Papier** nachweisen. Das Watesmo-Papier verfärbt sich bei Berührung mit Wasser von farblos nach blau (→ Bild 2).

Wasser kann mit Watesmo-Papier nachgewiesen werden. Es verfärbt sich blau.

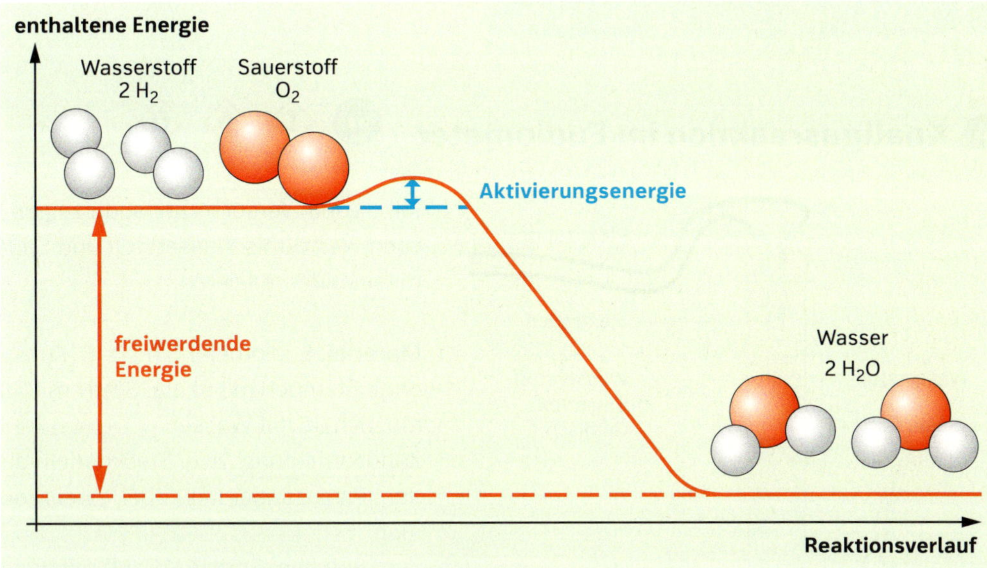

3 Das Energiediagramm der Synthese von Wasser.

Energie bei der Analyse

Die Knallgasreaktion ist eine exotherme Reaktion. Die bei der endothermen Elektrolyse des Wasserstoffs gespeicherte Energie wird bei der Knallgasreaktion schlagartig frei gesetzt. Dadurch kommt es zu einer heftigen Reaktion. Bei der Brennstoffzelle wird diese Energie genutzt, um Fahrzeuge anzutreiben. Dort findet die Reaktion aber nicht explosionsartig, sondern langsam und kontrolliert statt.

Verhältnis der Gase

Bei der Elektrolyse von Wasser werden Wasserstoff und Sauerstoff im Verhältnis zwei zu eins frei gesetzt. Für die Synthese von Wasser wird dieses Verhältnis ebenfalls benötigt. So reagieren zwei Wasserstoff-Moleküle mit einem Sauerstoff-Molekül zu zwei Wasser-Molekülen (→ Bild 4). Die Art und Anzahl der in den Molekülen enthaltenen Atome ist auf der Seite der Edukte gleich der auf der Produktseite.

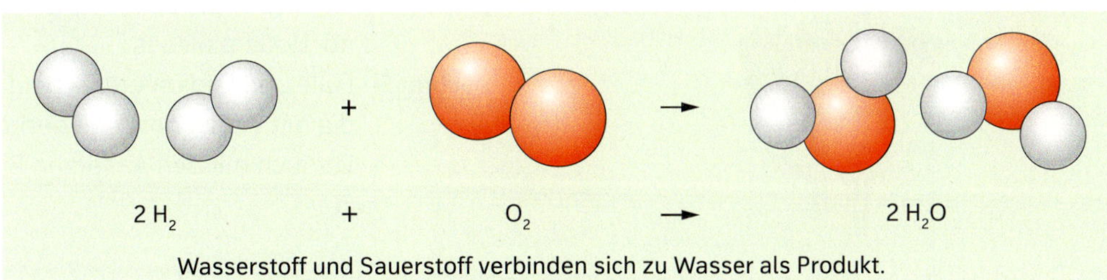

4 Das Teilchenmodell und die Reaktionsgleichung der Synthese von Wasser

1. Beschreibe die Aufgabe der Zündflamme aus chemischer Sicht in Bild 1.
2. I Begründe, dass es sich bei der Knallgasreaktion um eine exotherme Reaktion handelt.
3. II Erkläre durch Vergleich mit der Analyse von Wasser, dass die Anzahl und die Art der Atome bei der Knallgasreaktion gleich bleiben.
4. II Begründe, warum bei einer exothermen Reaktion die Aktivierungsenergie niedriger ist als bei einer endothermen Reaktion

»

FORSCHEN UND ENTDECKEN

A Knallgasreaktion im Eudiometer

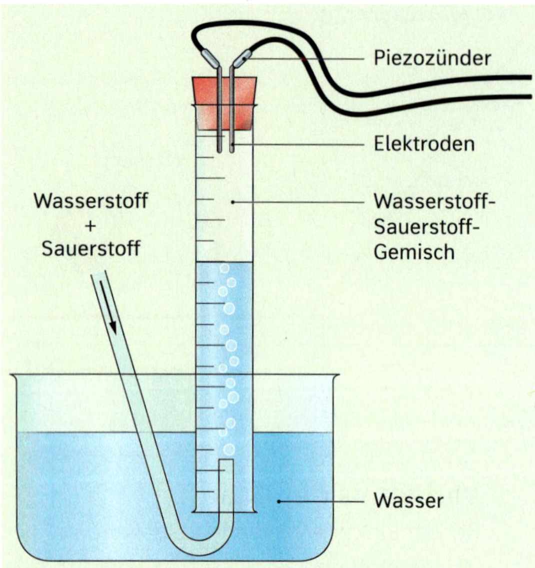

1 Schematischer Versuchsaufbau

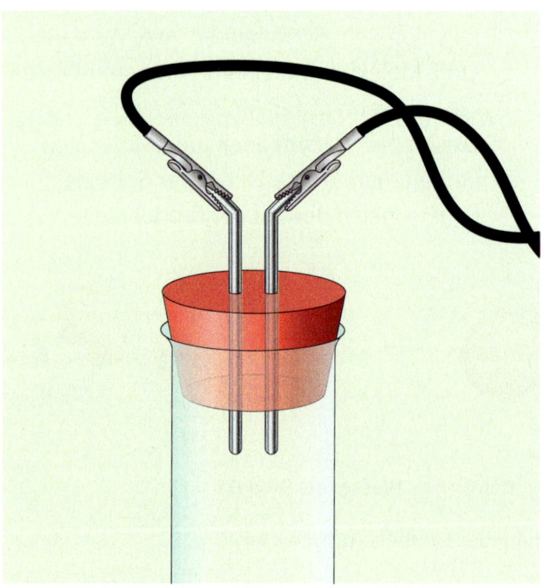

2 Aufbau der Zündvorrichtung

Ansatz	Volumen Wasserstoff	Volumen Sauerstoff	Verhältnis $H_2:O_2$
A	1,5 ml	1,5 ml	1:1
B	1,0 ml	2,0 ml	1:2
C	2,0 ml	1,0 ml	2:1

3 Reaktionsansätze

Mit diesem Versuch kannst du zeigen, in welchem Verhältnis Wasserstoff und Sauerstoff miteinander reagieren.

Material: Eudiometer 5 ml (z. B. Kunststoffspritze ohne Stempel) mit Skala, Stativ mit Stativklemme, Schale mit Wasser
Zündvorrichtung: zwei Stecknadeln als Elektroden, Piezozünder mit Kabel, zwei Krokodilklemmen
Zum Befüllen: Spritze (10 ml) mit angeschlossenem Schlauch (1x Wasserstoff, 1x Sauerstoff)

Durchführung:

Schritt 1: Baue den Versuch wie abgebildet auf (→ Bild 1 und 2). Fülle dabei das Eudiometer vollständig mit Wasser.

Schritt 2: Starte mit Ansatz A (→ Bild 3). Fülle entsprechende Mengen an Wasserstoff und Sauerstoff mit den großen Spritzen in das Eudiometer.

Schritt 3: Zünde das Knallgasgemisch mithilfe des Piezozünders.

Schritt 4: Lies das Volumen des nach der Reaktion in der Spritze verbleibenden Gases ab. Notiere dieses.

Schritt 5: Fülle das Eudiometer erneut vollständig mit Wasser und wiederhole den Versuch mit den Ansätzen B und C.

1 Übertrage die Tabelle aus Bild 3 in dein Heft. Füge dahinter eine weitere Spalte ein. Trage in diese das in der Spritze verbleibende Gasvolumen ein.

2 II Begründe, warum in Versuch C kein Gas übrig bleibt. Nenne für Versuche A und B das im Eudiometer verbleibende Gas.

ÜBEN UND ANWENDEN

A Oxidbildung und Oxidzerlegung

Wasser ist Diwasserstoffoxid

Wasser besteht aus H_2O-Molekülen. Es ist ein Oxid des Wasserstoffs. Wasser kann somit als Diwasserstoffoxid bezeichnet werden.

Bildung und Zerlegung eines Oxids

Bei der Wasser-Synthese verbindet sich ein Sauerstoff-Atom des Sauerstoff-Moleküls mit einem Wasserstoff-Molekül. Es bilden sich Diwasserstoffoxid-Moleküle (→ Bild 4). Bei der Analyse ist es umgekehrt. Bei dieser trennen sich zwei Diwasserstoffoxid-Moleküle wieder in zwei Wasserstoff-Moleküle und ein Sauerstoff-Molekül. Das Oxid wird zerlegt (→ Bild 5).

Nimmt ein Element Sauerstoff auf, wird es zu einem Oxid. Gibt ein Oxid den Sauerstoff ab, so entsteht wieder das Element.

1 Beschreibe das Zustandekommen und die Zerlegung eines Oxids. Wähle dazu eine andere Reaktion als hier abgebildet.

2 II Nenne drei Metalle und deren zugehörige Metalloxide.

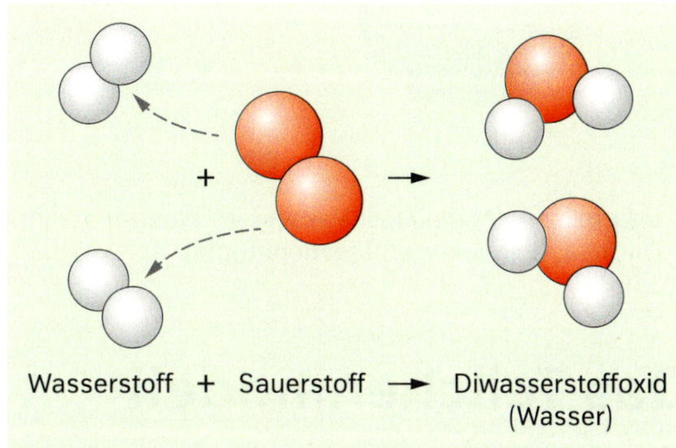

4 Die Wasser-Synthese – eine Oxidbildung

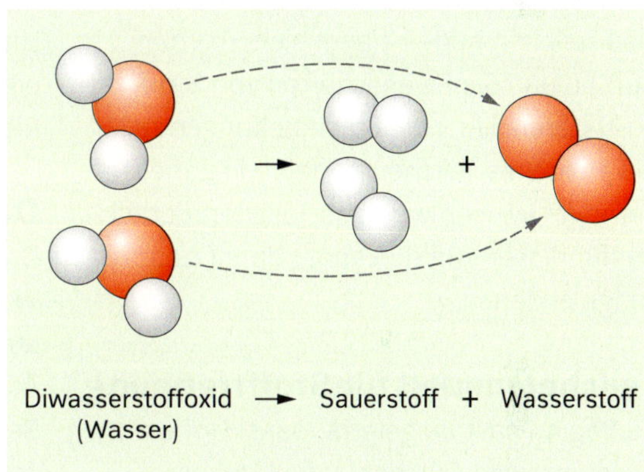

5 Die Wasser-Analyse – eine Oxidzerlegung

B Eine umkehrbare Reaktion

Nicht nur die Reaktion von Wasserstoff und Sauerstoff zu Wasser lässt sich umkehren. Auch andere Reaktionen sind umkehrbar.
Wasserfreies Kupfersulfat ist farblos (→ Bild 6A). Wird etwas Wasser zugegeben, wird das Kupfersulfat blau (→ Bild 6B). Wird das blaue Kupfersulfat über dem Brenner erhitzt, so verdampft das Wasser wieder. Das Kupfersulfat erhält seine weiße Farbe zurück.

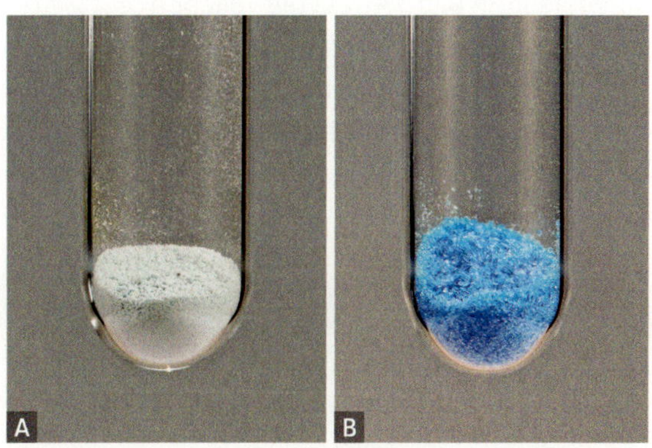

6 Kupfersulfat: **A** wasserfrei, **B** wasserhaltig

1 Schreibe eine Wortgleichung für die Hin- und die Rückreaktion von Kupfersulfat mit Wasser auf.

2 II Begründe, welche der beiden Reaktionen aus Aufgabe 1 exotherm und welche endotherm ist.

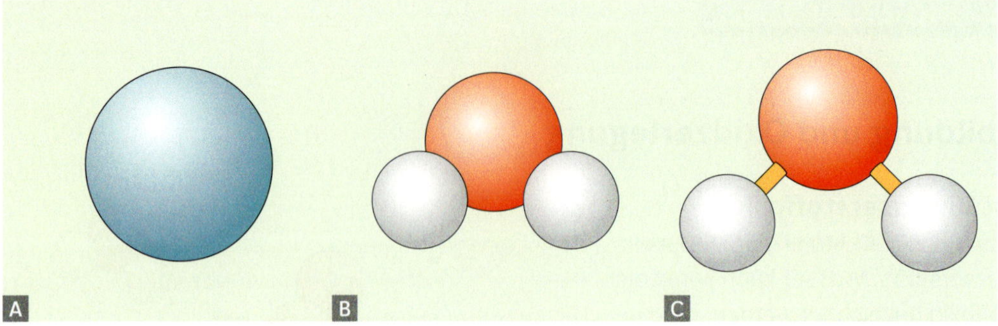

1 Das Teilchenmodell des Wassers im Wandel: **A** einfaches Teilchenmodell, **B** Teilchenmodell von DALTON, **C** erweitertes Teilchenmodell

Das Teilchenmodell

Das Teilchenmodell im Wandel

Das Teilchenmodell eignet sich, um den Aufbau und die Eigenschaften von Stoffen zu erklären. Für viele Fragestellungen reicht ein einfaches Teilchenmodell. Mit zunehmendem Wissen wird das Teilchenmodell ausführlicher und du kannst damit neue Dinge erklären.

Teilchenmodell für Stofftrennung

Zu Beginn hast du gelernt, dass Stoffe aus kugelförmigen Teilchen aufgebaut sind. Verschiedene Teilchen werden in verschiedenen Farben und Größen gezeichnet. So werden Wasser-Teilchen als blaue Kugeln dargestellt (→ Bild 1A). Da die Teilchen unterschiedlich groß sind, können sie durch Trennverfahren gut voneinander getrennt werden. Beim Filtrieren wird so Wasser von Sand getrennt (→ Bild 2).

Das erweiterte Teilchenmodell

Um chemische Reaktionen zu verstehen, eignet sich das Teilchenmodell aus Bild 1A nicht mehr. Es muss erweitert werden.

Das Teilchenmodell von DALTON

DALTON hat herausgefunden, dass ein Wasser-Molekül nicht nur eine einfache Kugel ist. Es besteht aus zwei Wasserstoff-Atomen und einem Sauerstoff-Atom.
Bei der Analyse von Wasser werden diese Atome umgruppiert, sodass Wasserstoff- und Sauerstoff-Moleküle entstehen (→ Bild 3). Bei chemischen Reaktionen werden also Atome zwischen den Reaktionspartnern übertragen. Dabei entstehen neue Moleküle. Die zugehörigen Stoffe haben andere Eigenschaften als die Ausgangsstoffe. So kannst du eine chemische Reaktion oft gut erkennen.

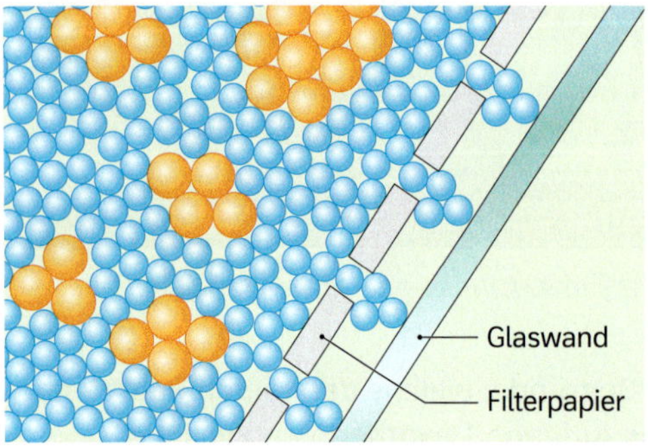

2 Teilchenmodell beim Filtrieren

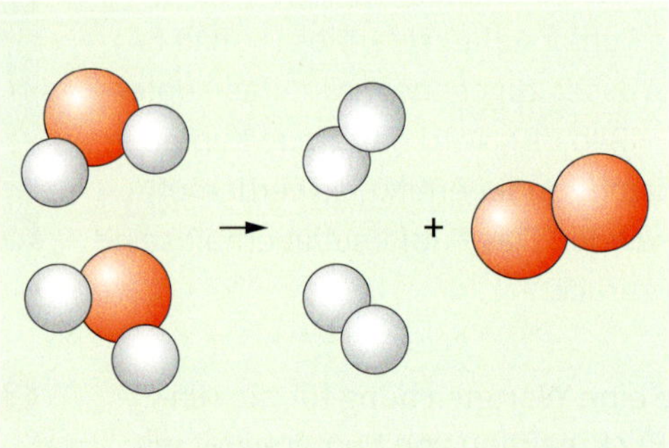

3 Die Analyse von Wasser im Teilchenmodell

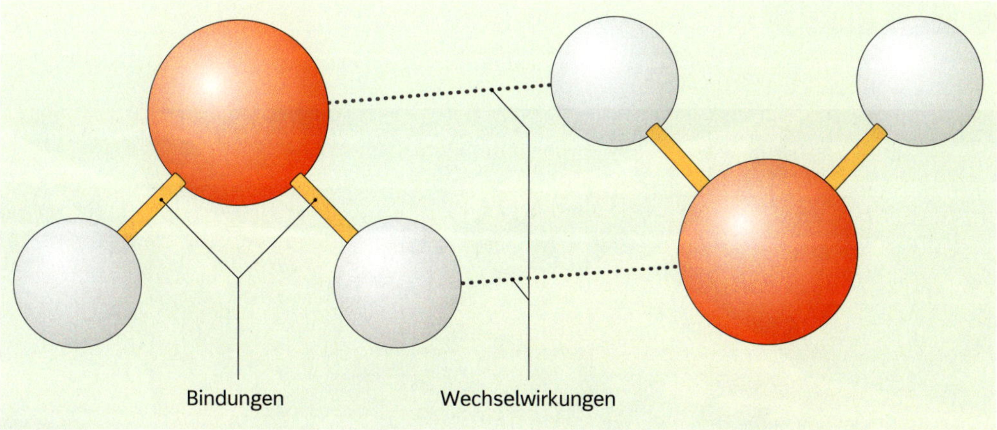

4 Bindungen innerhalb von Wasser-Molekülen und Wechselwirkungen zwischen Wasser-Molekülen

Bindungen

In einem Wasser-Molekül sind zwei Wasserstoff-Atome an ein Sauerstoff-Atom gebunden. Warum das so ist, konnte DALTON nicht erklären. Offensichtlich müssen die Atome sich gegenseitig anziehen. Diese Anziehungskräfte werden als **Bindungen** bezeichnet und als Striche gezeichnet (→ Bild 1C).

Mithilfe von Bindungen kannst du verstehen, weshalb Reaktionen exotherm oder endotherm sind. Beim Bilden von Bindungen wird Energie frei. Zum Lösen wird Energie benötigt.

Bei der Knallgasreaktion müssen die Bindungen zwischen den Wasserstoff-Atomen (H-H) und zwischen den Sauerstoff-Atomen (O-O) gelöst werden. Stattdessen werden Bindungen zwischen Wasserstoff- und Sauerstoff-Atomen gebildet (O-H). Insgesamt wird bei der Bildung mehr Energie frei als für das Spalten benötigt wird. Die Reaktion ist also exotherm.

... und Wechselwirkungen

Jeder Stoff hat eine Siede- und eine Schmelztemperatur. Wie es zu dieser kommt, konnte DALTON ebenfalls nicht erklären.

Diese Anziehungskräfte zwischen Molekülen werden **Wechselwirkungen** genannt. Sie werden oft als gepunktete Linien gezeichnet (→ Bild 4). Verwechsle sie nicht mit den Bindungen zwischen den Atomen eines Moleküls.

Je stärker sich die Moleküle gegenseitig anziehen, desto höher ist die Schmelz- und Siedetemperatur des Stoffs. Wasser-Moleküle ziehen sich gegenseitig stark an. Wasser hat deshalb für Flüssigkeiten eine vergleichsweise hohe Siedetemperatur von 100 °C.

> Die Anziehungskräfte zwischen Atomen werden als Bindungen bezeichnet.
> Die Anziehungskräfte zwischen Molekülen werden Wechselwirkungen genannt.

1. Beschreibe den Unterschied zwischen dem einfachen Teilchenmodell und dem Teilchenmodell von DALTON.
2. I Beschreibe den Unterschied zwischen Bindungen und Wechselwirkungen.
3. I Nenne eine Stoffeigenschaft, die sich durch Wechselwirkungen erklären lässt.
4. II **a)** Zeichne ein Ammoniak-Molekül (NH_3) in drei verschiedenen Modellen.
   III **b)** Gib an, welche Sachverhalte jeweils damit erklärt werden können.

»

METHODE

1 Der Oktopus – der Name verrät die Anzahl der Arme.

Die Sprache der Chemiker

Mono oder Di?

Ein Kohlenstoff**mono**oxid-Molekül besteht aus einem Kohlenstoff-Atom und einem Sauerstoff-Atom. Das **mono** im Namen kommt aus dem Griechischen und steht für „einzig" oder „allein". Es bezieht sich auf die Anzahl der Sauerstoff-Atome im Molekül. Die chemische Formel lautet CO.
Das Kohlenstoff**di**oxid-Molekül besteht aus einem Kohlenstoff-Atom und zwei Sauerstoff-Atomen. Das **di** steht für „zwei" und sagt aus, dass in einem Kohlenstoffdioxid-Molekül ein Kohlenstoff- und zwei Sauerstoff-Atome enthalten sind. Die chemische Formel ist CO_2.

Die Silbe entscheidet

Um die Anzahl an Atomen in einem Molekül anzugeben, werden griechische Silben verwendet. **Mono** (1), di (2), **tri** (3) und **tetra** (4) sind die am häufigsten benutzten Silben (→ Bild 2). Diese Regel gilt für alle Moleküle, aber auch im Alltag. Die Silbe **octa** (8) findet sich auch im Namen einer achtarmigen Krake, dem Oktopus (→ Bild 1).

Anzahl	Silbe
1	mono
2	di
3	tri
4	tetra
5	penta
6	hexa
7	hepta
8	octa

2 Silben zur Benennung von Molekülen

Die griechischen Silben in den Namen von Molekülen geben die Anzahl an Atomen einer Atomsorte an.

1 Nenne weitere Begriffe aus dem Alltag, in denen die in Bild 2 genannten Silben vorkommen.

2 II Leite aus den chemischen Formeln SO_2 und SO_3 die Namen der Moleküle ab.

3 II Leite aus den Namen Stickstoffdioxid und Distickstofftetraoxid die Formeln der Stoffe her.

ÜBEN UND ANWENDEN

A Bildern griechische Silben zuordnen

3 Geometrische Formen überall

Im Alltag gibt es viele Gegenstände, deren Namen sich auf griechische Zahlensilben beziehen (→ Bild 3).

1 Ordne den Bildern die folgenden griechischen Silben zu: tetra, hepta, hexa.

B Verbindungen zuordnen

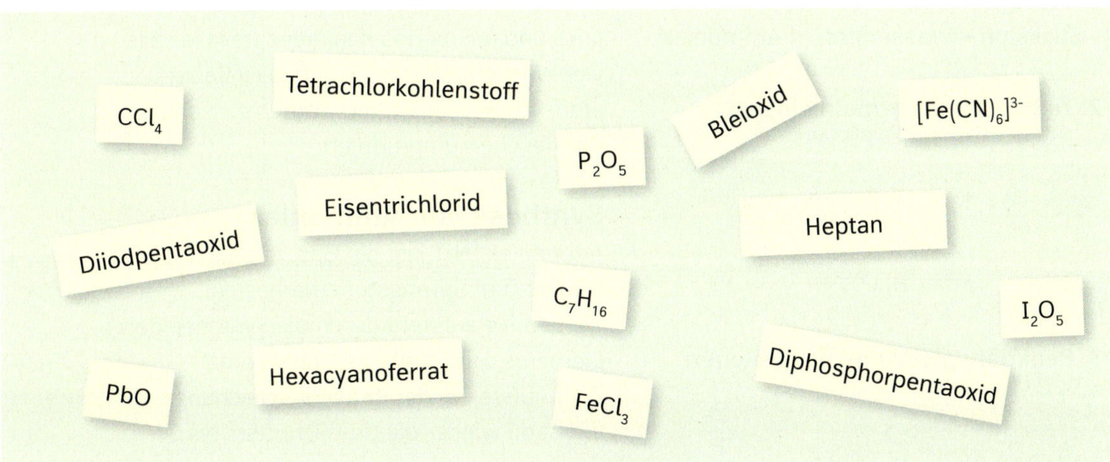

4 Formeln und Namen verschiedener Stoffe

In Bild 4 stehen verschiedene Formeln und Namen von Stoffen. Auch ohne diese Stoffe zu kennen, kannst du den Stoffen die richtige Formel zuordnen. Nutze die Tabelle in Bild 2.

1 Übertrage die Namen und Formeln in dein Heft. Markiere die griechischen Silben in den Namen und die zugehörigen Zahlen in den Formeln in der gleichen Farben.

2 **III** Ordne den chemischen Formeln die zugehörigen Namen zu.

«

Reakionsgleichungen aufstellen

1. Wortgleichung aufstellen

Wasserstoff + Sauerstoff → Wasser

2. Teilchen und Formeln einsetzen

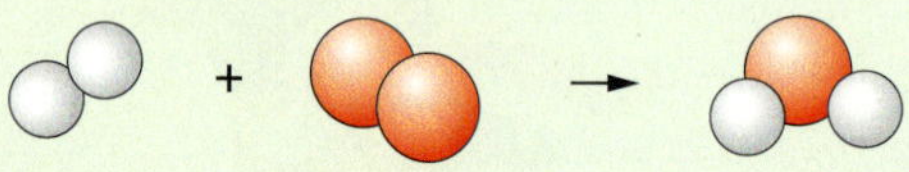

H_2 + O_2 → H_2O

3. Reaktionsgleichung ausgleichen

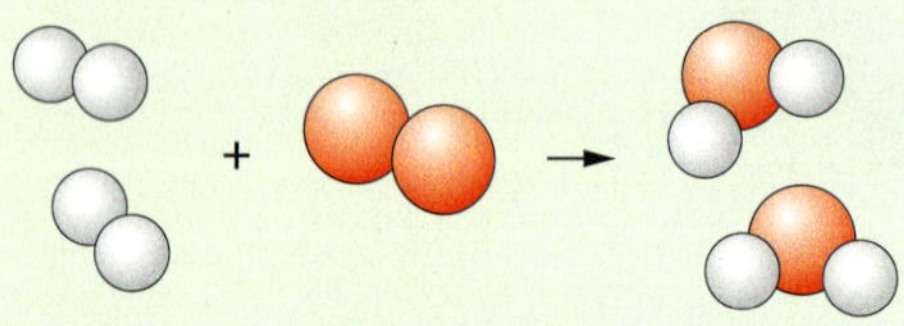

$2\,H_2$ + O_2 → $2\,H_2O$

1 Das Aufstellen der Reaktionsgleichung für die Reaktion von Wasserstoff mit Sauerstoff zu Wasser.

1. Wortgleichung aufstellen

Stickstoff + Wasserstoff → Ammoniak

2. Teilchen und Formeln einsetzen

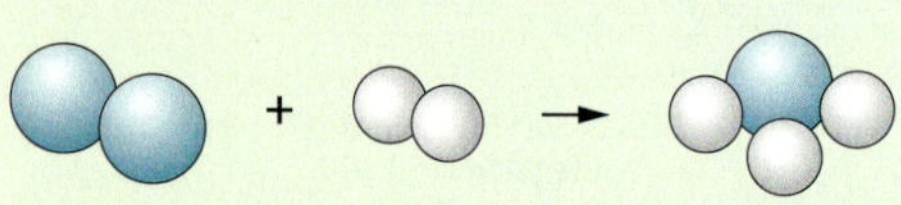

N_2 + H_2 → NH_3

3. Reaktionsgleichung ausgleichen

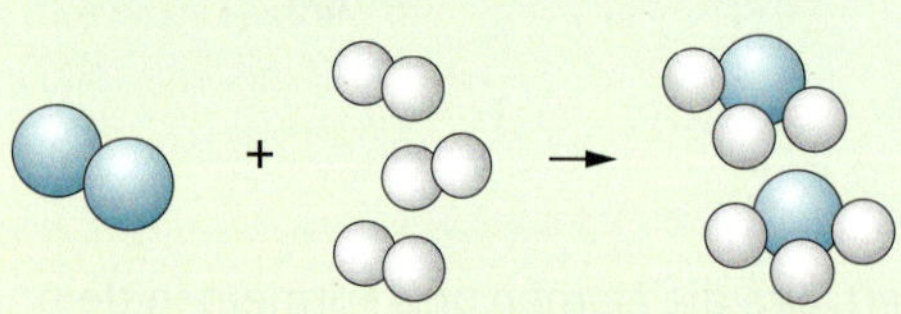

N_2 + $3\,H_2$ → $2\,NH_3$

2 Das Aufstellen der Reaktionsgleichung für die Reaktion von Stickstoff mit Wasserstoff zu Ammoniak.

Chemische Reaktionen darstellen

Eine Wortgleichung stellt dar, welche Stoffe bei einer chemischen Reaktion miteinander reagieren. Um sagen zu können, in welchem Verhältnis die Teilchen miteinander reagieren, werden **Reaktionsgleichungen** verwendet. In diesen werden die Stoffe in Formelschreibweise angegeben.

Reaktionsgleichungen aufstellen

Gehe so vor, wie es anhand der Verbrennung von Wasserstoff in Bild 1 gezeigt wird: Zuerst stellst du die Wortgleichung auf. Dann setzt du die Formeln der Stoffe ein. Im letzten Schritt gleichst du die Anzahl der Atome auf beiden Seiten aus.
Die Art und Anzahl der Atome auf der linken und der rechten Seite des Reaktionspfeils muss nach Schritt 3 gleich groß sein. An den Formeln selbst darf nichts geändert werden. Das Ausgleichen erfolgt, indem du eine Zahl vor die Formel des Moleküls schreibst.
In Bild 1 stehen nach dem Ausgleichen links und rechts des Reaktionspfeils jeweils vier Wasserstoff-Atome und zwei Sauerstoff-Atome. Die Atome werden zwischen den Teilchen umgruppiert.

Synthese von Ammoniak

Ammoniak (**NH_3**) ist ein Gas, aus dem Dünger und Sprengstoffe hergestellt werden. Es entsteht durch die Synthese der Elemente Stickstoff und Wasserstoff.
Zum Aufstellen der Reaktionsgleichung führst du wieder die drei Schritte 1 bis 3 durch (→ Bild 2).
Bei Schritt 3 müssen sich beide Stickstoff-Atome des N_2-Moleküls im Produkt wiederfinden. Deshalb müssen zwei NH_3-Moleküle entstehen. In diesen sind sechs Wasserstoff-Atome enthalten.
Auf der Seite der Edukte werden also drei H_2-Moleküle benötigt.

1. Wortgleichung aufstellen

Wasserstoff + Schwefel → Schwefelwasserstoff

2. Teilchen und Formeln einsetzen

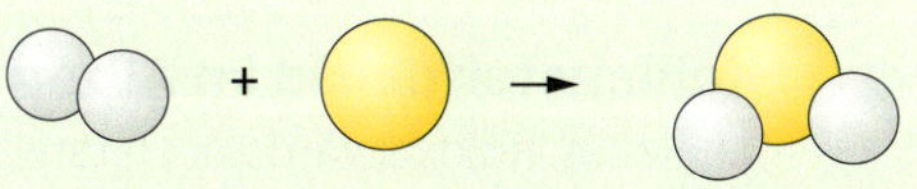

H_2 + S → H_2S

3. Reaktionsgleichung ausgleichen

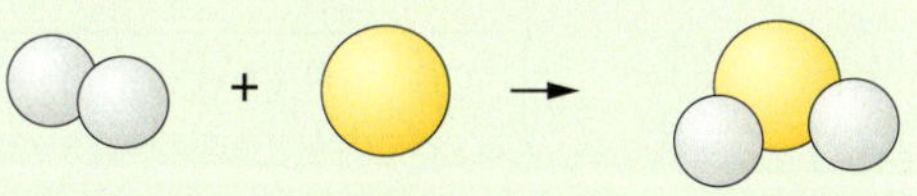

Die Anzahl der Atome ist schon ausgeglichen.

H_2 + S → H_2S

3 Das Aufstellen der Reaktionsgleichung für die Reaktion von Wasserstoff mit Schwefel zu Schwefelwasserstoff.

1. Wortgleichung aufstellen

Kohlenstoff + Wasserstoff → Propan

2. Teilchen und Formeln einsetzen

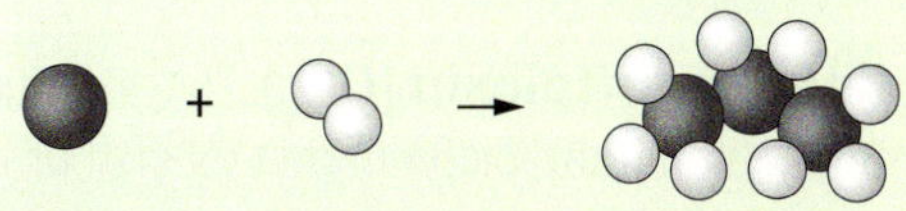

C + H_2 → C_3H_8

3. Reaktionsgleichung ausgleichen

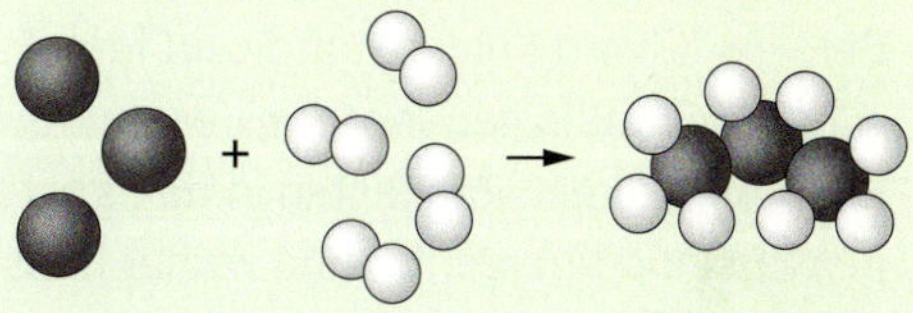

3 C + 4 H_2 → C_3H_8

4 Das Aufstellen der Reaktionsgleichung für die Reaktion von Kohlenstoff mit Wasserstoff zu Propan.

Stinkbomben

Durch die Reaktion von Wasserstoff mit Schwefel kann Schwefelwasserstoff (**H_2S**) hergestellt werden. Dieses Gas war früher für den üblen Geruch von Stinkbomben verantwortlich.
Beim Aufstellen muss nicht einmal ausgeglichen werden, da links und rechts schon gleiche Anzahlen an Wasserstoff- und Schwefel-Atomen stehen (→ Bild 3).

Feuerzeuggas

Der Hauptbestandteil von Feuerzeuggas ist Propan (**C_3H_8**). Dieses kann aus den Elementen Kohlenstoff und Wasserstoff hergestellt werden (→ Bild 4).

> Beim Aufstellen von Reaktionsgleichungen müssen links und rechts des Reaktionspfeils die gleiche Art und Anzahl an Atomen stehen. Beim Ausgleichen dürfen die Teilchen nicht verändert werden.

1. Beschreibe die einzelnen Schritte beim Aufstellen einer Reaktionsgleichung.
2. I Stelle die Reaktionsgleichung der Wasseranalyse auf.
3. Schreibe die Reaktionsgleichungen in dein Heft und gleiche sie aus:
   - II **a)** ... Fe + ... O_2 → ... FeO
   - II **b)** ... Na + ... Cl_2 → ... NaCl
   - III **c)** ... Al + ... O_2 → ... Al_2O_3
4. III Stelle die Reaktionsgleichung der Reaktion von Stickstoff mit Sauerstoff zu Stickstoffmonooxid (NO) auf.

»

IM ALLTAG

Kohlenstoff kann verschiedene Oxide bilden

Kohlenstoffdioxid (CO_2)

Bei Kohlenstoffdioxid handelt es sich um ein farb- und geruchloses Gas. Es entsteht bei der Verbrennung von Kohlenstoff:

$$C + O_2 \rightarrow CO_2$$

Bei –78 °C wird Kohlenstoffdioxid fest. Es wird **Trockeneis** genannt, weil es beim Erwärmen direkt vom festen in den gasförmigen Zustand übergeht, ohne vorher flüssig zu werden. Es sublimiert.
Trockeneis kann zum Erzeugen von Nebel verwendet werden (→ Bild 1).

1 Trockeneis als Dekoration in einem Getränk

Die Kalkwasserprobe

Klares Kalkwasser trübt sich, wenn Kohlenstoffdioxid eingeleitet wird. Diese Trübung dient als Nachweis für Kohlenstoffdioxid und wird **Kalkwasserprobe** genannt (→ Bild 2).

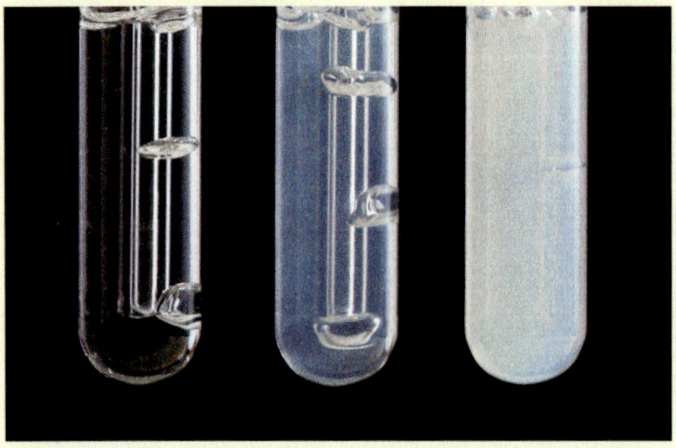

2 Eine Kalkwasserprobe wird durchgeführt.

Kohlenstoffdioxid im Alltag

Kohlenstoffdioxid wird zur Herstellung von Erfrischungsgetränken verwendet. Dazu wird Kohlenstoffdioxid unter Druck in Wasser eingepresst. Dabei löst es sich in Wasser und bildet in geringer Menge **Kohlensäure:**

$$CO_2 + H_2O \rightarrow H_2CO_3$$

Öffnest du eine Sprudelflasche, siehst du kleine Gasbläschen aufsteigen. Das ist das Kohlenstoffdioxid, das wieder frei wird (→ Bild 3).

3 Kohlenstoffdioxid in Mineralwasser

Kohlenstoffdioxid wird beim Backen genutzt, um Kuchen oder Brot aufgehen zu lassen. Dazu wird dem Teig Backpulver zugesetzt, aus dem beim Erwärmen im Backofen Kohlenstoffdioxid freigesetzt wird. Es entstehen kleine Gasblasen und der Teig wird lockerer.

4 Kohlenstoffdioxid lässt Teig aufgehen.

Kohlenstoffmonooxid (CO)

Kohlenstoffmonooxid ist ein farbloses und geruchloses Gas. Es ist sehr giftig und führt schon bei kleinen eingeatmeten Mengen zum Ersticken, da die Sauerstoffträger im Blut blockiert werden.

Ein Erwachsener und zwei Kinder sind am Mittwochabend mit einer Kohlenstoffmonooxid-Vergiftung ins Krankenhaus gebracht worden.
Der Rettungsdienst war am Mittwoch gegen 21 Uhr in die Wohnung gerufen worden. Dort fand er ein Kind bewusstlos vor. Die beiden anderen Familienangehörigen, unter anderem der 40-jährige Vater, klagten über Übelkeit und Schwindel. Sie hatten auf einem geschlossenen Balkon gegrillt.
Die Familie wurde in eine Klinik eingeliefert.

5 Ein Zeitungsartikel

Gefahr beim Verbrennen von Kohle

Bei der Verbrennung von Kohle oder Kohlenstoff entsteht hauptsächlich Kohlenstoffdioxid. In kleinen Mengen entsteht aber immer auch Kohlenstoffmonooxid. Zieht ein offener Kamin schlecht oder wird in geschlossenen Räumen mit Kohle gegrillt, kann es dazu kommen, dass sich im Raum Kohlenstoffmonooxid ansammelt. Es wird so zu einer tödlichen Gefahr.

6 Grillen – nur im Freien!

Abgase aus Motoren

Kohlenstoffmonooxid entsteht auch beim Verbrennen von Treibstoffen wie Benzin. Die Abgase aus Automobilen haben früher vergleichsweise viel Kohlenstoffmonooxid freigesetzt. Seit die Autos mit Katalysatoren ausgestattet wurden, sind Vergiftungen durch Kohlenstoffmonooxid selten geworden. Ein Katalysator führt dazu, dass Kohlenstoffmonooxid mit Luftsauerstoff weiter in Kohlenstoffdioxid umgewandelt wird:

$$2\,CO + O_2 \rightarrow 2\,CO_2$$

7 Autoabgase – heute fast CO-frei

1. Nenne die beiden Gase, die bei der Verbrennung von Kohlenstoff entstehen.
2. Nenne die Wortgleichung der Kohlensäure-Herstellung an.
3. Beschreibe den Fehler, den die Familie im Zeitungsartikel (→ Bild 5) gemacht hat.
4. **II** Schlage Maßnahmen für ein sicheres Grillen vor.
5. **II** Begründe, dass die meisten Verbrennungsmotoren heutzutage kaum noch Kohlenstoffmonooxid freisetzen.

«

Auf einen Blick: Reaktionen mit Teilchen erklärt

Die Masse bleibt erhalten

Bei einer chemischen Reaktion bleibt die Masse erhalten. Dies bedeutet, dass die Summe der Massen aller Stoffe vor der Reaktion gleich der Summe der Massen nach der Reaktion ist. Oftmals sind dabei nicht alle Stoffe sichtbar, sodass es den Anschein hat, dass sich die Masse ändert.

WICHTIGE BEGRIFFE
- Erhaltung der Masse
- Erhaltung der Atomsorte und der Atomanzahl

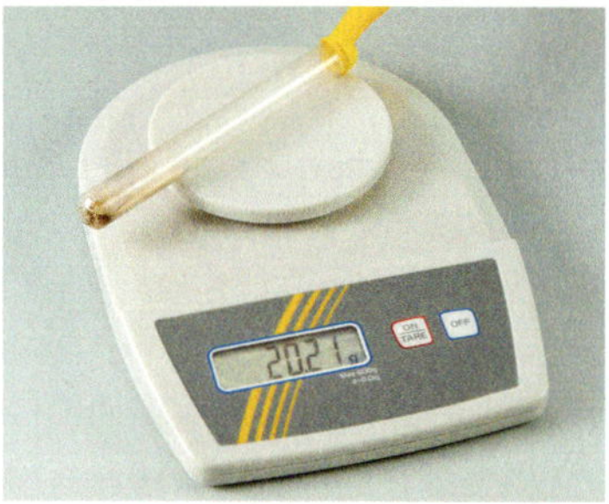

Atomanzahl bleibt erhalten

Bei jeder chemischen Reaktion bleiben die Anzahl und die Art der eingesetzten Atome erhalten. Die Atome werden zwischen den Molekülen umgruppiert, das heißt neu verknüpft. Durch die Umgruppierung entstehen neue Stoffe mit anderen Eigenschaften.

Analyse und Synthese von Wasser

Bei der Analyse von Wasser entstehen Wasserstoff und Sauerstoff. Dafür muss kontinuierlich Energie zugeführt werden. Es handelt sich also um eine endotherme Reaktion.
Bei der Synthese geschieht das Umgekehrte. Wasserstoff und Sauerstoff reagieren zu Wasser. Hierbei wird die bei der Analyse eingesetzte Energie wieder frei.
Eine solche Reaktion wird umkehrbare Reaktion genannt.

WICHTIGE BEGRIFFE
- Analyse
- Synthese
- Elektrolyse
- Aktivierungsenergie
- chemisch gespeicherte Energie

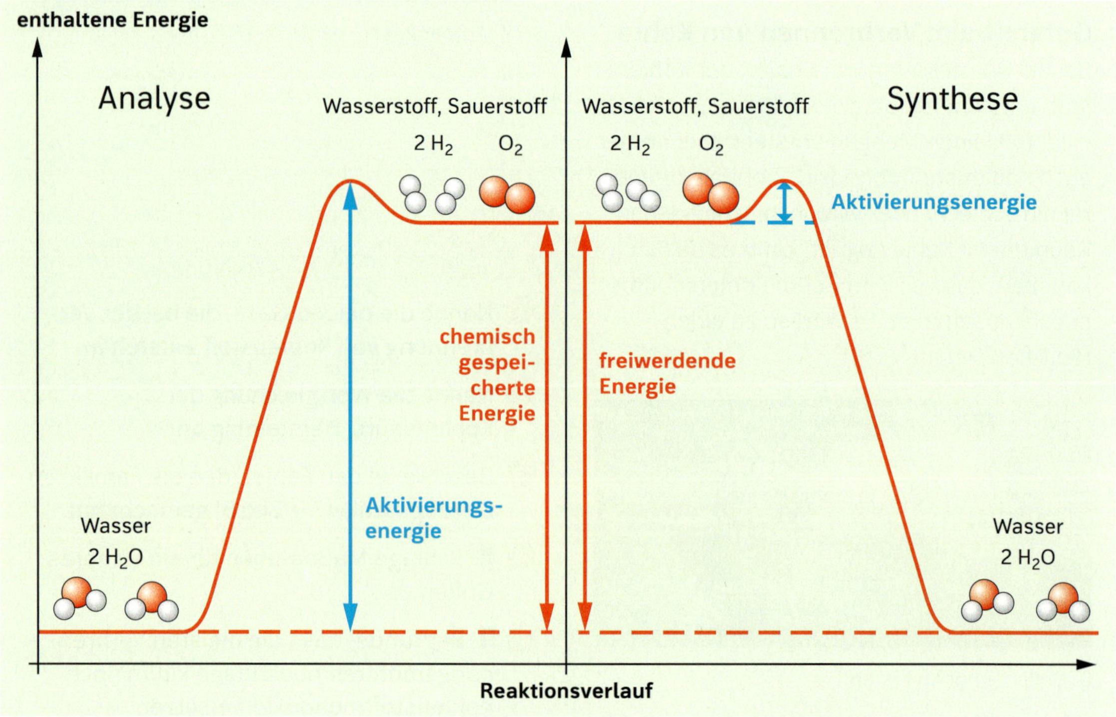

Anziehungskräfte zwischen Atomen

Die Atome innerhalb von Molekülen werden durch Bindungen zusammengehalten. Bindungen entstehen durch Anziehungskräfte zwischen den Atomen. Sie sind vergleichsweise stark. Werden Bindungen gebrochen, geht der Stoff kaputt. Dies passiert zum Beispiel, wenn du eine Pizza im Ofen vergisst und sie schwarz wird.

WICHTIGE BEGRIFFE

- Bindungen
- Wechselwirkungen
- Anziehungskräfte

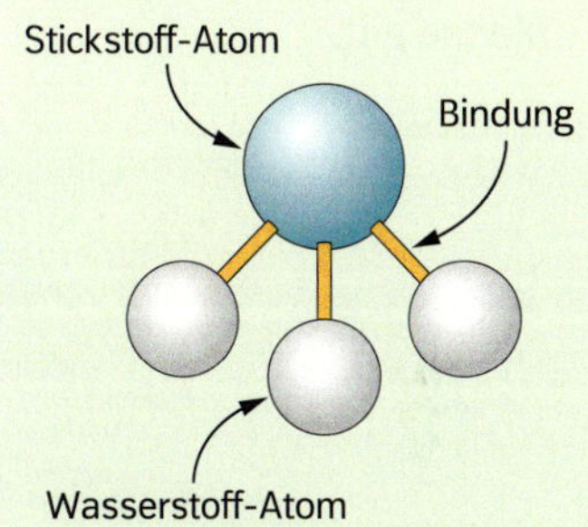

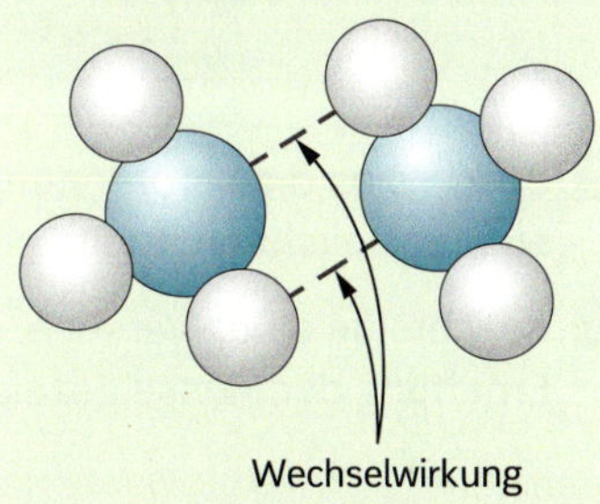

Moleküle bilden Wechselwirkungen aus

Moleküle ziehen sich auch gegenseitig an. Diese Wechselwirkungen haben einen Einfluss auf die physikalischen Eigenschaften, insbesondere die Schmelz- und Siedetemperatur. Je stärker die gegenseitige Anziehung ist, desto höher ist die Schmelz- und die Siedetemperatur eines Stoffs.

Namen verraten die Zusammensetzung

In den Namen von Molekülen finden sich griechische Zahlenangaben. Diese geben Auskunft über die Anzahl der enthaltenen Atome.

WICHTIGE BEGRIFFE

- mono (1)
- di (2)
- tri (3)
- tetra (4)
- penta (5)
- hexa (6)
- hepta (7)
- octa (8)

Aufstellen von Reaktionsgleichungen

Eine Reaktionsgleichung gibt das Verhältnis der reagierenden Teilchen in einer chemischen Reaktion an. Dabei wird die Symbolschreibweise verwendet und die Anzahl der entsprechenden Teilchen vor das jeweilige Symbol geschrieben. Die Art und Anzahl der enthaltenen Atome muss links (Edukte) und rechts (Produkte) des Reaktionspfeils gleich sein.

Das Aufstellen einer Reaktionsgleichung erfolgt in drei Schritten:

① Stelle die Wortgleichung auf.
Stickstoff + Wasserstoff → Ammoniak

② Setze die Formeln der Stoffe ein.
$N_2 + H_2 \rightarrow NH_3$

③ Gleiche die Anzahl an Atomen auf beiden Seiten aus.
$N_2 + 3\,H_2 \rightarrow 2\,NH_3$

WICHTIGE BEGRIFFE

- Reaktionsgleichung
- Edukt
- Produkt

Lerncheck: Reaktionen mit Teilchen erklärt

Die Masse und die Atomanzahl bleiben erhalten

1 Begründe, warum bei einer brennenden Kerze die Masse der Kerze im Laufe der Zeit abnimmt, aber trotzdem die Erhaltung der Masse gilt.

2 Beschreibe die Verbrennung von Kohlenstoff im Teilchenmodell.

3 Beschreibe einen Versuch, mit dem die Erhaltung der Masse gezeigt werden kann.

Die Analyse und die Synthese von Wasser

4 Beschreibe einen Versuch, mit dem Wasser in seine Elemente gespalten werden kann.

5 Stelle die Wortgleichungen der Wasseranalyse und der Wassersynthese auf.

6 Beschreibe die Unterschiede im Energiediagramm der Wasseranalyse und der Wassersynthese.

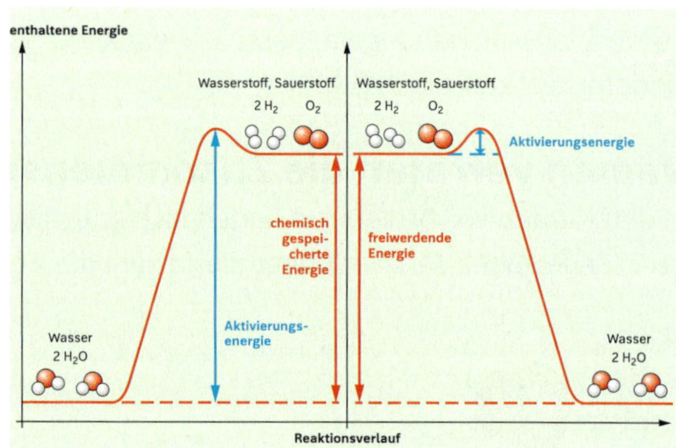

7 Beschreibe die Durchführung des Wassernachweises.

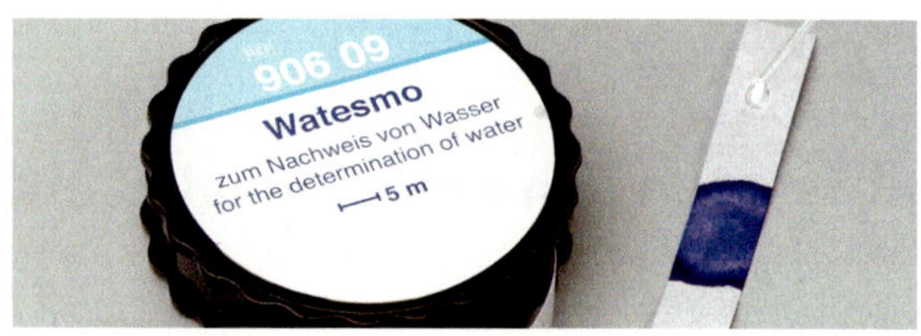

DU KANNST JETZT ...

- ... die Erhaltung der Masse bei chemischen Reaktionen beschreiben.
- ... die Erhaltung der Masse mit der Umgruppierung von Teilchen erklären.
- ... Versuche zur Erhaltung der Masse beschreiben.
- ... die Erhaltung von Atomanzahl und Atomsorte bei chemischen Reaktionen beschreiben.

DU KANNST JETZT ...

- ... die Elektrolyse als chemische Reaktion beschreiben, bei der dauerhaft elektrische Energie zugeführt werden muss.
- ... die Elektrolyse als endotherme chemische Reaktion beschreiben.
- ... Analyse und Synthese als entgegengesetzt verlaufende Reaktionen beschreiben.
- ... Energiediagramme endo- und exothermer Reaktionen zeichnen.

Atome werden von Bindungen zusammengehalten

8 Begründe, dass das Teilchenmodell, in dem Wasser als blaue Kugel gezeichnet wird, für chemische Reaktionen erweitert werden muss.

9 Eines der drei unten stehenden Bilder zeigt das Teilchenmodell nach DALTON. Gib an, um welches es sich handelt.

10 Beschreibe den Unterschied zwischen Bindungen und Wechselwirkungen anhand eines Beispiels.

11 Beschreibe den Zusammenhang zwischen der Stärke der Anziehungskräft von Atomen mit dem Schmelz- und Siedepunkt eines Stoffes.

Reaktionsgleichungen aufstellen

12 Stelle die Reaktionsgleichung der Synthese von Wasser auf.

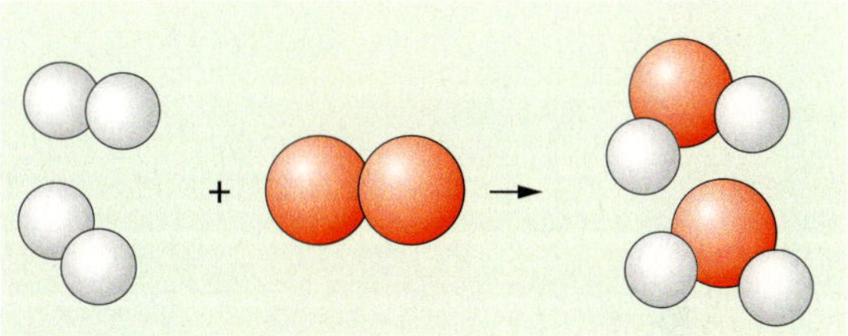

13 Stelle die Reaktion von Wasserstoff mit Schwefel zu Schwefelwasserstoff im Teilchenmodell und als Reaktionsgleichung auf.

14 Überführe die folgende Reaktionsgleichung in eine Wortgleichung: $N_2 + 3\,H_2 \rightarrow 2\,NH_3$

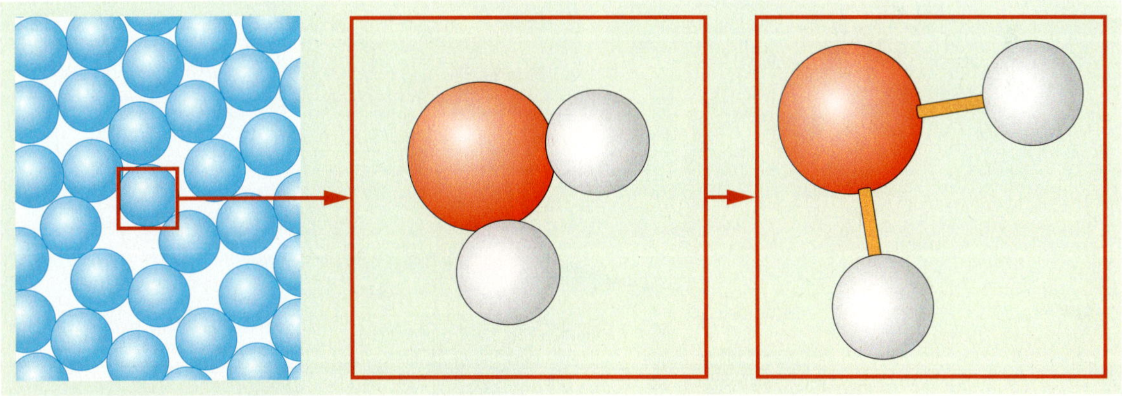

DU KANNST JETZT ...

- ... Anwendungen des Teilchenmodells nennen.
- ... den Wandel des Teilchenmodells begründen.
- ... das Teilchenmodell von DALTON beschreiben.

DU KANNST JETZT ...

- ... den Unterschied zwischen Bindungen und Wechselwirkungen erklären.
- ... Bindungen und Wechselwirkungen im Teilchenmodell zeichnen.
- ... Reaktionsgleichungen aufstellen.
- ... chemische Reaktionen im Teilchenmodell darstellen.

Chemie in Alltag und Technik

Wie werden Metalle hergestellt?

Mit welchem Material werden solche Häuser gebaut?

Ist das Elektroauto das Fahrzeug der Zukunft?

1 Ein Hochofen

Eisen aus dem Hochofen

Der Hochofen

In einem Hochofen wird **Roheisen** aus **Eisenerz** und **Koks** gewonnen.
Ein Hochofen ist ein 30 bis 50 Meter hoher Schachtofen. Er hat einen Durchmesser von mehr als zehn Metern. Seine Wände bestehen aus feuerfesten Steinen und einem Stahlgerüst. Im Hochofen herrschen Temperaturen von bis zu 2000 °C. Die Wände werden ständig mit Wasser gekühlt. Er wird im Dauereinsatz zwischen 10 und 20 Jahren betrieben.
Hochöfen gibt es seit rund 5000 Jahren. Die Technik hat sich von damals einfachen Lehmöfen zu modernen Industrieanlagen weiterentwickelt (→ Bild 1).

2 Hämatit wird auch Roteisenerz genannt.

Vorkommen von Eisenerz

Zum Betrieb eines Hochofens wird Eisenerz benötigt. Eisen kommt in der Natur nicht elementar, sondern in Form seiner Verbindungen im Erdboden vor. Dabei handelt es sich meist um Eisenoxide. Diese sind an ihrer gelblichen oder rötlichen Färbung zu erkennen. Eines der häufigsten Eisenerze ist der Hämatit (→ Bild 2) und der Magnetit.

Funktionsweise des Hochofens

Koks und Eisenerz werden abwechselnd von oben in den Hochofen eingefüllt. Dieser Vorgang heißt **Beschickung**. Dem Eisenerz werden Kalkstein und Quarzsand beigemischt. Koks ist eine reine Form von Kohlenstoff und dient vor allem als Brennstoff.
Im Hochofen finden bei großer Hitze Reaktionen statt, bei denen aus Eisenoxid und Kohlenstoff am Ende Eisen und Kohlenstoffdioxid entstehen. Das Roheisen fließt nach unten und wird regelmäßig abgelassen.
Als Nebenprodukt entsteht die **Schlacke**. Sie schwimmt auf dem flüssigen Roheisen. Auch sie wird regelmäßig entfernt.

Vorwärmzone

In der **Vorwärmzone** wird das Gemisch im Hochofen durch die aufsteigenden heißen Gase auf rund 600 °C erwärmt und getrocknet.

Reduktionszone

Hier wird zur Verbrennung des Kohlenstoffs Heißluft eingeblasen (→ Bild 3), so dass er zu Kohlenstoffmonooxid (CO) verbrennt. Das Kohlenstoffmonooxid kann noch weiteren Sauerstoff aufnehmen. Den entzieht es dem Eisenoxid (FeO). Das Eisenoxid wird dadurch zu metallischem Eisen reduziert, das Kohlenstoffmonooxid wird dabei zu Kohlenstoffdioxid (CO_2) oxidiert. Bei diesen Vorgängen entsteht sehr viel Wärme. Die Eisenherstellung ist also eine exotherme Reaktion.

Eisenoxid + Kohlenstoffmonooxid →
Eisen + Kohlenstoffdioxid + *E*

Schmelzzone

In der Schmelzzone herrschen Temperaturen bis 2000 °C. Hier sammelt sich das flüssige Roheisen. Auf dem Roheisen schwimmt die Schlacke. Sie verhindert die Reaktion des Roheisens mit Sauerstoff. In regelmäßigen Abständen wird der Hochofen unten geöffnet. Bei einem solchen **Abstich** läuft das glühende Roheisen aus dem Hochofen und wird von der Schlacke getrennt.

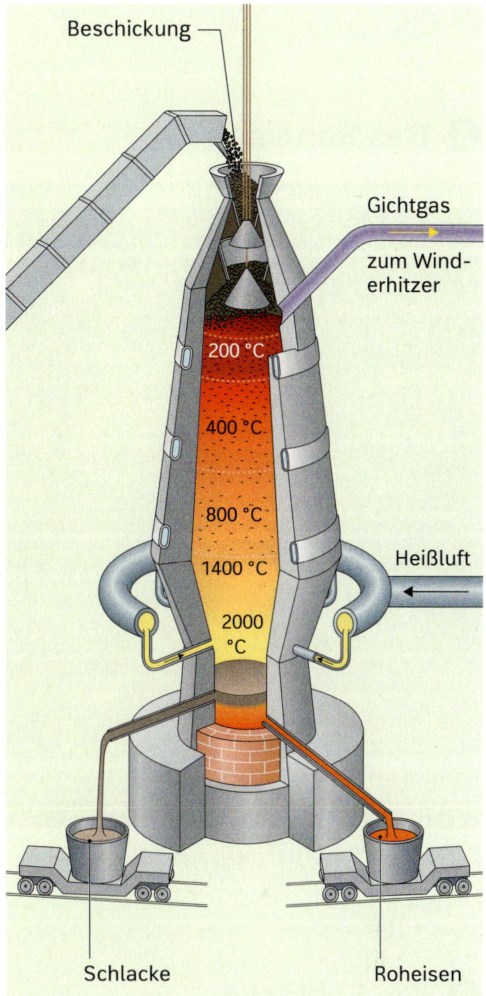

3 schematische Zeichnung eines Hochofens

Eisen wird in Hochöfen aus Eisenerz hergestellt. Dazu wird das Eisenerz reduziert. Hierfür wird Koks verwendet.

1. **a)** Erkläre den Begriff Eisenerz.
   b) Recherchiere weitere Sorten von Eisenerzen.
2. Beschreibe den Aufbau eines Hochofens.
3. **I** Erläutere die Funktion des Kokses im Hochofen.
4. **I** Beschreibe das Befüllen des Hochofens.
5. **II** Ordne den drei Bereichen des Hochofens die dort ablaufenden Vorgänge zu.
6. **II** Beschreibe die chemischen Prozesse, die in der Reduktionszone des Hochofens stattfinden.

Starthilfe zu 5:

Bereich	Vorgänge
Vorwärmzone	...
...	...

»

ÜBEN UND ANWENDEN

A Das Roheisen

1 Flüssiges Roheisen fließt aus dem Hochofen.

Im Hochofen entsteht aus Eisenerz flüssiges **Roheisen**. Dieses wird am Fuß des Hochofens in regelmäßigen Abständen abgelassen. Es ist verunreinigt, da es neben Kohlenstoff aus dem Koks noch Stoffe wie Silicium, Schwefel oder Mangan enthält. Diese Stoffe machen das Eisen spröde. Es lässt sich deshalb nicht schmieden oder walzen. Roheisen kann aber durch Gießen in Form gebracht werden. So entstehen Pfannen, Geländer, Parkbänke oder Gullydeckel. Diese Verarbeitungsform des Roheisens ist als **Gusseisen** bekannt.

1. Nenne die verschiedenen Verunreinigungen des Roheisens.
2. Begründe, dass Roheisen nicht geschmiedet oder gewalzt werden kann.
3. Nenne drei Produkte, die aus Gusseisen hergestellt werden.

B Die Schlacke

2 Hochofenschlacke wird ausgekippt.

Ein zweites Produkt aus dem Hochofenprozess ist die **Schlacke**. Sie entsteht aus Begleitgestein des Eisenerzes und enthält kein Eisen. Oft wird auch Kalk in den Hochofen gegeben, der ebenfalls zur Bildung von Schlacke beiträgt. Im Hochofen schwimmt die flüssige Schlacke auf dem Roheisen. Auch sie wird regelmäßig aus dem Hochofen abgelassen. Sie findet im Straßenbau, in Beton und Pflastersteinen, aber auch in Düngemitteln Verwendung.

1. Begründe, dass es mit Schlacke ein zweites Produkt des Hochofenprozesses gibt.
2. Erkläre, dass die Schlacke auf dem Roheisen schwimmt.
3. Nenne Verwendungsmöglichkeiten für Hochofenschlacke.

ÜBEN UND ANWENDEN

C Auch andere Metalle werden aus Erzen gewonnen

Metalle kommen in der Erde fast immer als Erze vor. Ausnahmen bilden nur Edelmetalle wie Gold oder Silber. So gibt es Kupfererz, Aluminiumerz oder Zinkerz. In den meisten Fällen handelt es sich um Oxide der Metalle.
Im Lauf der Geschichte entwickelte der Mensch Verfahren, mit denen Metalle aus den Erzen gewonnen werden konnten. So wurde Kupfer aus dem Kupfererz Malachit (→ Bild 3) durch Erhitzen mit Holzkohle gewonnen. Dabei laufen ähnliche chemische Reaktionen wie im Hochofen ab.

1. Nenne die Form, in der die meisten Metalle in der Erde gefunden werden.
2. Nenne die chemischen Verbindungen, in der die meisten Erze vorliegen.
3. Nenne ein Erz zur Kupfergewinnung.
4. **III** Notiere die Wortgleichung zur Herstellung von Kupfer aus Kupferoxid.

3 Das Kupfererz Malachit ist grün.

D Metallberufe

Menschen, die am Hochofen arbeiten, gibt es heute in Deutschland kaum noch. Dennoch kannst du eine Vielzahl von Berufen ergreifen, die im Zusammenhang mit Metall stehen. Diese Berufe wurden früher vorwiegend von Männern ausgeübt (→ Bild 4). Heutzutage gibt es immer mehr Frauen in diesen Berufen. Wenn du einen Beruf in diesem Bereich ausüben willst, solltest du handwerkliches Geschick und Spaß an der Arbeit mit Metallen haben.

1. Recherchiere nach weiteren Metallberufen.
2. Ergänze deine Recherche mit Angaben zu notwendigem Schulabschluss, Verdienstmöglichkeiten und Weiterbildungsangeboten.
3. Suche nach einer Begründung, dass Berufe am Hochofen in Deutschland aussterben.

4 Ein Metallbauer bei der Arbeit

«

1 Der Konverter zur Stahlherstellung wird mit der Schmelze gefüllt.

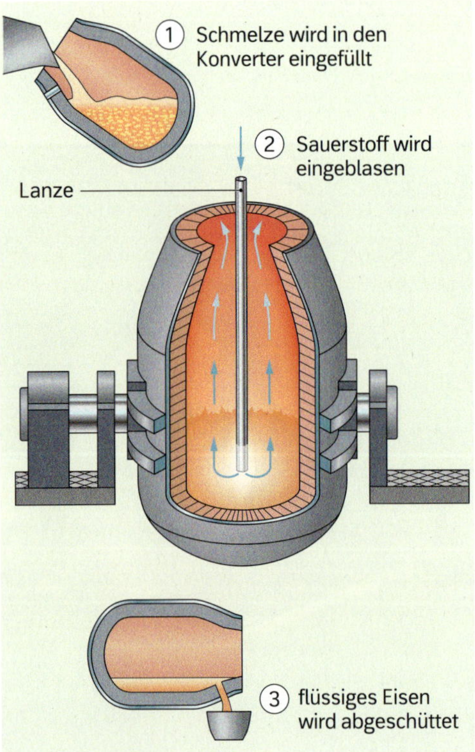

2 Das Modell eines Konverters

Die Stahlherstellung

Reinigung im Konverter

Das Roheisen aus dem Hochofen muss noch weiterverarbeitet werden, bevor es als **Stahl** verwendet werden kann. Dazu kommt es als Schmelze in einen bis 500 t fassenden **Konverter** (→ Bild 1). Durch ein mit Wasser gekühltes Rohr, die Lanze, wird mit hohem Druck Sauerstoff auf die Schmelze geblasen.

Die unerwünschten Bestandteile werden dadurch zum großen Teil oxidiert. Bei diesem **Sauerstoff-Aufblasverfahren** entstehen zum einen gasförmige Oxide wie Schwefeldioxid und Kohlenstoffdioxid. Sie können entweichen. Die anderen Oxide sind fest und schwimmen auf der Schmelze. Dazu gehören etwa die Oxide von Phosphor oder Silicium. Sie können leicht entfernt werden.

3 Glühender Stahl wird gewalzt.

Stahllegierung	Zusätze	Eigenschaften	Verwendung
Chrom-Nickel-Stahl	18 % Chrom 8 % Nickel	zäh, nichtrostend	Haushaltsgeräte
Chrom-Vanadium-Stahl	0,3 % Kohlenstoff 0,75 % Chrom 1 % Vanadium	hart, zäh	Werkzeuge wie Schraubenschlüssel
Schnellarbeitsstahl (HSS-Stahl)	6 % Wolfram 5 % Molybdän 2 % Vanadium	hitzebeständig, sehr hart	Bohrer, Sägeblätter

4 Tabelle mit verschiedenen Stahllegierungen

Der Kohlenstoffgehalt

Die Eigenschaften wie die Härte, etwa für Brücken und die Elastizität, wie sie für Federn gebraucht wird, ändern sich je nach Anteil des Kohlenstoffs. Deshalb wird der Kohlenstoff nicht vollständig entfernt, sondern auf einen Anteil von bis zu zwei Prozent verringert.

Bearbeitung des Stahls

Der Stahl aus dem Konverter wird noch weiterbearbeitet. Durch **Walzen** (→ Bild 3) werden etwa Eisenbahnschienen oder Draht, durch **Schmieden** Kurbelwellen für Automotoren hergestellt.

Stahllegierungen

Um die Eigenschaften von Stahl noch weiter zu verbessern, werden weitere Metalle wie Chrom, Nickel oder Vanadium in den geschmolzenen Stahl gegeben. Es entstehen **Stahllegierungen** (→ Bild 4). Stahllegierungen besitzen andere Eigenschaften als reiner Stahl. Sie können besonders hart und zäh sein oder eine bessere Elastizität und größere Hitzebeständigkeit aufweisen. So entstehen unter anderem Edelstähle. Sie dienen zur Herstellung von Kochtöpfen, Besteck oder Blechen für Autos. Sie rosten nicht so leicht wie gewöhnliches Eisen.

1. Beschreibe den Reinigungsprozess des Roheisens beim Sauerstoff-Aufblasverfahren.
2. Nenne Verfahren zur Weiterverarbeitung von Stahl.
3. Zähle einige Beispiele von Stahllegierungen auf. Nenne jeweils die Zusammensetzung.
4. Nenne die Veränderungen, die der Stahl bei der Herstellung von Stahllegierungen erfährt.

»

ÜBEN UND ANWENDEN

A Der Stahlbeton

1 Stahlbeton für die Decke eines Hauses

Es gibt viele Anwendungen von Stahl. Eine der wichtigsten ist der Stahlbeton. Dabei wird Beton durch Stahlmatten und Stahlstangen verstärkt. Beton ist sehr druckfest. Für eine Hausdecke ist aber auch Zugfestigkeit erforderlich, die Beton nicht hat. Diese erbringt der Stahl. So wird durch die Nutzung der Vorteile von zwei Materialien eine stabile Konstruktion erreicht.
Stahlbeton ist einer der wichtigsten Baustoffe. Er eignet sich nicht nur zum Bau von Einfamilienhäusern, sondern auch für Hochhäuser, Türme und Brücken.

1 Erkläre den Begriff Stahlbeton.

2 Nenne drei Anwendungen, bei denen Stahlbeton verwendet wird.

3 II Nenne die Vorteile der beiden Materialien, die bei Stahlbeton verbunden werden.

B Die Verwendung von Stahl

Material	Verwendung 2017 in Deutschland
Stahl	42100
Aluminium	3247
Kupfer	1516
Zink	627
Blei	356

2 Verwendung von Metallen in Tausend Tonnen

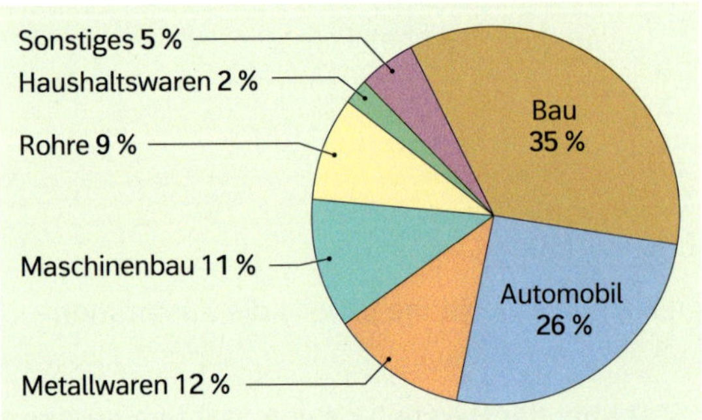

3 Verwendung von Stahl in Deutschland im Jahr 2017

Eisen und Stahl sind die meistbenutzten metallischen Werkstoffe (→ Bild 2). Sie sind in allen Lebensbereichen zu finden (→ Bild 3). Auch andere Metalle haben große Bedeutung. Aluminium findet seine Hauptverwendung im Bau von Fahrzeugen. Kupfer wird vielfach im Elektrobereich eingesetzt. Zink dient häufig zur Herstellung von Messing und zum Verzinken im Automobilbau. Blei wird in Autobatterien eingesetzt.

1 Nenne fünf Anwendungen von Stahl.

2 Nenne die jeweiligen Hauptanwendungsbereiche von Aluminium, Kupfer, Zink und Blei.

3 II Berechne die Menge des Stahls in Tonnen, die 2017 in der
a) Automobilindustrie verwendet wurde.
b) Bauindustrie verwendet wurde.

ÜBEN UND ANWENDEN

C Recycling von Metallen

Die Gewinnung von Metallen aus Erzen ist aufwändig und kostet eine Menge Energie. Außerdem sind die Erze als Rohstoffe beschränkt. Daher ist es sinnvoll, Metalle nach ihrem Gebrauch aufzubereiten und erneut zu verwenden, zu **recyclen**.
Eisen und Stahl, aber auch Metalle wie Kupfer und Aluminium werden zu großen Teilen wiederverwendet. Dabei führt das Recycling von Metallen nicht zu Qualitätsverlusten wie es beim Recycling von Kunststoffen der Fall ist.

	Energieaufwand aus Rohstoffen	Energieaufwand durch Recycling
Aluminium	34	7
Kupfer	18	5
Eisen/Stahl	8	4
Glas	3	2
PET (Kunststoff)	29	22

4 Vollständiger Energieaufwand zur Gewinnung von 1 kg Material in Kilowattstunden (kWh)

1 Nenne Gründe, dass Metall-Recycling sinnvoll ist.

2 Erkläre den Satz: Recycelte Metalle sind eine wichtige Rohstoffquelle.

3 Vergleiche den Energieaufwand für die in Bild 4 genannten Materialien
a) für die Herstellung aus Rohstoffen.
b) für die Herstellung aus Recycling-Material.

4 Nenne Vorteile von Metall-Recycling gegenüber Kunststoff-Recycling. Nutze dazu Bild 4.

D Bedeutende anorganische Rohstoffe für die Industrie

Erze sind die Rohstoffe zur Gewinnung von Metallen (→ Bild 5). Die meisten Erze sind Metalloxide. Für alle weiteren Produkte, die unsere Industrie herstellt, sind ebenfalls Rohstoffe erforderlich. Die meisten Kunststoffe werden aus Erdöl hergestellt. Zur Herstellung von Glas wird Quarzsand, Soda und Kalk benötigt.

5 Rohstoffe in der Industrie: **A** Bauxit für Aluminium, **B** Zinkerz, **C** Erdöl, **D** Quarzsand

1 Nenne die Rohstoffe, aus denen Kunststoffe und Glas hergestellt werden.

2 II Nenne fünf Metalle und jeweils ein passendes Erz dazu.

3 II Beurteile die Aussage: „Unsere Rohstoffe sind endlich“.

1 Ob Akku oder Brennstoffzelle: Elektroautos werden mit einem Elektromotor angetrieben.

Elektrofahrzeuge: Akku oder Brennstoffzelle?

Verbrennungsmotor und Elektromotor

Seit Jahrzehnten werden unsere Fahrzeuge von Verbrennungsmotoren angetrieben. Diesel und Benzin belasten jedoch unsere Luft mit Abgasen. Daher gelangen mehr und mehr Kraftfahrzeuge mit Elektromotor auf die Straße (→ Bild 1). Die elektrische Energie zum Antrieb des Motors kann dabei von einem Akku oder von einer Brennstoffzelle kommen.

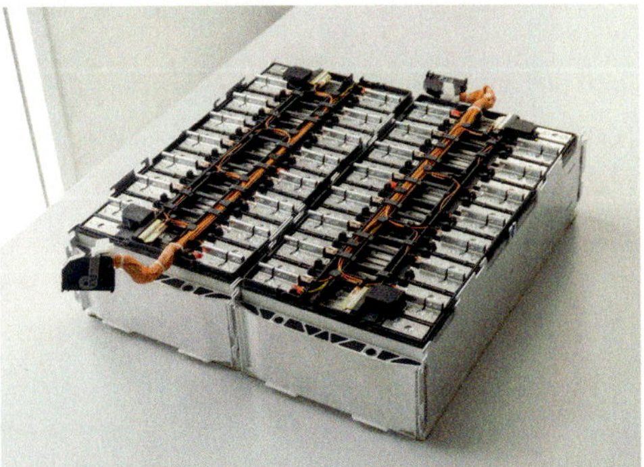

2 Ein Lithium-Ionen-Akku

Der Akku

Als Akkus werden nicht mehr Blei-Akkus, sondern moderne Lithium-Ionen-Akkus (→ Bild 2) verwendet.
Sie können häufiger geladen und entladen werden und halten insgesamt länger. Dabei sollten die Akkus mit Strom aus erneuerbaren Energiequellen, zum Beispiel Solarzellen oder Windrädern, geladen werden. Sie belasten die Umwelt weniger als Kohle- oder Atomkraftwerke.

Die Brennstoffzelle

Bei einer Brennstoffzelle wird die elektrische Energie erst im Fahrzeug erzeugt. Dazu wird meist Wasserstoff eingesetzt. Dessen Herstellung benötigt wiederum elektrische Energie. Diese wird gebraucht, um Wasser in einer Elektrolyse in Wasserstoff und Sauerstoff zu spalten. Auch für die Herstellung des Wasserstoffs notwendige Energie sollte aus erneuerbaren Energiequellen stammen.

Funktion einer Brennstoffzelle

In einer Brennstoffzelle (→ Bild 3) reagieren Wasserstoff und Sauerstoff aus der Luft zu Wasser. Dabei wird elektrische Energie freigesetzt, die den Motor antreibt. Bei der Knallgas-Reaktion läuft dieselbe chemische Reaktion ab. Allerdings wird dort die Energie explosionsartig frei. In der Brennstoffzelle läuft die Reaktion langsamer ab. Somit kann die elektrische Energie kontrolliert genutzt werden.

3 Eine Brennstoffzelle

Die Vor- und Nachteile von Akkus und Brennstoffzellen

Bei der Nutzung eines Akkus sind, im Vergleich zur Brennstoffzelle, weniger Schritte für die Herstellung, den Transport und die Speicherung von Energie nötig. Um einen Akku zu laden, wird weniger Energie benötigt. Dies verbessert die Effizienz gegenüber der Brennstoffzelle stark. Stromladestationen sind zudem preiswerter und schneller in großer Zahl zu bauen. Akkubetriebene Fahrzeuge brauchen für eine größerer Reichweite immer größere und schwerere Akkus. Wasserstofftanks wiegen weniger als Akkus. Daher werden Brennstoffzellen häufig für schwere Lkw oder Schiffe sowie für Flugzeuge empfohlen. Ein weiterer Vorteil der Brennstoffzelle ist, dass die Umweltbelastung zur Gewinnung von Lithium, Kobalt, Nickel und Mangan für Akkus entfällt. Außerdem dauert das Laden eines Akkus länger als das Betanken eines Fahrzeugs mit Brennstoffzelle (→ Bild 4).

4 Eine Wasserstofftankstelle

Fahrzeuge können mit Elektromotoren angetrieben werden. Die elektrische Energie kann von einem Akku oder aus einer Brennstoffzelle kommen.

1. Nenne zwei Vorteile eines Lithium-Ionen-Akkus gegenüber einem Blei-Akku.
2. a) Nenne zwei erneuerbare Energiequellen.
   b) Recherchiere zwei weitere erneuerbare Energiequellen.
3. Begründe, dass der Strom für Elektrofahrzeuge aus erneuerbaren Energiequellen stammen sollte.
4. Beschreibe den Unterschied der Knallgas-Reaktion zu den Vorgängen in einer Brennstoffzelle.
5. Stelle die Vor- und Nachteile von Akku und Brennstoffzelle in einer Tabelle gegenüber.

Starthilfe zu 5:

	Akku	Brennstoffzelle
Laden/ Tanken	…	…
Reichweite	…	…
…	…	…

»

ÜBEN UND ANWENDEN

A Wie viel Energie kann genutzt werden?

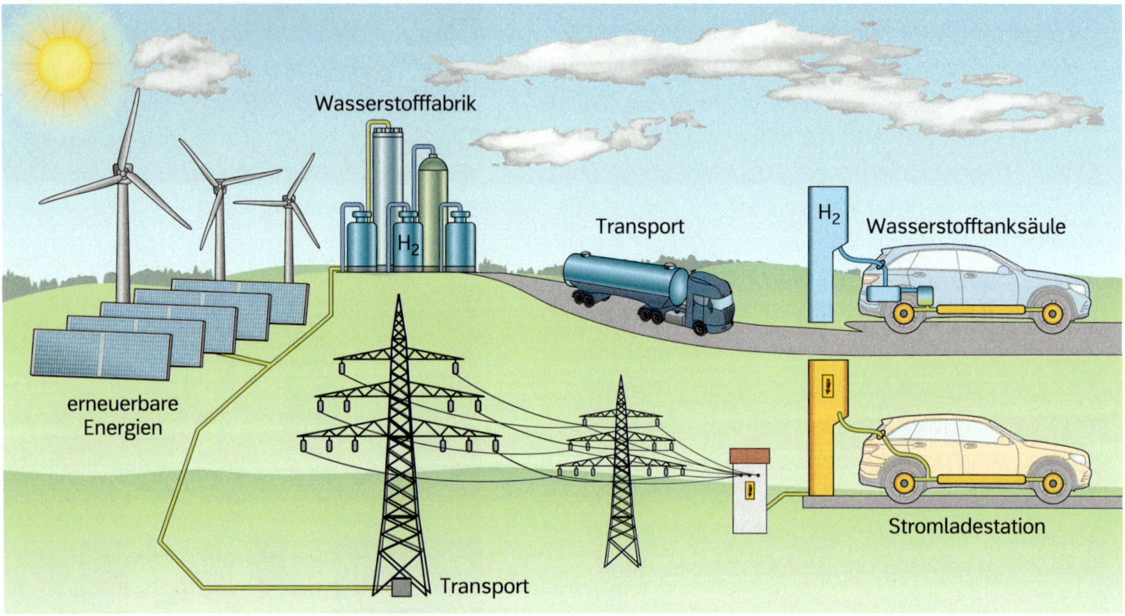

1 Energieumwandlungen bei verschiedenen Elektroautos

Bis ein Elektromotor ein Fahrzeug antreiben kann, sind mehrere Energieumwandlungsschritte notwendig. Dabei treten Verluste an nutzbarer Energie auf. Die Technologie der Brennstoffzelle und die des Akkus unterscheiden sich in diesen Energieumwandlungsschritten voneinander.

Akkus

Für ein akkubetriebenes Fahrzeug wird elektrische Energie in chemische Energie umgewandelt. Im Fahrzeug wird die chemische Energie aus den Akkus in elektrische Energie gewandelt und der Elektromotor betrieben.

Brennstoffzelle

Bei der Technologie der Brennstoffzelle dient die elektrische Energie zunächst zur Herstellung von Wasserstoff. Dieser muss von der Wasserstofffabrik zur Tankstelle transportiert und gelagert werden. Im Fahrzeug wandelt die Brennstoffzelle die chemische Energie des Wasserstoffes zurück in elektrische Energie und betreibt damit den Elektromotor.

1. Nenne die Schritte von der Stromerzeugung bis zum Betanken beziehungsweise Laden
   a) eines Brennstoffzellenfahrzeugs.
   b) eines akkubetriebenen Fahrzeugs.
2. Vergleiche die „Betankung“ eines Brennstoffzellenfahrzeugs mit der eines akkubetriebenen Fahrzeugs.
3. **II** Begründe mithilfe von Bild 1 und Bild 2, dass das akkubetriebene Fahrzeug effizienter ist als das Brennstoffzellenfahrzeug.
4. **III** Bei der Herstellung von Wasserstoff für Fahrzeuge mit Brennstoffzelle wird viel Energie benötigt. Beurteile die Folgen für die Umwelt.

Technologie	Energieumwandlungsverluste gesamt	Strombedarf pro 100 km
Akkufahrzeug	circa 30 %	15 kWh
Brennstoffzellenfahrzeug	circa 75 %	42 kWh

2 Akku und Brennstoffzelle: Umwandlungsverluste

ÜBEN UND ANWENDEN

B Oxidation ohne Flamme

In einer Brennstoffzelle läuft eine chemische Reaktion ab. Wasserstoff wird dabei mit Sauerstoff zu Wasser oxidiert. Wasser ist das Oxid von Wasserstoff. Diese Reaktion ist exotherm. Die Energie wird als Wärme und elektrische Energie frei. Nur etwa die Hälfte der im Wasserstoff enthaltenen Energie wird zu Strom. Wird Wasserstoff an einer Düse entzündet, brennt er ruhig ab. Die Oxidation in der Brennstoffzelle läuft hingegen ohne Flamme ab.

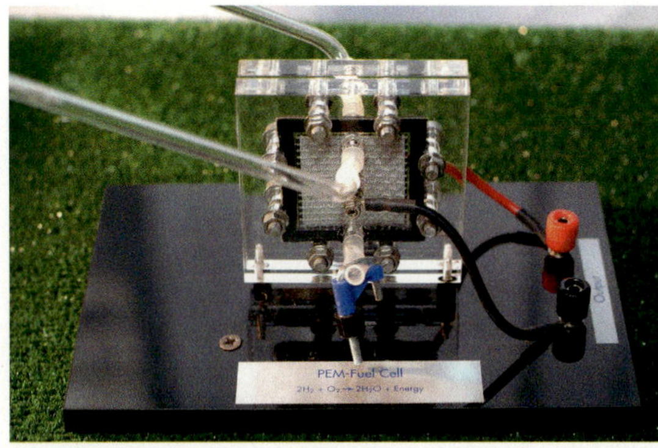

4 Modell einer Brennstoffzelle

1 Begründe, dass die chemische Reaktion in einer Brennstoffzelle exotherm ist.

2 Nenne die Wortgleichung dieser chemischen Reaktion.

3 II Beschreibe die Unterschiede der drei Reaktionen: Knallgas-Reaktion, Verbrennung von Wasserstoff an einer Düse, Reaktion von Wasserstoff und Sauerstoff in einer Brennstoffzelle.

C Immer mehr Elektrofahrzeuge

Elektrofahrzeuge eignen sich, um den Ausstoß von Treibhausgasen zu verringern. Damit der Umstieg von Verbrennungsmotoren zu Elektrofahrzeugen gelingt, muss die Herstellung der Akkus umweltschonend sein und der Strom zum Laden der Akkus muss aus erneuerbaren Energien stammen. Fahrzeuge, die mit fossilen Brennstoffen betrieben werden und Elektrofahrzeuge haben jeweils Vor- und Nachteile. Verbrennungsmotoren haben eine größere Reichweite. Dafür stoßen sie klimaschädliche Gase aus. Elektrofahrzeuge erzeugen beim Fahren keine dieser Gase. Ihre Reichweite liegt heute noch unter der von Verbrennungsmotoren. Das Beladen der Akkus dauert länger als das Betanken von Fahrzeugen mit Verbrennungsmotoren.

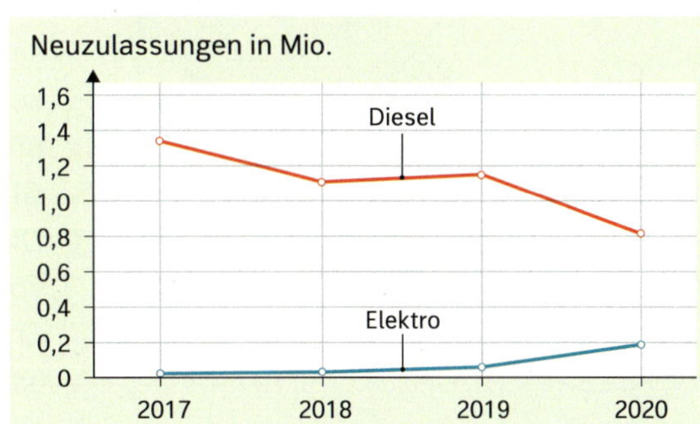

5 Neuzulassungen von Fahrzeugen mit Dieselmotor und Elektromotor in Deutschland von 2017 bis 2020

1 Beschreibe die Zahl der Neuzulassungen von Elektrofahrzeugen und Dieselfahrzeugen in Deutschland. Nutze Bild 5.

2 Nenne Vor- und Nachteile von Verbrennungsmotoren und Elektrofahrzeugen.

3 II Erkläre unter welchen Voraussetzungen Elektrofahrzeuge umweltschonender sind als Fahrzeuge mit Verbrennungsmotor.

4 II Recherchiere die Verbreitung von Elektrofahrzeugen in anderen Ländern, wie zum Beispiel in Norwegen und in den USA.

1 Eine Wasserpest-Pflanze produziert Sauerstoff.

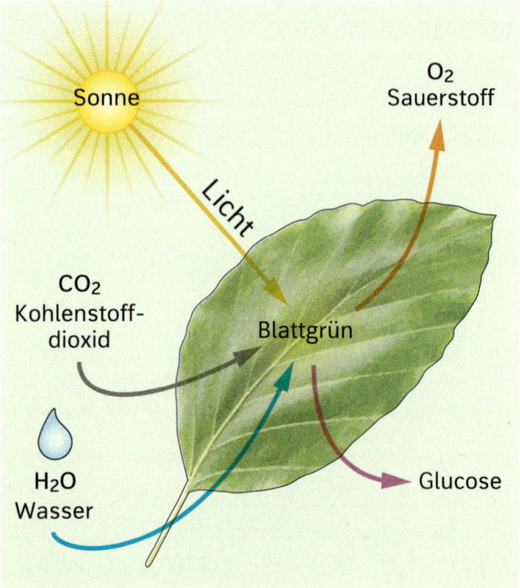

2 Schema der Fotosynthese

3 Blattgrün in einer Mikroskopaufnahme

Die Fotosynthese

So leben Pflanzen

Die einzigen Lebewesen, die Nährstoffe herstellen können, sind Pflanzen. Nur sie sind in der Lage, aus einfachen chemischen Verbindungen wie Kohlenstoffdioxid und Wasser energiereiche Stoffe wie **Glucose** (Traubenzucker) zu erzeugen.
Die chemische Reaktion heißt **Fotosynthese**. Dafür benötigt die Pflanze Energie in Form von Licht. Ohne diese Energiezufuhr läuft die Fotosynthese nicht ab. Daher handelt es sich um eine endotherme Reaktion. Zusätzlich ist ein Katalysator nötig. Dafür nutzt die Pflanze das Blattgrün (→ Bild 3).
Pflanzen stellen bei der Fotosynthese aus Kohlenstoffdioxid und Wasser Glucose her. Dabei entsteht als zweites Produkt Sauerstoff (→ Bild 1).

Kohlenstoffdioxid + Wasser + E →
Glucose + Sauerstoff

Glucose wird gespeichert

Die Glucose dient der Pflanze als schnell verfügbare Energiequelle. Sie verbraucht die Glucose jedoch nicht komplett. Deshalb wandelt die Pflanze die überschüssige Glucose in **Stärke** um. Diese dient ihr als Energiereserve. Einzelne Glucose-Moleküle werden dabei zu einer Kette verknüpft (→ Bild 4).
Pflanzensamen enthalten Stärke. Wenn sie keimen und die junge Pflanze zu wachsen beginnt, wird die Stärke als Energielieferant genutzt. Glucose und Stärke zählen zu den **Kohlenhydraten**. In komplizierten Umwandlungsprozessen können Pflanzen auch andere Nährstoffe wie **Fette** und **Eiweiße** herstellen.

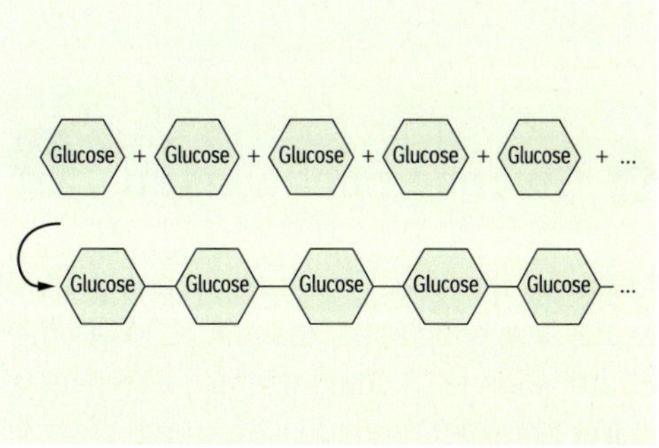

4 Verkettung von Glucose-Molekülen zu Stärke

Menschen und Tiere profitieren

Menschen und Tiere können diese Nährstoffe nicht selbst herstellen. Die Energie für ihre Lebensvorgänge müssen sie mit der Nahrung aufnehmen. Wenn wir uns bewegen, benötigen wir Energie. Die menschlichen Zellen wandeln dazu die in der Glucose und der Stärke gespeicherte Energie um. Dabei entsteht wieder Wasser und Kohlenstoffdioxid, welches wir ausatmen. Ohne die Fotosynthese der Pflanzen können Tiere und Menschen nicht leben. Auch der für die Atmung erforderliche Sauerstoff in der Luft stammt von den Pflanzen. Umgekehrt leben Pflanzen davon, dass Menschen und Tiere Kohlenstoffdioxid ausatmen. Alles ist ein großer Kreislauf (→ Bild 5).

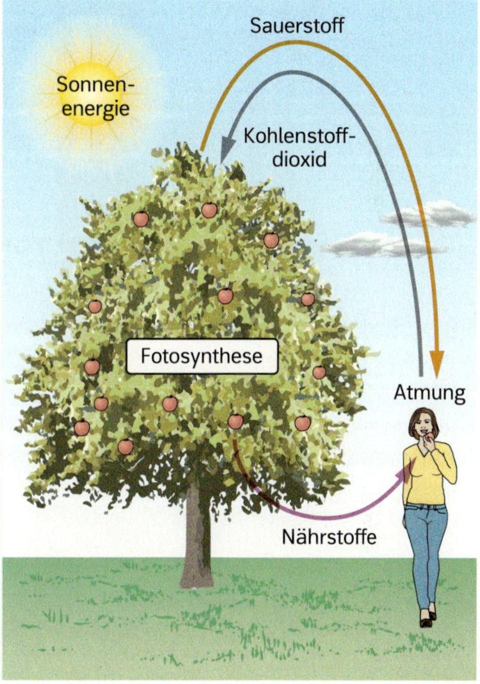

5 Pflanzen und Menschen ergänzen sich.

Durch die Fotosynthese stellen Pflanzen aus Kohlenstoffdioxid und Wasser Nährstoffe und Sauerstoff her.

1. Nenne die einfachen chemischen Stoffe, aus denen Pflanzen energiereiche Stoffe herstellen können.
2. I Beschreibe die chemische Reaktion, die bei der Fotosynthese abläuft. Nutze dazu die Begriffe Edukte und Produkte.
3. a) Begründe, dass die Reaktion endotherm ist.
   b) Nenne den dabei verwendeten Katalysator.
4. II Beschreibe das Herstellen von Stärke aus Glucose durch Pflanzen.
5. II Erkläre, wie Pflanzen und Menschen als Lebewesen aufeinander angewiesen sind.

Starthilfe zu 4:
Betrachte Bild 2 und 4.

»

FORSCHEN UND ENTDECKEN

A Glucose nachweisen

Material: Brenner, Anzünder, Becherglas, Dreifuß, 2 Reagenzgläser, Reagenzglasklammer, Spatel, Pipette, Siedesteinchen, Glucose, Wasser, klarer Apfelsaft, Benedict-Reagenz

1 Nachweis von Glucose mit Benedict-Reagenz

Durchführung:

Schritt 1: Gib einen Spatel Glucose in ein Reagenzglas.

Schritt 2: Fülle das Reagenzglas zu einem Drittel mit Wasser und löse die Glucose auf.

Schritt 3: Gib wenige Tropfen Benedict-Reagenz und drei Siedesteinchen hinzu.

Schritt 4: Erwärme die Lösung im Wasserbad.

1. Beschreibe deine Beobachtungen.
2. Beschreibe den Nachweis von Glucose.

Schritt 5: Wiederhole den Versuch mit Apfelsaft.

3. Beschreibe deine Beobachtungen und formuliere einen Ergebnissatz.

B Stärke nachweisen

Material: 2 Petrischalen, Spatel, Pipette, Speisestärke, ein Stück Weißbrot, Glucose, Lugolsche Lösung (Iod-Kaliumiodid-Lösung)

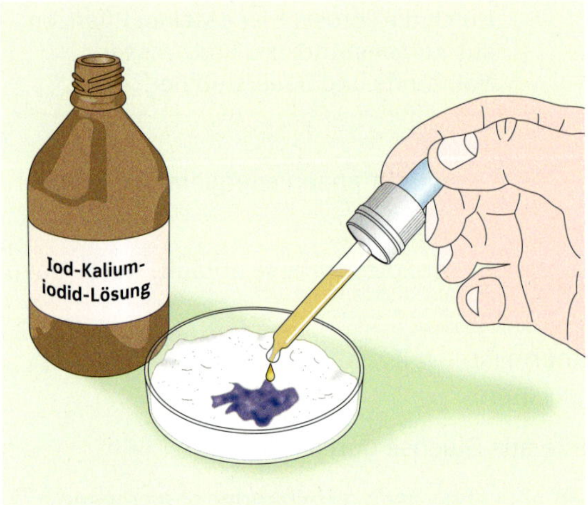

2 Lugolsche Lösung und Speisestärke

Durchführung:

Schritt 1: Gib etwas Speisestärke in eine Petrischale.

Schritt 2: Gib einige Tropfen Lugolsche Lösung hinzu.

1. Beschreibe deine Beobachtungen.
2. Beschreibe den Nachweis von Stärke.

Schritt 3: Wiederhole den Versuch mit Glucose.

Schritt 4: Gib einen Tropfen Lugolsche Lösung auf ein Stück Weißbrot.

3. Beschreibe deine Beobachtungen.
4. Formuliere je einen Ergebnissatz zu Schritt 3 und 4.

FORSCHEN UND ENTDECKEN

C Fette nachweisen

Fette sind besonders leicht nachzuweisen, da sie bleibende Flecken hinterlassen. Das hast du selbst vielleicht schon an Kleidung festgestellt.

Material: Filterpapier, Speiseöl, Butter, Wasser

Durchführung:

Schritt 1: Gib Speiseöl, Butter und Wasser auf je ein Filterpapier.

Schritt 2: Überprüfe, ob nach 10 Minuten noch ein Fleck zu sehen ist.

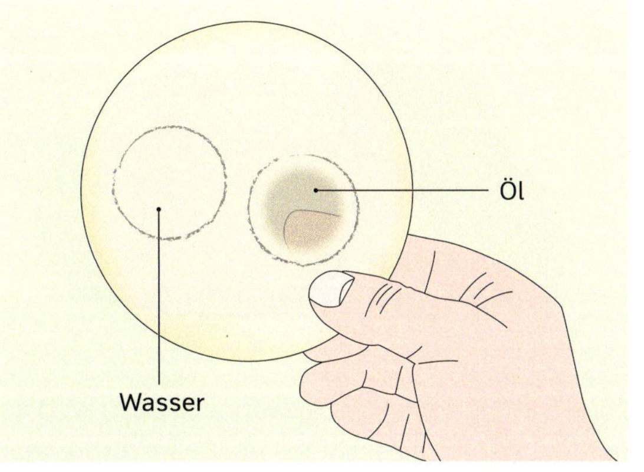

3 Nachweis von Fetten

1. Vergleiche deine Beobachtung vor und nach den 10 Minuten.
2. Beschreibe den Nachweis von Fetten.
3. Formuliere das Ergebnis deines Versuchs.

D Eiweiße nachweisen

Material: 2 Reagenzgläser, Spatel, 3%ige Natronlauge, 7%ige Kupfersulfatlösung, Milcheiweiß, Eiklar, Wasser

Durchführung:

Schritt 1: Fülle ein Reagenzglas 3 cm hoch mit Wasser und löse darin einen Spatel Milcheiweiß auf.

Schritt 2: Gib 5 ml der Natronlauge hinzu und vermische die Stoffe gut.

Schritt 3: Gib wenige Tropfen Kupfersulfatlösung hinzu und vermische erneut.

Schritt 4: Wiederhole den Versuch mit Eiklar.

1. Beschreibe die jeweilige Beobachtung.
2. Beschreibe den Nachweis von Eiweißen.
3. Formuliere das jeweilige Ergebnis der beiden Versuche.

4 Nachweis von Eiweißen

Auf einen Blick: Chemie in Alltag und Technik

Eisen aus dem Hochofen

Eisen wird aus Eisenerz gewonnen. Dazu wird es mithilfe von Koks geschmolzen. Beim Verbrennen des Kokses im Hochofen oxidiert der Kohlenstoff zu Kohlenstoffmonooxid. Dieses reduziert das Eisenoxid im Erz zu Eisen. Zusätzlich entsteht Kohlenstoffdioxid:

Eisenoxid + Kohlenstoffmonooxid →
Eisen + Kohlenstoffdioxid + *E*

Die Stahlherstellung

Das Roheisen aus dem Hochofen muss zunächst gereinigt werden. Mit Sauerstoff werden die unerwünschten Stoffe oxidiert und entfernt. Das ist das Sauerstoff-Aufblasverfahren. Bestimmte Eigenschaften eines Stahls, wie die Härte oder die Elastizität, werden durch einen unterschiedlichen Gehalt an Kohlenstoff bestimmt. Werden weitere Metalle wie Chrom oder Nickel zugegeben, entstehen Stahllegierungen. Die Verarbeitung von Stahl erfolgt durch Walzen oder Schmieden. Stahl wird als Stahlbeton oder im Fahrzeugbau verwendet.

WICHTIGE BEGRIFFE

- Hochofen, Eisenerz, Koks
- reduzieren, oxidieren
- Sauerstoff-Ausblasverfahren
- Stahl, Stahllegierung
- Walzen, Schmieden

Das Elektrofahrzeug

Wegen der Umweltbelastung sollen Verbrennungsmotoren in Fahrzeugen durch Elektromotoren abgelöst werden. Die notwendige elektrische Energie kann von einem Akku oder einer Brennstoffzelle geliefert werden. Der Wasserstoff für die Brennstoffzelle muss mit Strom hergestellt werden. Dadurch entstehen größere Energieumwandlungsverluste. Andererseits sind keine schweren Akkus nötig und das Betanken geht schneller als das Akkuladen.

Die Fotosynthese

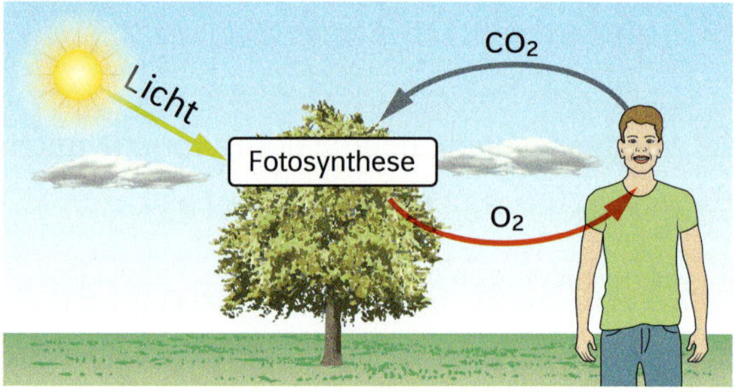

Pflanzen stellen durch Fotosynthese Sauerstoff her. Dazu benötigen sie Kohlenstoffdioxid, Wasser, Licht und den Katalysator Blattgrün. Die Fotosynthese ist eine endotherme Reaktion. Pflanzen stellen durch chemische Reaktionen Nährstoffe her, die Tiere und Menschen zum Leben benötigen. Die Nährstoffe können durch Versuche nachgewiesen werden. Der Sauerstoff aus der Fotosynthese ist für unsere Atmung lebensnotwendig. Das ausgeatmete Kohlenstoffdioxid benötigen die Pflanzen wiederum, um zu wachsen. So entsteht ein Kreislauf.

WICHTIGE BEGRIFFE

- Elektroauto
- Akku, Brennstoffzelle, Wasserstoff
- Fotosynthese
- endotherm, Katalysator
- Nachweis von Nährstoffen

Lerncheck: Chemie in Alltag und Technik

Eisen aus dem Hochofen

1 Nenne zwei verschiedene Eisenerze.

2 Nenne mindestens zwei Stoffe die
a) für den Hochofenprozess benötigt werden.
b) durch den Hochofenprozess entstehen.

3 Nenne zwei Aufgaben des Kokses im Hochofen.

4 Begründe, dass in einem Hochofen eine Reduktion und eine Oxidation abläuft.

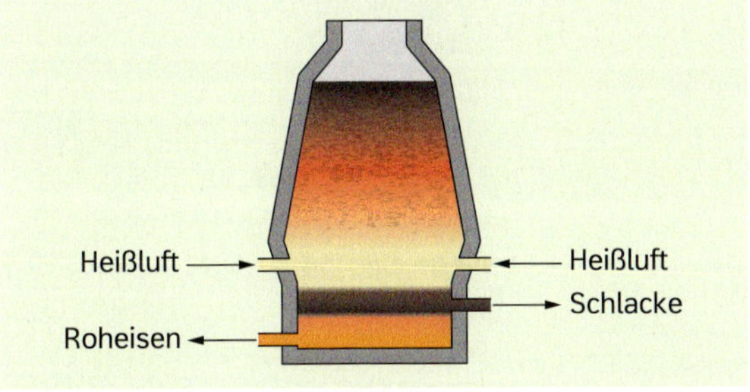

Die Stahlherstellung

5 Erläutere das Sauerstoff-Aufblasverfahren und begründe seine Notwendigkeit.

6 Begründe, dass bei der Stahlherstellung weitere Metalle zugegeben werden und nenne zwei Beispiele.

7 Nenne zwei Verarbeitungsverfahren für Stahl.

8 Nenne zwei Verwendungszwecke von Stahl.

9 Erläutere den Vorteil von Stahlbeton gegenüber normalem Beton ohne Stahl.

DU KANNST JETZT ...

- ... die Vorgänge in einem Hochofen erklären.
- ... den Unterschied zwischen Eisen, Stahl und Stahllegierungen erklären.
- ... Beispiele zur Verwendung von Stahl nennen.

Das Elektroauto

10 Nenne die beiden Möglichkeiten, ein Elektroauto anzutreiben.

11 Nenne zwei Vorteile und zwei Nachteile der Brennstoffzelle gegenüber einem Akku.

12 Beschreibe die Funktionsweise einer Brennstoffzelle.

Die Fotosynthese

13 Notiere die Wortgleichung zur Fotosynthese.

14 Erläutere, dass es sich um eine endotherme Reaktion mit Katalysator handelt.

15 Erkläre, auf welchem Weg die Pflanze Glucose speichert.

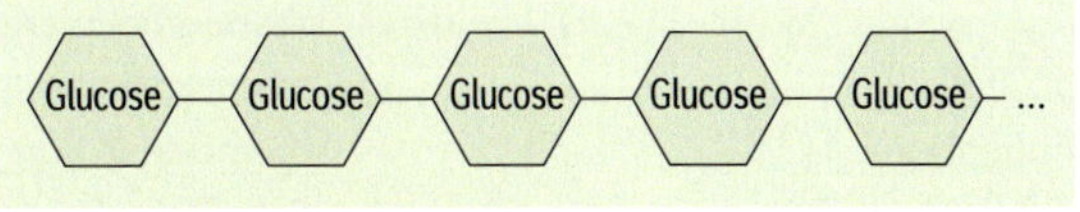

16 Erläutere,
a) dass es sich bei Fotosynthese und Atmung um einen Kreislauf handelt.
b) dass Pflanzen und Tiere aufeinander angewiesen sind.

DU KANNST JETZT ...

- ... die Funktionsweise einer Brennstoffzelle sowie die Vor- und Nachteile beschreiben.
- ... die Fotosynthese und die Speicherung von Glucose als Stärke erläutern.
- ... Atmung und Fotosynthese als Kreislauf beschreiben.

Stichwortverzeichnis

f. = die folgende Seite
ff. = die folgenden Seiten

T

U

V

W

X

Z

Gefahrenhinweise (H-Sätze)

Physikalische Gefahren

H220 Extrem entzündbares Gas.
H 225 Flüssigkeit und Dampf leicht entzündbar.
H 228 Entzündbarer Feststoff.
H250 Entzündet sich in Berührung mit Luft von selbst.
H260 In Berührung mit Wasser entstehen entzündbare Gase, die sich spontan entzünden können.
H261 In Berührung mit Wasser entstehen entzündbare Gase.
H 270 Kann Brand verursachen oder verstärken; Oxidationsmittel.
H272 Kann Brand verstärken; Oxidationsmittel
H 280 Enthält Gas unter Druck; kann bei Erwärmung explodieren.
H290 Kann gegenüber Metallen korrosiv sein.

Gesundheitsgefahren

H 302 Gesundheitsschädlich bei Verschlucken.
H 304 Kann bei Verschlucken und Eindringen in die Atemwege tödlich sein.
H 314 Verursacht schwere Verätzungen der Haut und schwere Augenschäden
H 315 Verursacht Hautreizungen.
H 318 Verursacht schwere Augenschäden.
H 319 Verursacht schwere Augenreizungen.
H 330 Lebensgefahr beim Einatmen.
H 331 Giftig beim Einatmen.
H 335 Kann die Atemwege reizen.
H 336 Kann Schläfrigkeit und Benommenheit verursachen.
H 373 Kann die Organe schädigen bei längerer oder wiederholter Exposition.

Umweltgefahren

H 400 Sehr giftig für Wasserorganismen.
H 410 Sehr giftig für Wasserorganismen mit langfristiger Wirkung.
H 411 Giftig für Wasserorganismen, mit langfristiger Wirkung.

Piktogramm	Beschreibung	Signalwort	Gefahrenklasse
	Explodierende Bombe	Gefahr	Instabile explosive Stoffe, Gemische und Erzeugnisse mit Explosivstoff(en), selbstzersetzliche Stoffe und Gemische, Organische Peroxide
	Flamme	Gefahr/Achtung	Entzündbar, selbsterhitzungsfähig, selbstzersetzlich, pyrophor, wasserreaktiv, Organische Peroxide
	Flamme über einem Kreis	Gefahr	Entzündend (oxidierend) wirkend
	Gasflasche	Achtung	Gase unter Druck, verdichtete, verflüssigte, tiefgekühlt verfl., gelöste Gase
	Ätzwirkung	Gefahr/Achtung	Auf Metalle korrosiv wirkend, hautätzend, schwere Augenschädigung
	Totenkopf mit gekreuztem Knochen	Gefahr	Akute Toxizität
	dickes Ausrufezeichensymbol		
	Gesundheitsgefahr	Gefahr/Achtung	diverse Gesundheitsgefahren
	Umwelt	Gefahr/Achtung	Gewässergefährdend

Sicherheitshinweise (P-Sätze)

Prävention

P201 Vor Gebrauch besondere Anweisungen einholen.

P210 Von Hitze / Funken / offener Flamme / heißen Oberflächen fernhalten. Nicht rauchen.

P222 Kontakt mit Luft nicht zulassen.

P223 Kontakt mit Wasser wegen heftiger Reaktion und möglichem Aufflammen unbedingt verhindern.

P232 Vor Feuchtigkeit schützen.

P240 Behälter und zu befüllende Anlage erden.

P241 Explosionsgeschützte elektrische Betriebsmittel/ Lüftungsanlagen/Beleuchtung/... verwenden.

P260 Staub / Rauch / Gas / Nebel / Dampf / Aerosol nicht einatmen.

P261 Einatmen von Staub / Rauch / Gas / Nebel / Dampf / Aerosol vermeiden.

P273 Freisetzung in die Umwelt vermeiden.

P280 Schutzhandschuhe / Schutzkleidung / Augenschutz / Gesichtsschutz tragen.

P281 Vorgeschriebene persönliche Schutzausrüstung verwenden.

P231 + P232 Unter inertem Gas handhaben. Vor Feuchtigkeit schützen.

Reaktion

P310 Sofort Giftinformationszentrum oder Arzt anrufen.

P312 Bei Unwohlsein Giftinformationszentrum oder Arzt anrufen.

P313 Ärztlichen Rat einholen/ärztliche Hilfe hinzuziehen.

P314 Bei Unwohlsein ärztlichen Rat einholen/ärztliche Hilfe hinzuziehen.

P331 Kein Erbrechen herbeiführen.

P377 Brand von ausströmendem Gas: Nicht löschen, bis Undichtigkeit gefahrlos beseitigt werden kann.

P381 Alle Zündquellen entfernen, wenn gefahrlos möglich.

P390 Verschüttete Mengen aufnehmen, um Materialschäden zu vermeiden.

P391 Verschüttete Mengen aufnehmen.

P301 + P310 Bei Verschlucken: Sofort Giftinformationszentrum oder Arzt anrufen.

P301 + P330 + P331 Bei Verschlucken: Mund ausspülen. Kein Erbrechen herbeiführen.

P302 + P352 Bei Kontakt mit der Haut: Mit viel Wasser und Seife waschen.

P303 + P361 + P353 Bei Kontakt mit der Haut (oder dem Haar): Alle beschmutzten, getränkten Kleidungsstücke sofort ausziehen. Haut mit Wasser abwaschen/duschen.

P304 + P340 Bei Einatmen: An die frische Luft bringen und in einer Position ruhigstellen, die das Atmen erleichtert.

P305 + P351 + P338 Bei Kontakt mit den Augen: Einige Minuten lang behutsam mit Wasser spülen. Vorhandene Kontaktlinsen nach Möglichkeit entfernen. Weiter spülen.

P308 + P313 Bei Exposition oder falls betroffen: Ärztlichen Rat einholen/ärztliche Hilfe hinzuziehen.

P309 + P311 Bei Exposition oder Unwohlsein: Giftinformationszentrum oder Arzt anrufen.

P370 + P378 Bei Brand: ... zum Löschen verwenden.

Aufbewahrung

P406 In korrosionsbeständigem/... Behälter mit korrosionsbeständiger Auskleidung aufbewahren.

P422 Inhalt in/unter ... aufbewahren

P402 + P404 In einem geschlossenen Behälter an einem trockenen Ort aufbewahren.

P403 + P233 Behälter dicht verschlossen an einem gut belüfteten Ort aufbewahren.

P410 + P403 Vor Sonnenbestrahlung geschützt an einem gut belüfteten Ort aufbewahren.

Entsorgung

P501 Inhalt/Behälter ... zuführen.

Gefahrstoffe

Gefahrstoffe sind Stoffe, die zu physikalischen Gefahren, Gesundheitsgefahren oder Umweltgefahren führen können. Einfache Piktogramme geben Hinweise auf Gefahren, die von Gefahrstoffen und dem Umgang mit ihnen ausgehen. Die Kennzeichnung erfolgt weltweit einheitlich nach GHS (Globally Harmonised System).
Je nach **Gefahrenpotenzial** müssen Gefahrstoffe mit den entsprechenden GHS-Piktogrammen gekennzeichnet werden.

Zusätzlich gibt es Signalwörter, die den Grad der Gefährdung anzeigen:

- **Gefahr** für schwerwiegende Gefahrenkategorien
- **Achtung** für weniger schwerwiegende Gefahrenkategorien

In der unten stehenden Tabelle werden die im vorliegenden Buch genutzten Gefahrstoffe aufgelistet und durch Hinweise zum Umgang mit ihnen ergänzt.

Stoff	GHS-Piktogramm, Signalwort	Gefahrenhinweise	Hinweise zur Entsorgung
Aluminiumpulver	 Achtung	H228, H261	In Sammelbehälter für regenerierbare Metallsalz-Rückstände geben.
Ammoniaklösung ($w \geq 5$ %, wässrige Lösung)	 Gefahr	H314, H335, H400	Neutralisieren und in Sammelbehälter für Säuren und Laugen geben.
Ammoniumchlorid	 Achtung	H302, H319	In Sammelbehälter für anorganische Stoffe geben.
Benedict-Reagenz	 Achtung	H315, H319, H411	In Sammelbehälter für regenerierbare Metallsalz-Rückstände geben.
Benzin (Waschbenzin, Leichtbenzin)	 Gefahr	H225, H304, H315, H336, H411	In Sammelbehälter für halogenfreie organische Stoffe geben.
Brennspiritus (Ethanol, vergällt)	 Gefahr	H225, H319	In den Sammelbehälter für halogenfreie, organische Stoffe geben.
Eisenpulver	 Achtung	H228	Kann abgekühlt in den Hausmüll gegeben werden.
Iod-Kaliumiodid-Lösung	 Achtung	H373	In stark verdünnter Form in den Ausguss geben.
Kaliumchlorid			Kann über den Ausguss entsorgt werden.
Kalkwasser (Calciumhydroxidlösung)	 Gefahr	H315, H318, H335	Kann über den Ausguss entsorgt werden.
Kupferiodid	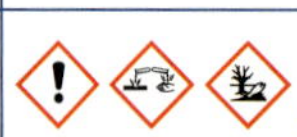 Achtung	H302, H315, H319, H335, H410	In Sammelbehälter für giftige anorganische Rückstände geben.
Kupferpulver	 Gefahr	H228, H410	In Sammelbehälter für regenerierbare Metallsalz-Rückstände geben.
Kupfersulfat, Kupfersulfat-Hydrat	 Gefahr	H302, H315, H319, H410	In Sammelbehälter für giftige anorganische Rückstände geben.

Stoff	GHS-Piktogramm, Signalwort	Gefahrenhinweise	Hinweise zur Entsorgung
Lithium	Gefahr	H260, H314, EUH014	
Lithiumchlorid	Achtung	H302, H319, H315	In Sammelbehälter für anorganische Stoffe geben.
Natriumchlorid			Kann über den Ausguss entsorgt werden.
Natronlauge (verd.	Gefahr	H290, H314	Verdünnen mit Wasser und mit Salzsäure neutralisieren. Danach in den Ausguss geben.
Salzsäure (w = 10 %)	Achtung	H290, H315, H319, H335	Verdünnen mit Wasser und mit Natronlauge neutralisieren. Danach in den Ausguss geben.
Sauerstoff	Gefahr	H270, H280	
Schwefel	Achtung	H315	In Sammelbehälter für anorganische Stoffe geben.
Universalindikatorlösung	Gefahr	H225	In stark verdünnter Form in den Ausguss geben.
Seifenlösung (Waschpulver Herstellerangaben beachten)	Achtung		Kann über den Ausguss entsorgt werden.
Wasserstoff	Gefahr	H220, (H280)	
Zinkoxid	Achtung	H410	In Sammelbehälter für regenerierbare Metallsalz-Rückstände geben.
Zinkpulver	Achtung	H410	In Sammelbehälter für regenerierbare Metallsalz-Rückstände geben.

»

Die wichtigsten Laborgeräte

Größen und ihre Einheiten

Größe	Zeichen	Name	Zeichen	Beziehungen
Masse	m	Gramm Kilogramm	g kg	1 g = 1000 mg 1 kg = 1000 g
Volumen	V	Milliliter Liter Kubikmeter	ml l m^3	1 l = 1000 ml 1 m^3 = 1000 dm^3
Dichte	ρ	Kilogramm/ Kubikmeter	kg/ cm^3	$1 \frac{g}{cm^3} = 1000 \frac{kg}{m^3}$
Druck	p	Bar	bar	
Temperatur	ϑ	Grad Celsius Kelvin	C K	0 °C = 273,15 K
Energie	E	Joule	J	

Dezimale Teile und Vielfache

Faktor	Vorsilbe	Symbol
10^{-12}	Piko	p
10^{-9}	Nano	n
10^{-6}	Mikro	µ
10^{-3}	Milli	m
10^{-2}	Zenti	c
10^{-1}	Dezi	d
10	Deka	da
10^{2}	Hekto	h
10^{3}	Kilo	k
10^{6}	Mega	M
10^{9}	Giga	G
10^{12}	Tera	T
10^{15}	Peta	P
10^{18}	Exa	E

Griechische Zahlwörter

Anzahl	Silbe	Zahl	Silbe
$\frac{1}{2}$	hemi		
1	mono	11	undeca
2	di	12	dodeca
3	tri	13	trideca
4	tetra	14	tetradeca
5	penta	15	pentadeca
6	hexa	16	hexadeca
7	hepta	17	heptadeca
8	octa	18	octadeca
9	nona	19	enneadeca
10	deca	20	eicosa

Umrechnungen

Längeneinheiten			
Kilometer km	Meter m	Zentimeter cm	Millimeter mm
1 km	1000 m		
	1m	100 cm	
		1 cm	10 mm

Masseneinheiten			
Tonne t	Kilogramm kg	Gramm g	Milligramm mg
1 t	1000 kg		
	1 kg	1000 g	
		1 g	1000 mg

Volumeneinheiten			
Kubikmeter m^3	Kubikdezimeter dm^3	Kubikzentimeter cm^3	Kubikmillimeter mm^3
1 m^3	1000 dm^3		
	1 dm^3 (l)	1000 cm^3 (ml)	
		1 cm^3	1000 mm^3

Wichtige Elemente und Verbindungen aus dem Buch

Element		OZ	Gerundete Masse in u	Dichte[1] in $\frac{g}{cm^3}$ (Gase: $\frac{g}{l}$)	Schmelz-	Siede-
Name	Formel				temperatur in °C	
Aluminium	Al	13	27,0	2,70	660	≈ 2300
Argon	Ar	18	39,9	1,784	−189	−186
Barium	Ba	56	137,3	3,7	717	1640
Blei (Plumbum)	Pb	82	207,2	11,4	327	1750
Brom	Br_2	35	159,8	3,14	−7	58
Cadmium	Cd	48	112,4	8,64	321	767
Caesium	Cs	55	132,9	1,90	29	690
Calcium	Ca	20	40,1	1,55	845	1440
Chlor	Cl_2	17	70,9	3,214	−102	−34
Chrom	Cr	24	52,0	7,19	≈ 1900	≈ 2500
Cobalt	Co	27	58,9	8,83	1490	3100
Eisen (Ferrum)	Fe	26	55,8	7,86	1537	2730
Fluor	F_2	9	38,0	1,70	−220	−188
Germanium	Ge	32	72,6	5,36	960	≈ 2700
Gold (Aurum)	Au	79	197,0	19,3	1063	2700
Helium	He	2	4,0	0,178	−272	−269
Iod	I_2	53	253,8	4,94	114	184
Kalium	K	19	39,1	0,86	64	760
Kohlenstoff (Diamant)	C	6	12,0	3,52	ab 3550	-
Kohlenstoff (Grafit)	C	6	12,0	2,26	3730	-
Krypton	Kr	36	83,8	3,708	−157	−153
Kupfer	Cu	29	63,5	8,93	1083	2350
Lithium	Li	3	6,9	0,53	180	1335
Magnesium	Mg	12	24,3	1,74	650	1105
Natrium	Na	11	23,0	0,97	98	883
Neon	Ne	10	20,2	0,90	−249	−246
Nickel	Ni	28	58,7	8,90	1453	≈ 2800
Ozon	O_3	8	48,0	2,154	−193	−112
Platin	Pt	78	195,1	21,45	1770	3300
Quecksilber	Hg	80	200,6	13,55	−39	357
Radium	Ra	88	226,1	≈ 6	≈ 700	1140
Radon	Rn	86	−222,0	9,96	−71	−62
Sauerstoff	O_2	8	32,0	1,429	−219	−183
Schwefel	S	16	32,1	2,0	119	444
Silber	Ag	47	107,9	10,5	960	2150
Silicium	Si	14	28,1	2,4	1410	2630
Stickstoff	N_2	7	28,0	1,251	−210	−196
Titan	Ti	22	47,9	4,51	≈ 1700	3260
Wasserstoff	H_2	1	2,0	0,0899	−259	−253
Xenon	Xe	54	131,3	5,89	−112	−108
Zink	Zn	30	65,4	7,2	420	910

Verbindung		Gerundete Masse in u	Dichte[1] in $\frac{g}{cm^3}$ (Gase: $\frac{g}{l}$)	Schmelz-	Siede-
Name	Formel			temperatur in °C	
Aluminiumoxid	Al_2O_3	102,0	3,94	2045	2980
Aluminium-chlorid	$AlCl_3$	133,3	2,44	subl. 180	-
Ammoniak	NH_3	17,0	0,77	−78	−33
Calcium-hydroxid	$Ca(OH)_2$	74,1	2,24	zers. 580	-
Chlor-wasserstoff	HCl	36,5	1,64	−114	−85
Distickstoff-tetraoxid	N_2O_4	92,0	1,45	−11	21
Eisenoxid	FeO	71,9	5,75	1369	-
Eisenoxid (Magnetit)	Fe_2O_3	159,7	5,24	zers. 1560	-
Fluorwasser-stoff	HF	20,0	0,97	−83	20
Glucose	$C_6H_{12}O_6$	180,2	1,56	146	zers. 200
Kaliumchlorid	KCl	74,6	1,98	773	1413
Kohlensäure	H_2CO_3	62,0	instabil	-	-
Kohlenstoff-dioxid	CO_2	44,0	1,98	subl. −79	-
Kohlenstoff-monooxid	CO	28,0	1,25	−205	−192
Kupferoxid (rot)	Cu_2O	143,1	6,00	1232	zers. 1800
Kupferoxid (schwarz)	CuO	79,6	6,48	1326	-
Kupferiodid	CuI_2	190,4	5,62	588	1290
Kupfersulfat	$CuSO_4$	159,6	3,60	200	zers. 650
Kupfersulfid	Cu_2S	159,2	5,60	1100	-
Lithiumchlorid	LiCl	42,4	2,07	614	1360
Natriumchlorid	NaCl	58,4	2,16	801	1461
Natrium-hydroxid	NaOH	40,0	2,13	323	1390
Schwefel-dioxid	SO_2	64,1	1,46	−76	−10
Schwefel-trioxid	SO_3	80,1	2,00	33	44
Silberoxid	Ag_2O	231,8	7,20	zers. 130	-
Stickstoff-dioxid	NO_2	46,0	3,66	−11,2	21,2
Wasser	H_2O	18,0	1,00	0	100
Zinkoxid	ZnO	81,4	5,61	subl. 1800	-
Zinksulfid	ZnS	97,5	4,09	subl. 1185	-

OZ = Ordnungszahl
subl. = sublimiert bei
zers. = zersetzt sich bei

− Werte sind nicht bekannt
≈ Wert sehr ungenau

Stoffpyramide

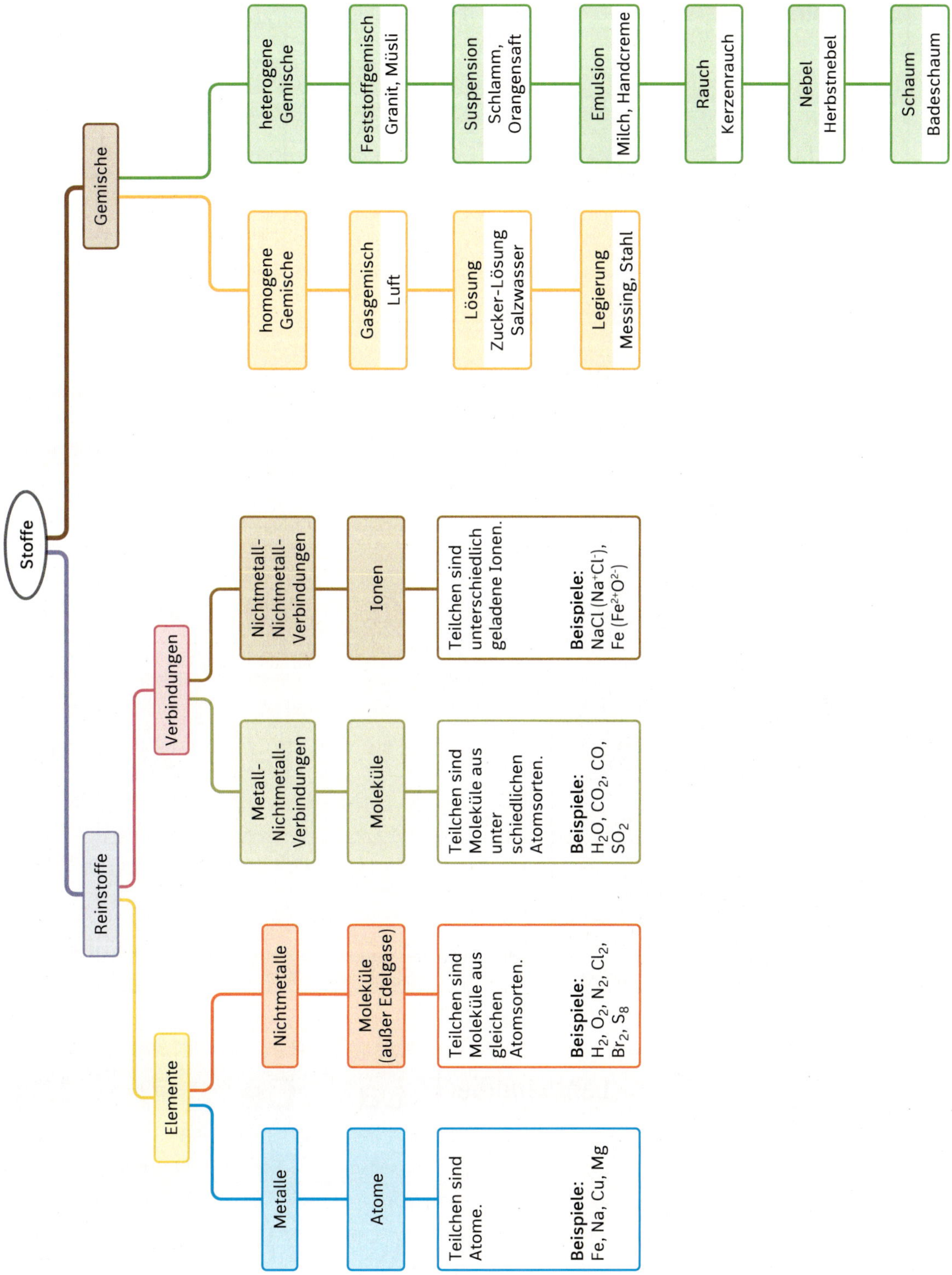

Das Periodensystem der Elemente

Atommasse in u — 26,98
Elementsymbol — Al
Ordnungszahl (Protonenzahl) — 13
Elementname — Aluminium

Perioden	Hauptgruppen I	Hauptgruppen II	Nebengruppen III	IV	V	VI	VII	VIII
1 K-Schale	1,01 H 1 Wasserstoff							
2 L-Schale	6,94 Li 3 Lithium	9,01 Be 4 Beryllium						
3 M-Schale	22,99 Na 11 Natrium	24,31 Mg 12 Magnesium						
4 N-Schale	39,10 K 19 Kalium	40,08 Ca 20 Calcium	44,96 Sc 21 Scandium	47,88 Ti 22 Titan	50,94 V 23 Vanadium	52,00 Cr 24 Chrom	54,94 Mn 25 Mangan	55,85 Fe 26 Eisen
5 O-Schale	85,47 Rb 37 Rubidium	87,62 Sr 38 Strontium	88,91 Y 39 Yttrium	91,22 Zr 40 Zirconium	92,91 Nb 41 Niob	95,94 Mo 42 Molybdän	(99) Tc* 43 Technetium	101,07 Ru 44 Rutheniu
6 P-Schale	132,91 Cs 55 Caesium	137,33 Ba 56 Barium	Lanthanoide 57-71	178,49 Hf 72 Hafnium	180,95 Ta 73 Tantal	183,84 W 74 Wolfram	186,21 Re 75 Rhenium	190,23 Os 76 Osmiu
7 Q-Schale	(223) Fr* 87 Francium	(226) Ra* 88 Radium	Actinoide 89-103	(261) Rf* 104 Rutherfordium	(268) Db* 105 Dubnium	(271) Sg* 106 Seaborgium	(264) Bh* 107 Bohrium	(271) Hs 108 Hassiu

Lanthanoide	138,91 La 57 Lanthan	140,12 Ce 58 Cer	140,91 Pr 59 Praseodym	144,24 Nd 60 Neodym	(147) Pm 61 Promethi
Actinoide	(227) Ac* 89 Actinium	(232) Th* 90 Thorium	(231) Pa* 91 Protactinium	(238) U* 92 Uran	(237) Np 93 Neptuniu

schwarz = feste Elemente
rot = gasförmige Elemente
blau = flüssige Elemente
weiß = künstliche Elemente
* = radioaktive Elemente

Metalle

Nebengruppen-Metalle

Halbmetalle Nichtmetalle

				Hauptgruppen					
VIII	VIII	I	II	III	IV	V	VI	VII	VIII
									4,00 He 2 Helium
				10,81 B 5 Bor	12,01 C 6 Kohlenstoff	14,01 N 7 Stickstoff	16,00 O 8 Sauerstoff	19,00 F 9 Fluor	20,18 Ne 10 Neon
				26,98 Al 13 Aluminium	28,09 Si 14 Silicium	30,97 P 15 Phosphor	32,06 S 16 Schwefel	35,45 Cl 17 Chlor	39,95 Ar 18 Argon
93 Co Cobalt	58,69 Ni 28 Nickel	63,55 Cu 29 Kupfer	65,38 Zn 30 Zink	69,72 Ga 31 Gallium	72,63 Ge 32 Germanium	74,92 As 33 Arsen	78,97 Se 34 Selen	79,90 Br 35 Brom	83,80 Kr 36 Krypton
91 h hodium	106,42 Pd 46 Palladium	107,87 Ag 47 Silber	112,41 Cd 48 Cadmium	114,82 In 49 Indium	118,71 Sn 50 Zinn	121,75 Sb 51 Antimon	127,60 Te 52 Tellur	126,90 I 53 Iod	131,29 Xe 54 Xenon
,22 Ir ridium	195,08 Pt 78 Platin	196,97 Au 79 Gold	200,59 Hg 80 Quecksilber	204,38 Tl 81 Thallium	207,20 Pb 82 Blei	208,98 Bi 83 Bismut	(209) Po* 84 Polonium	(210) At* 85 Astat	(222) Rn* 86 Radon
8) Mt* 9 eitnerium	(282) Ds* 110 Darmstadtium	(282) Rg* 111 Roentgenium	(285) Cn* 112 Copernicium	(287) Nh* 113 Nihonium	(285) Fl* 114 Flerovium	(289) Mc* 115 Moscovium	(293) Lv* 116 Livermorium	(294) Ts* 117 Tennessin	(294) Og* 118 Oganesson

,36 Sm marium	151,96 Eu 63 Europium	157,25 Gd 64 Gadolinium	158,93 Tb 65 Terbium	162,50 Dy 66 Dysprosium	164,93 Ho 67 Holmium	167,26 Er 68 Erbium	168,93 Tm 69 Thulium	173,04 Yb 70 Ytterbium	174.97 Lu 71 Lutetium
4) Pu* utonium	(243) Am* 95 Americium	(247) Cm* 96 Curium	(247) Bk* 97 Berkelium	(251) Cf* 98 Californium	(252) Es* 99 Einsteinium	(257) Fm* 100 Fermium	(258) Md* 101 Mendelevium	(259) No* 102 Nobelium	(266) Lr* 103 Lawrencium

Bildquellenverzeichnis

|Alamy Stock Photo, Abingdon/Oxfordshire: Alpha Stock 114.4; imageBROKER/von Poser, Fabian 98.1; Mason, Chuck 151.2; nevodka 159.3; RaufImages 159.4; Science History Images/Photo Researchers 99.5; Soongkitboon, Pramote 27.2; Tack, Jochen 113.2; Tetra Images, LLC/JGI/Jamie Grill 7.2; Westend61 GmbH/Richardson, Alun 86.1; Westend61 GmbH/Umstätter, Uwe 98.3. |Alamy Stock Photo (RMB), Abingdon/Oxfordshire: Fearn, Paul 99.4. |BC GmbH Verlags- und Medien-, Forschungs- und Beratungsgesellschaft, Ingelheim: 19.1, 19.3, 30.1, 30.5, 31.3, 38.1, 39.1, 39.4, 46.1, 50.1, 50.5, 51.1, 54.1, 54.4, 72.1, 72.6, 110.1, 110.7, 129.1, 132.1, 132.4, 136.1, 166.1, 166.5, 167.2. |fotolia.com, New York: Christian Schwier 40.3, 184.9; Eisenhans 151.3; Michel, T. 80.1; Shirinov, Angela 46.6; StudioLaMagica 156.1. |Getty Images, München: Hulton Archive 42.1, 185.1. |Herzig, Wolfgang, Essen: 166.7, 167.1. |iStockphoto.com, Calgary: abadonian 168.1; Abeleao 79.2; alexandrumagurean 33.3; baona 3.1, 6.1; Bet_Noire 7.1; bhofack2 25.2; Demarczyk, Thomas 25.1; Denis1978 34.4; deyangeorgiev 29.3; Evgenyi_Eg 40.2, 184.10; f-1977 42.2, 185.4; grafvision 144.2; ipopba Titel; Ivanko, Lubo 80.7; JodiJacobson 33.1; Kubeš, Ladislav 33.2; La_Corivo 155.1; loraks 160.1; LuisPortugal 73.2; MR.SUTIN YUUKRUNG 89.2; ollo 158.1; RichLegg 101.2, 106.1; Rolands, Michael 25.3; Saran_Poroong 103.1; Schnaider, Tarcisio 76.2; shironosov 155.2; SlobodanMiljevic 157.1; Sportactive 37.1; SrdjanPav 141.3; Stefan90 7.3; Tramino 161.1, 169.1; vinicef 36.1, 36.2; virgonira 33.4; Vladimir_Timofeev 70.4; zorazhuang 8.1. |Keis, Heike, Rödental: 98.4. |Kranenberg, Hendrik, Drolshagen: 12.1, 95.1. |mauritius images GmbH, Mittenwald: Alamy / Alvey & Towers Picture L 59.2, 185.15; Frei, Herbert 73.3. |Minkus Images Fotodesignagentur, Isernhagen: 4.2, 16.1, 17.1, 17.2, 17.3, 26.1, 26.2, 27.1, 31.1, 31.2, 32.3, 32.4, 32.5, 38.3, 38.4, 38.5, 38.6, 39.3, 41.1, 41.2, 42.3, 42.4, 42.5, 44.1, 44.2, 44.3, 50.4, 50.8, 51.2, 51.3, 51.4, 52.1, 52.2, 52.3, 52.4, 53.1, 53.3, 53.5, 55.2, 56.3, 56.4, 56.6, 56.7, 69.1, 70.1, 70.3, 72.4, 72.5, 72.10, 73.1, 76.1, 77.1, 84.2, 90.1, 107.1, 107.2, 107.3, 107.4, 107.5, 107.6, 107.7, 107.8, 107.9, 107.10, 126.1, 126.2, 126.3, 127.1, 128.1, 128.2, 129.2, 129.3, 130.1, 132.3, 132.6, 134.1, 134.2, 134.3, 137.3, 137.4, 146.1, 148.1, 148.3, 148.4, 184.1, 184.2, 184.4, 184.5, 184.6, 184.7, 185.5, 185.6, 185.7, 185.8, 185.11, 185.12, 185.16, 185.24, 185.29, 185.30, 188.1, 188.2. |PantherMedia GmbH (panthermedia.net), München: vvoennyy 159.1; Vvoennyy, Valery 159.2. |Picture-Alliance GmbH, Frankfurt/M.: chromorange/BILDERBOX 88.3. |Schlierf, Birgit und Olaf, Lachendorf: 13.1, 13.2, 13.3, 13.4, 13.6, 13.7, 13.8, 13.9, 13.10, 14.2, 14.3, 14.4, 14.5, 14.6, 14.7, 14.8, 14.9, 14.10, 19.4, 19.5, 21.2, 21.3, 21.4, 30.2, 30.3, 30.6, 30.7, 31.4, 38.2, 39.2, 39.5, 39.6, 46.2, 46.3, 50.2, 50.3, 50.6, 50.7, 54.2, 54.5, 54.6, 72.2, 72.3, 72.7, 72.8, 72.9, 80.2, 80.3, 80.4, 80.5, 110.2, 110.3, 110.8, 110.9, 114.2, 114.3, 132.2, 132.5, 136.2, 136.3, 136.4, 166.2, 166.3, 166.6, 167.3, 167.4, 174.1, 174.2, 174.3, 174.4, 174.5, 174.6, 174.7, 174.8, 174.9, 176.1, 176.2, 176.3, 176.4, 176.5, 176.6, 176.7, 176.8, 176.9, 176.10, 176.11, 176.12, 176.13, 176.14, 176.15, 176.16, 176.17, 176.18, 176.19, 176.20, 176.21, 176.22, 176.23, 177.1, 177.2, 177.3, 177.4, 177.5, 177.6, 177.7, 177.8, 177.9, 177.10, 177.11, 177.12, 177.13, 177.14, 177.15, 177.16. |Schobel, Ingrid, Hannover: 13.5, 15.1, 16.2, 18.2, 19.2, 19.6, 20.1, 21.1, 54.3, 83.1, 85.6, 153.1. |Science Photo Library, München: 20.2, 98.5, 110.4, 110.5, 110.6, 144.3; 11732041 39.7; Andrew Lambert Photography 32.2, 91.2; Biophoto Associates 164.1; CAIA IMAGE/CAIA IMAGE/Martin Barraud 22.1; Chillmaid, Martyn F. 23.3, 46.5, 98.6, 166.4, 167.5; Durham, John 164.3; Giphotostock 23.2, 54.7, 58.3, 84.1, 88.1, 117.2, 117.4, 121.3, 185.28; MICROGEN IMAGES 23.1; Plailly, Philippe 92.2; Turtle Rock Scientific 91.3, 101.1, 108.1, 108.2, 108.3, 108.4, 110.10; Winters, Charles D. 117.3, 121.4. |Shutterstock.com, New York: Bona, Paolo 145.1; Colle, Alessandro 24.2; Dani-G 141.2; EverGrump 125.3; Gaschwald 74.2; inxti 27.4; Jansamut, Natthee 79.1; Jaunberzina, B. 125.1; kaca kaca 37.2; OlegDoroshin 100.1; Ponomarev, Sergio 27.3; Poolruang, Phongthorn 24.5; small smiles 100.2; Thanakorn.P 35.1; Wrangel, Vladimir 125.2; Zhdanova, Natascha 144.4. |Simper, Manfred, Wennigsen: 25.4. |stock.adobe.com, Dublin: Africa Studio 9.1; Aleksei 133.4; Aphotostudio 152.1; artem_goncharov 88.2; Aufwind-Luftbilder 87.2; Bertello, Luigi 163.1; BillionPhotos.com 56.2, 185.19; Cheiko, Pavel 87.1; cjorgens 98.2; CMP 111.2; Comofoto 58.2, 185.14; denklim 112.1; digitalstock 9.2; Dörr, M. & Frommherz, M. 92.1; Dumont, Dominique 46.8; eldarnurkovic 32.1; Elenathewise 103.3; encierro 86.2; Ernst, Andreas 34.3; exclusive-design 49.2, 57.2, 145.2, 185.17; Fokussiert 161.2; fotoak80 140.1; Fotoproff 63.2; Fredy 58.1, 185.22; Georgiev, Deyan 74.1; Gojda, Lukas 78.1; Goodpics 29.2; grobborg 28.2; HandmadePictures 9.5; harmantasdc 24.3; ilyarexi 133.3; ImagesMy 133.2; Janni 151.1; Jonas 61.1; Kalinovskiy, Evgeniy 154.1; KH August 123.2; kichigin19 68.2; kimtaro2008 75.1; Kurmyshov, Ivan 106.5; Kybele 9.3; LianeM 49.1, 57.1, 185.13; LIGHTFIELD STUDIOS 8.2; lubos K 77.2; luengo_ua 61.2; mabofoto@icloud.com 62.1; mahey 75.2; microwesen 46.7; Monkey Business 64.1, 65.1; Mühlbauer, Johanna 106.2; Nagy, Melinda 89.1; nateejindakum 109.1; ncikname 40.1, 184.3; Nischaporn 160.2; okskukuruza 69.2; Otte, claudia 82.1; pattilabelle 48.1; pe-foto 111.4; per grunditz/EyeEm 141.1; peters, frank 63.1; Petrushenka, Artsiom 79.3; photobc1 34.1; Pixelwolf2 115.1; Pliacushok, J. 133.1; Pormezz 114.1; Pupo, Celso 56.1, 185.18; Rapt.Tv 66.1; Rido 113.1; Sanders, Gina 24.4, 88.4; Scanrail 5.2, 63.3, 150.1; Schlierner 29.1; Shevchuk, Volodymyr 81.1; solipa 111.1; Suwanmalee, Aris 58.4, 185.9; Swt, U. 115.2; Tang, Simon 4.1, 60.1; toa555 61.3; Trevor 58.5, 185.25; tuntep 92.3; Valeriy 9.4; Viewfinder 8.3; Vital 111.3; vladimir18 3.2, 34.2; WavebreakMediaMicro 5.1, 124.1; whitepointer 94.1; Wylezich, Björn 56.5, 103.2, 152.2, 185.26; zack 106.3; Zapylaie, Konstiantyn 144.1. |Tegen, Hans, Hambühren: 30.4, 46.4, 70.2. |Wildermuth, Werner, Würzburg: 11.1, 11.2, 14.1, 14.11, 17.4, 18.1, 24.1, 28.1, 30.8, 31.5, 43.1, 43.2, 44.4, 45.1, 45.2, 49.3, 49.4, 53.2, 53.4, 53.6, 55.1, 57.3, 59.1, 66.2, 67.1, 68.1, 71.1, 71.2, 71.3, 78.2, 80.6, 80.8, 85.1, 85.2, 85.3, 85.4, 85.5, 86.3, 91.1, 92.4, 93.1, 94.2, 94.3, 96.1, 99.1, 99.2, 99.3, 100.3, 104.1, 104.2, 105.1, 105.2, 105.3, 106.4, 116.1, 117.1, 120.1, 120.2, 120.3, 121.1, 121.2, 121.5, 122.1, 122.2, 123.1, 123.3, 125.4, 125.5, 127.2, 131.1, 131.2, 135.1, 135.2, 136.5, 136.6, 137.1, 137.2, 138.1, 138.2, 138.3, 138.4, 138.5, 139.1, 142.1, 142.2, 142.3, 142.4, 143.1, 143.2, 143.3, 143.4, 146.2, 147.1, 147.2, 148.2, 149.1, 149.2, 156.2, 158.2, 162.1, 163.2, 164.2, 165.1, 165.2, 168.2, 169.2, 169.3, 181.1, 184.8, 185.2, 185.3, 185.10, 185.20, 185.21, 185.23, 185.27.

Wir arbeiten sehr sorgfältig daran, für alle verwendeten Abbildungen die Rechteinhaberinnen und Rechteinhaber zu ermitteln. Sollte uns dies im Einzelfall nicht vollständig gelungen sein, werden berechtigte Ansprüche selbstverständlich im Rahmen der üblichen Vereinbarungen abgegolten.

Aufgaben verstehen und richtig bearbeiten

Dieses Buch enthält Bilder, Texte und Aufgaben. Mithilfe der Aufgaben kannst du zeigen, was du gelernt hast. Dazu musst du verstehen, was die Verben in den Aufgaben bedeuten.

Nennen bedeutet, dass du Namen, Daten oder Gegebenheiten ohne weitere Erklärungen aufzählst. Oft reicht eine Stichwortliste aus.

1 Nenne drei Gase, die zum Treibhauseffekt beitragen.

1. Treibhausgase
Drei Treibhausgase sind Kohlenstoffdioxid, Methan und Distickstoffoxid.

Beschreiben bedeutet, dass du etwas in ganzen Sätzen mit eigenen Worten wiedergibst. Der Sachverhalt wird aber nicht erklärt oder bewertet.

2 Beschreibe die Verwendung von Zink.

2. Verzinken
Gegenstände aus Eisen werden verzinkt, um sie vor Korrosion zu schützen.

Beim **Vergleichen** nennst du Gemeinsamkeiten, Ähnlichkeiten und Unterschiede. Was genau du vergleichen sollst, ist oft vorgegeben. Manchmal musst du aber auch selbst sinnvolle Vergleichspunkte finden.

3 Vergleiche die chemische Reaktion beim Verbrennen eines Zuckerwürfels mit und ohne Katalysator.

3. Mit und ohne Katalysator
Wird der Zuckerwürfel ohne Katalysator entzündet, karamellisiert er. Wird er mit Asche bestreut und angezündet, beginnt er zu brennen. Der Katalysator verringert die Aktivierungsenergie, so dass der Zuckerwürfel zu brennen beginnt

1 Zuckerwürfel: **A** rein, **B** mit Asche bestreut